Grundkurs Drechseln

Keith Rowley

Grundkurs Drechseln

2. Auflage

Fotos von Tony Boase
Aus dem Englischen übersetzt
von Dr.-Ing. Gunter H. Neubert

Ulmer

Photographs by Tony Boase except where otherwise stated
Line drawings by Geoff Ford
Originalausgabe erschienen bei The Guild of Master Craftsman Publications Limited, Lewes, GB unter dem Titel Woodturning – A Foundation Course.

Die Deutsche Bibliothek – CIP-Einheitsaufnahme
Ein Titeldatensatz für diese Publikation ist bei Der Deutschen Bibliothek erhältlich.

ISBN13: 978-3-8001-5169-1
ISBN10: 3-8001-5169-3

Deutsche Ausgabe:
© 2002, 2006 Verlag Eugen Ulmer KG
Wollgrasweg 41, 70599 Stuttgart (Hohenheim)
E-Mail: info@ulmer.de
Internet: www.ulmer.de
Printed in Thailand
Übersetzung aus dem Englischen: Dr.-Ing. Gunter Neubert
Lektorat: Anke Ruf/Werner Baumeister
Fachliche Durchsicht: Dieter Stojan
Herstellung: Ulla Stammel
Umschlaggestaltung: Atelier Reichert, Stuttgart

Inhaltsverzeichnis

Zueignung

Dieses Buch ist dem Andenken meines verstorbenen Vaters gewidmet, der mich lehrte, die Schönheit der Bäume und der Hölzer zu erkennen, und der mich veranlasst hat, ein Handwerk zu erlernen, das sich mit ihnen beschäftigt. Ich danke auch meiner Frau Jean, die mir in meinen beiden Berufen stets beigestanden und mir immer wieder Mut gemacht hat.

Dank

Ich möchte gerne Geoff Ford danken, der viele Stunden in meiner Werkstatt zugebracht hat, um – zusätzlich zu den Fotografien für die erste Ausgabe – die so vortrefflich gelungenen Zeichnungen anzufertigen. Er ist auf seinem Gebiet außerordentlich begabt und einen guten Freund habe ich in ihm außerdem gewonnen. Herzlichen Dank, Geoff!

Tony Boase, selbst ein talentierter Drechsler, danke ich sehr für die erfreulichen, leider wenigen Tage, die er in meiner Werkstatt verbracht hat, um mit Geduld und Können die Farbfotos für die neue Ausgabe herzustellen. Die Qualität der Bilder spricht für sich selbst.

Ein großer Dank gebührt auch meinem Nachbarn, engen Freund und hochgeschätzten Werkstattassistenten, Robert Ollerenshaw. Bob ist ein Ingenieur im Ruhestand und er hat mir bei einigen Problemen der beiden Buchausgaben durch Rat und Tat sehr geholfen.

Ganz besonders danke ich dem Axminster Power Tool Centre. Man hat dort keine Mühe gescheut, um mir die Woodfast-Drechselbank zu beschaffen, die für alle Bilderfolgen benutzt worden ist. Dem Unternehmen ist keine Anstrengung zu groß, und auf jede nur denkbare Anfrage folgt eine prompte und sachdienliche Antwort.

Die folgenden Firmen haben Werkzeuge und Ausstattung beigesteuert und ich danke allen sehr: Art Veneers Co. Ltd; Ashley Iles Ltd; Craft Supplies Ltd; Crown Tools; Multistar Machine and Tool Ltd; C. & M. O'Donnell; Record Power PLC; Robert Sorby Tools; Henry Taylor (Tools) Ltd.

Zuletzt, doch in keiner Weise am geringsten, danke ich den früheren und heutigen Mitarbeiterinnen und Mitarbeitern von GMC Publications, die mich bei der Herstellung dieses Buchs unterstützt und angespornt haben, ganz besonders Liz Inman and Stephen Haynes.

Wichtige Anmerkung

Dem Leser wird sehr nachdrücklich empfohlen, **vor der Ausführung** einer der in diesem Buch beschriebenen praktischen Arbeiten die Sicherheitshinweise auf den Seiten 169 und 170 zu lesen.

Maße

Die metrischen Maße in diesem Buch sind aus dem Zollsystem umgerechnete Werte. Daraus erklären sich mitunter unmotiviert erscheinende, unrunde Zahlenwerte bei Näherungsangaben, die im Text beibehalten wurden, um Unstimmigkeiten zwischen Text und Konstruktionszeichnungen zu vermeiden.

Vorwort zur Neuauflage

Über die Bitte, das Vorwort für die englische Neuauflage von Keith Rowley's „Grundkurs Drechseln" zu schreiben, habe ich mich sehr gefreut, hat doch das Buch seit seinem ersten Erscheinen 1990 in England wohlverdiente Anerkennung als eines der heutigen Standardwerke zum Drechseln gefunden. Vorrangig wendet es sich an Leute, die gerade begonnen haben zu drechseln, doch bietet es auch dem gestandenen Profi eine Menge Wissenswertes.

Der Titel des Buches trifft tatsächlich zu: Es besteht kein Zweifel, dass Ihr Handwerk eine verlässliche Grundlage erhält, wenn Sie die Hinweise von Keith Rowley in die Praxis umsetzen. In klarer, sachlicher Sprache geschrieben, sagt Ihnen das Buch, was Sie zu tun haben, damit Ihre Arbeiten gelingen; es sagt Ihnen ebenso, was alles schief gehen kann. Das ist Unterricht auf bestmögliche Art – in einem Buch nicht leicht zu verwirklichen, aber Keith Rowley meistert das Problem. Übungen und Projekte schreiten in ihrem Schwierigkeitsgrad in solcher Weise fort, dass der Leser seine Fertigkeiten immer weiter ausbaut.

Vom Text der ersten Ausgabe ist sehr vieles zu Recht im Wesentlichen unverändert übernommen worden. Die durchgängig farbige Bildausstattung fügt dem Werk eine Dimension hinzu und das sorgfältig aktualisierte Verzeichnis der handwerklichen Ausstattung sowie eine Anzahl neu aufgenommener Projekte lassen sogar denjenigen den Kauf der Neuauflage erwägen, der bereits die erste Auflage besitzt.

Ich kenne Keith seit vielen Jahren und weiß um seine kämpferische Einstellung – man braucht ihn nur zu einem Spiel am Billardtisch oder auf dem Golfplatz aufzufordern, um sie kennen zu lernen. Und ein weiteres Buch über das Drechseln zu verfassen, wo schon so viele einschlägige Werke auf dem Markt sind, war wohl nur mit einer solchen Einstellung möglich.

Keith Rowley ist ein uneigennütziges Mitglied der drechselnden Zunft und hat mit diesem Buch allen, die dieses reizvolle Handwerk für sich erschließen wollen, einen wertvollen Dienst erwiesen.

Ray Key
Evesham, 1999

Einführung

Hineingeboren in eine Bergarbeitergemeinde im südlichen Derbysh re, wo die meisten Jungen nach Abschluss der Schule eine Arbeit in der Zeche aufnahmen, war es auch mir bestimmt, in irgendeinem Beruf ‚für das Unternehmen' zu arbeiten.

Mein Vater, ebenfalls ein Bergmann, hatte allerdings entschieden, dass ich nicht in seine Fußstapfen treten sollte, und bestand darauf, dass ich in eine Lehre ging. Sein Rat lautete etwa: „Erlerne ein Handwerk, Junge, es wird dir immer zustatten kommen. Fünf Pfund die Woche ist es mindestens wert, die Sonne und den Himmel mit den fliegenden Vögeln zu sehen, und du wirst dir ja wohl nicht wünschen, den ganzen Tag in der Grube zu stecken." (Fünf Pfund waren in jenen Tagen beeindruckend viel Geld.)

So verdiente ich mir eben mein Brot in der Tischlerei, wo ich mit der Anfertigung und der Reparatur von Wettertüren und Pferdekarren für die Gruben, Deichseln und Rädern und allen möglichen anderen Tischlereiprodukten bis hin zu Möbeln für die Büros des Unternehmens beschäftigt war.

Am liebsten arbeitete ich an der riesigen Drechselbank, die in einer Ecke der Werkstatt stand. Das wird Ihnen einleuchten, wenn Sie bedenken, dass es damals nur sehr wenige Maschinen für die Holzbearbeitung gab und fast alle Arbeiten vom Zuschneiden bis zum Hobeln und Stemmen von Hand verrichtet werden mussten. Obgleich das meine Handgelenke und Unterarme die Dimensionen entwickeln ließ, die eines Grobschmieds würdig waren, stand doch zu dieser schweren körperlichen Arbeit die Leichtigkeit in einem deutlichen Gegensatz, mit der ich (nach gebührender Ausbildung und viel praktischer Betätigung) auf der Drechselbank mit Röhren und Meißeln Geländerpfosten und -sprossen, Stuhl- und Tischbeine und vieles andere mehr zu verfertigen imstande war.

Ich habe mich also ins Drechseln schon sehr früh ‚verliebt' und mein Vater, der sehr stolz darauf war, dass ich seinen Rat befolgt hatte, kaufte einen Schuppen von 4,5 m^2 Grundfläche und eines der frühen Modelle der Coronet, damit ich mich zu Hause betätigen konnte.

Der Niedergang der Kohleindustrie in den Erewash Valleys des südlichen Derbyshire begann in den späten 50ern des 20. Jahrhunderts und bedeutete für mich, dass ich zu wählen hatte zwischen dem Umzug in eine andere britische Kohleregion oder einer gänzlich anderen Beschäftigung. Inzwischen war ich Familienvater und hatte eine Hypothek am Hals. Ich entschied mich deshalb für einen sicheren Job und trat in die städtische Polizei von Nottingham ein.

Fast 20 Dienstjahre verbrachte ich in der Verbrechensaufklärung und das Vermögen, oft äußerst verwickelte Sachverhalte in einer geordneten, leicht verständlichen Weise zu Papier zu bringen, gehörte zu den Grundanforderungen an meine Tätigkeit. Ich nutzte die 1982 gebotene Möglichkeit des vorzeitigen Ausscheidens aus dem Dienst, und seitdem bin ich Berufsdrechsler, die Herstellung gedrechselter Produkte mit privaten Drechselkursen verknüpfend.

Meine Reisen im Lande und meine Demonstrationen auf den verschiedenen Holzbearbeitungsmessen haben mich in Kontakt zu hunderten strebsamer Drechsler gebracht. Ich unterhalte mich mit ihnen sehr gerne und wir kommen stets rasch auf die Schwierigkeiten und Probleme der Drechslerei zu sprechen, wobei dieselben Fragen immer wieder auftauchen. Mit diesem Buch hoffe ich, die Ursachen der Probleme verständlich machen und Möglichkeiten der Abhilfe anbieten zu können.

Meinen Werdegang habe ich beschrieben, um Ihr Vertrauen in meine Methoden und meine Vorgehensweise zu gewinnen, und ich hoffe sehr, Sie davon überzeugen zu können, dass ich ein Praktiker bin, der die Schwierigkeiten des Anfängers kennt. Außerdem halte ich mir meine 20 Jahre Erfahrung zugute, die ich mit dem Niederschreiben problematischer Angelegenheiten habe.

Dieses Buch habe ich für den Neuling in unserem Handwerk mit dem Ziel geschrieben, ihm gründliche Kenntnisse der sicheren und fachlich korrekten Grundtechniken zu vermitteln. Wenn es ihm damit gelingt, eine solides Fundament zu legen, wird er darauf aufbauend zu handwerklicher Meisterschaft gelangen können.

Obwohl es keinen besseren Weg gibt, ein Handwerk zu erlernen, als von einem kompetenten Meister oder Lehrer des Berufs unterwiesen zu werden, kann auch ein gut geschriebenes Buch eine Menge vermitteln, wenn der Lernende nur genügend Begeisterung, Beharrlichkeit und Eifer aufbringt.

Wenn ich Sie, nachdem Sie dieses Buch studiert haben werden, überzeugt habe, dass Sie ein kompetenter Drechsler werden können, und wenn ich Ihre Begeisterung für das Drechseln als ein beglückendes und entspannendes Hobby geweckt habe, dann habe ich mein Ziel erreicht.

Kapitel 1

Bäume und Holz

Unsere Verpflichtung gegenüber dem Wald

Bäume gehören zu den besten Gaben der Natur. Sie schützen vor dem Regen und den sengenden Strahlen der Sonne, sie schützen unsere Häuser und Gärten vor dem zerstörenden Sturm.

Sie liefern das Streichholz, mit dem wir ein Licht entzünden, und den Kloben, der in unserem Ofen lodert. Sie geben uns die Tür, durch die wir unser Heim betreten, den Balken und den Sparren, die unser Dach tragen, den Fußboden, auf den wir treten.

Für unsere Mahlzeiten geben sie uns den Tisch, für unseren Schlaf das Bett. Für unsere Haushalts- und Gartengeräte das Heft, für unsere Fahrten das Boot; für unseren abendlichen Rauchgenuss die Pfeife, für unseren Gottesdienst die Kirchenbank.

Zu Beginn unseres Daseins bieten sie uns die Wiege, zu seinem Abschluss den Sarg.

Klänge rauschen in ihren Wipfeln, Nahrung liefern ihre Früchte. Ob in weiten Forsten, im lichten Waldland, in stattlichen Alleen, in Parks und in Gärten oder an einsamem Standort – sie bilden beinahe ein Drittel der Schönheit der ganzen Welt.

(Anonymus)

Die Liebe zur Natur habe ich wohl von meinem Vater geerbt. Für die meisten Bergleute waren die ländliche Umgebung und der Aufenthalt im Freien eine Gelegenheit, für kurze Zeit der Dunkelheit, dem Schmutz und der Gefahr zu entfliehen, in der sie fast ein Viertel ihres Lebens verbrachten.

Zu meinen frühesten und liebsten Erinnerungen gehören die Streifzüge durch das weite Land und die Wälder unserer Heimat, zu denen mich mein Vater mitnahm. Es war auf diesen Ausflügen, als ich zum ersten Mal erkannte, dass „die besten Dinge, die ein Sterblicher besitzt, die Dinge sind, die er mit den anderen Sterblichen teilt".

Meine Ausbildung in Sachen Natur begann also ziemlich früh. Mein Vater lehrte mich, die Pflanzen, die Tiere und besonders die Vögel der freien Natur aus Farbe, Ruf, Flug und Gesang zu bestimmen.

Dann gab es noch die *Bäume*. Man braucht nur kurz zu überdenken, welch bedeutsame Rolle sie in unserem Dasein spielen, und begreift dann, warum sie zu den besten Gaben zählen, die die Natur für den Menschen bereithält. An natürlichem Standort schmücken sie die Landschaft und erfüllen eine wichtige ökologische Aufgabe. Ihre Form, ihre Konturen variieren in kaum begrenzter Vielfalt, und wenn sie in vollem Laub stehen, kommt die Vielfalt der Farben hinzu.

Bäume sind schön und sie haben über die Jahrhunderte Schriftsteller, Dichter und Künstler inspiriert. Einen der traurigsten Eindrücke, den ich auf dem Land habe, vermittelt mir das unaufhaltsame Untergehen der majestätischen englischen Ulme. Einst sehr verbreitet, ist die Ulme durch das Ulmensterben so gut wie ausgerottet worden und in manchen Gegenden ist alles, was von ihr geblieben ist, eine Anzahl von Skeletten, die sich geisterhaft gegen den Himmel abheben.

Während für viele die Faszination der Bäume von der Schönheit ihres Wuchses ausgeht, so ist es die verwandelte Form, in der sie dem Menschen mehr als jeder andere lebende Organismus dienen. Im zurechtgeschnittenen Zustand bietet das Holz der Bäume eine riesige Vielfalt in Färbung, Maserung und Struktur. In ebensolchem Maße vielfältig ist die Anwendung, für die sich jede einzelne Holzart eignet: schlichtere Arten für Zimmermannsarbeit und Heizung, andere Arten mit reicher Maserung und Textur für Möbel in anspruchsvollster Ausführung.

Unsere Pflicht ist es, nicht nur diese kostbarste Gabe der Natur zu bewahren, sondern uns auch bei jedem Projekt, bei dem wir Holz verwenden, die allergrößte Mühe im Umgang mit diesem kostbaren Material zu geben.

Es ist außerdem die Pflicht eines jeden Holzhandwerkers, sich so weit auszubilden, dass er möglichst viele Holzarten zu identifizieren vermag und ihre Merkmale kennt, damit er von dem jeweiligen Holz den besten Gebrauch machen kann.

Hölzer, die sich für das Drechseln eignen

Obwohl beinahe jedes Holz gedrechselt werden kann, eignen sich doch einige Arten besser als andere. Immer mehr Drechsler haben mittlerweile erkannt, dass eine Anzahl exotischer Holzarten zwar für bestimmte Drechselerzeugnisse keinen Konkurrenten haben, einige einheimische Hölzer aber kaum weniger attraktiv sind.

Die folgende Aufzählung ist keinesfalls erschöpfend, wird aber sicherlich dem Neuling ausreichend viele Informationen vermitteln, sodass er in der Lage ist die meisten verwendbaren Hölzer zu erkennen und ihre Eigenschaften in Bezug auf seine Verarbeitungsabsichten zu bewerten.

Einheimische Holzarten (Mitteleuropa)

Esche Ein großer, eleganter Baum, der nach der Eiche das brauchbarste einheimische Holz hat. Der Baum ist leicht zu erkennen: Beim jungen Baum ist die blasse, graue Rinde glatt; später entwickelt sich ein Netz von Kerben und Furchen. Die geflügelten Samen sind zunächst grün, dann braun und verbleiben oft den ganzen Winter am Baum. Das Holz, obwohl sehr zäh und elastisch, lässt sich leicht bearbeiten – Eigenschaften, die es zum idealen Material für Werkzeuggriffe, Stiele für Garten- und landwirtschaftliche Geräte und Griffe für Sportgeräte machen. In früheren Zeiten war es bei den Stellmachern und Wagenbauern sehr geschätzt. Hinsichtlich Zähigkeit und Schlagfestigkeit wird Esche lediglich von Hickory erreicht.

Esche ist heute in der Möbelfertigung, für anspruchsvolle Tischler- bzw. Schreinerarbeiten und im Ladenbau weit verbreitet. Das Holz hat eine blasse Färbung, oft mit einem Stich ins Rosa. Das Kernholz ist im Allgemeinen nicht vom Splintholz zu unterscheiden. Esche lässt sich trotz der etwas groben Struktur sehr gut drechseln; meiner Auffassung nach findet das Holz gegenwärtig in der Drechslerei nicht die ihm gebührende Beachtung.

Oliv-Esche Zwei ungewöhnliche Strukturbilder, die bei reiferen, einzeln stehenden Bäumen auftreten, welche dank ihres Standorts im Umfang ungehindert wachsen konnten. Die Welligkeit (Riegelwuchs) verläuft im rechten Winkel zur Maserung und tritt gemeinsam mit grau-braunen Schlieren auf (fakultativer Kern), die längs der Maserung verlaufen. Wegen des sehr attraktiven Strukturbildes sind diese Eschenholzarten bei den Drechslern sehr geschätzt, was sich in ihrem Preis widerspiegelt.

Bild 1.1 Muster von 15 im Text angeführten Holzarten *Oben von links nach rechts:* **Mahagoni, Esche, Eibe, Gemeine Kiefer, Walnuss;** *Mitte:* **Rotbuche, Kirsche, Bergahorn, Pflaume (Zwetschge), Eiche;** *Unten:* **Bubinga (Kevazingo), Esskastanie, Ebenholz, Ulme, Ulmenmaserknolle. (Mit freundlicher Genehmigung von Art Veneers Co., Mildenhall, Suffolk)**

Rotbuche Ein hoher, sehr stattlicher Baum, der mit gutem Grund „König des Waldes" genannt wird. Durch seinen silbergrauen Stamm ist er leicht zu erkennen; seine gewaltige Krone lässt voll belaubt einen weiten Schattenplatz entstehen.

Das Holz ist hart und dicht, es hat eine feine, gleichmäßige Textur. Zwischen Früh- und Spätholz gibt es keinen ausgeprägten Unterschied; die Färbung reicht von rötlichbraun über rötlich-weiß bis gelblich-weiß. Buchenholz lässt sich ausgesprochen gut drechseln; es war das Vorzugsmaterial der Wippbank-Drechsler im Chiltern-Hügelland im Süden Englands. Obwohl nicht so elastisch wie Esche, lässt es sich in gedämpftem Zustand gut biegen und war deshalb in der Möbelindustrie weit verbreitet.

Versporte Buche Von den Drechslern hoch geschätzt sind Blöcke, die nach dem Fällen einige Zeit auf dem Waldboden gelegen haben und von einem Pilz befallen wurden, auf den die attraktiven schwarzen Linien und Punkte zurückzuführen sind (= „Versporungs"-Effekt).

Edelkastanie/Esskastanie Ein großer, ansehnlicher Baum, der eine spiralig gefurchte Borke mit tiefen Rissen entwickelt. Der Baum ist unschwer zu erkennen, wenn er seine stacheligen, grünen Hülsen trägt, die die goldbraunen Nüsse schützen. Das Holz ähnelt stark dem der Eiche, jedoch fehlen ihm die breiten Holzstrahlen, die dem Eichenholz im Spiegelschnitt die silbern schimmernden Flächen geben. Es wird für qualitätvolle Arbeiten zunehmend verwendet und eignet sich für das Drechseln sehr gut.

Feldulme, Rüster Ein prächtiger, hoher und stattlicher Baum, der allerdings Opfer des verheerendsten Artenuntergangs der letzten Zeit bei den einheimischen Laubhölzern geworden ist – des Ulmensterbens. Obwohl keineswegs so wertvoll wie Esche oder Eiche, war Ulmenholz doch aus vielerlei Gründen unentbehrlich. Der Stellmacher und der Zimmermann auf dem Lande schätzten seine Festigkeit, Dauerhaftigkeit und Widerstandsfähigkeit gegen Splittern – Eigenschaften, die es zum idealen Werkstoff für Stuhlsitze, hölzerne Pumpen, Radnaben, Radfelgen und vieles andere werden ließen. In der Färbung variiert es vom Gelblichweiß des Splintholzes bis zum Graubraun des Kernholzes. Für mich ist es wegen seiner wilden, unregelmäßigen Maserung eines der attraktivsten Hölzer.

Obwohl es die grobe und ungleichmäßige Maserung nicht leicht macht, ein gutes Aussehen des fertigen Produkts zu erreichen, werden Geduld, scharfe Werkzeuge und überlegte Drechseltechnik durch sehr ansehnliche Arbeitsergebnisse belohnt. Ulme eignet sich insbesondere für das Drechseln von Schalen sowohl in natürlicher Färbung wie auch behandelt.

Bergulme Im Umriss viel kleiner und gedrungener als die Feldulme, jedoch mit ähnlichen Eigenschaften. Viele Exemplare zeigen deutliche grüne Schlieren (Fladerung), die besonders Schalen einen besonderen Reiz verleihen.

Ulmenmaserknolle Maserknollen treten an einer Reihe von Holzarten auf. Sie entstehen durch ein eigenartiges warzenartiges Wachstum, das bei der Ulme gewöhnlich zur Basis des Stammes zu gerichtet ist. Maserknollen entstehen durch Abbruch des Wachstums von Knospen mit anschließendem Überwallen und zeigen im Schnitt die charakteristische große Zahl von eng gruppierten winzigen Knoten. Maserknollen verleihen Schalen ein überaus attraktives Aussehen.

Hainbuche/Weißbuche Ein kleinerer Baum mit silbergrauer Borke. Stammstücke reiferer Bäume zeigen eine Tendenz zu Drehwuchs und tiefen Spiralfurchen. Das Holz wird nicht in größeren Mengen angeboten, es gehört aber zu meinen Lieblingssorten für bestimmte Drechselarbeiten, ganz besonders für langstielige, durchscheinende Stielbecher. Es ist gelblich-weiß, sehr fest, zäh und schwer zu spalten und eignet sich gut für Verzahnungen, Hobel, Kegel und Holzhämmer.

Eiche Nur wenige werden den ehrwürdigsten Baum unserer Heimat nicht kennen. Die Eiche gehört zu den Bäumen, die am spätesten ausschlagen, und die charakteristische Laubform und die Früchte (die Eicheln) machen eine Verwechslung mit anderen Arten unmöglich. Die Merkmale des Holzes sind allgemein bekannt. Dauerhaftigkeit und Festigkeit sind herausragend. Die Verarbeitungsmöglichkeiten scheinen unbegrenzt und Eichenholz wird seit Jahrhunderten für Kirchengestühl, Möbel, Dachstühle und Fachwerk, Stellmacherarbeiten, landwirtschaftliche Geräte, Rahmenkonstruktionen von Bauwerken und vieles andere verwendet. Am renommiertesten ist es allerdings als Baumaterial für die Seeschiffe, den ‚eichenen Herzen', die die britische Flotte bildeten.

Es ist keinesfalls leicht, Eichenholz beim Drechseln eine ansehnliche Oberfläche zu geben, und gute Resultate können nur mit scharfen Werkzeugen und fehlerfreier Technik erzielt werden.

Bergahorn Ein prächtiger, robuster Baum. Die ausgeprägte Blattform und die gelb-grünen, walzenförmigen Blütenrispen, denen geflügelte Samen folgen, machen die Bestimmung unproblematisch. Zugeschnitten ist das Holz weißlich, mit dichter, gesprenkelter Maserung. Manche Blöcke haben wundervolle wellige Streifen quer zur Maser (Riegelwuchs) und sind deshalb sehr begehrt, nicht nur für Drechselerzeugnisse, sondern auch für Boden und Zarge von Saiteninstrumenten.

„Süß ist der Bergahorn wie eine Nuss" – eine Eigenschaft, die von den Drechslern auf dem Lande geschätzt wurde, und das Holz wurde in großem Maße für Molkerei- und Küchenartikel wie Milchkannen, Schöpfkellen, Stampfer, Nudelhölzer und Schüsseln benutzt. Es ist eine wahre Freude, Bergahorn zu drechseln!

Walnuss Ein Baum, der wegen seiner delikaten Nüsse und der vorzüglichen Qualiltät seines Holzes unbestritten als der ‚Fürst des Waldlandes' gilt. Die Blätter, die ziemlich spät erscheinen, sind zunächst rötlich-braun, dann grün. Diese Eigenart erleichtert zusammen mit der stark rissigen, grauen Rinde die Bestimmung.

Das Holz variiert von blass hautfarben bis dunkelbraun und hat eine feine, ebenmäßige Maserung und Struktur. Es ist ziemlich hart und dauerhaft und gut polierfähig. Es hat ein wunderschönes Bild und gelegentlich zeigt sich Riegelwuchs wie bei Bergahorn. Wegen dieser Eigenschaften und der hochgerühmten Stabilität war Walnuss das beliebteste Holz der Möbeltischler der Zeit von Königin Anna (Ende 17./Anfang 18. Jh.).

Das Angebot ist begrenzt und sollte der Anfänger das Glück haben, ein paar Stücke Walnuss zu ergattern, so schlage ich ihm vor, sie zur Seite zu legen und erst dann zu verarbeiten, wenn er ein gewisses Maß an Erfahrung erworben hat.

Eibe Einer unserer heimischen Nadelbäume. Obwohl ein Nadelholz, ist das Eibenholz sehr dicht und härter als manches Laubholz. Sagen und Legenden um das Eibenholz gibt es in endloser Zahl. Am bekanntesten jedoch ist es ohne

Zweifel als das Material, aus dem einst die Langbogen gefertigt wurden – wie in den Zeilen von Sir Arthur Conan Doyle festgehalten: „Was das für ein Bogen ist? Er wurde in England gefertigt, aus echtem Holz, aus Eibenholz, dem Holz der englischen Bögen...".

Die Eibe ist der langlebigste europäische Baum und einige Exemplare haben den Ruf, genauso alt zu sein wie die Kirche, auf deren Kirchhof sie stehen. Nadeln, Rinde und Früchte sind giftig und Kindern sollten mit der von der Eibe ausgehenden Vergiftungsgefahr vertraut gemacht werden.

Mir ist Eibe zweifelsfrei das liebste Drechselholz. Die Färbung variiert ganz enorm von dem weißlichen Splint hin zum gelbbraunen Kernholz, das häufig mit purpurnen Schlieren und Flecken getönt ist.

Alle bisher aufgezählten Hölzer werden gehandelt und sind, wenn auch unterschiedlich leicht, bei den Firmen erhältlich, die in den einschlägigen Zeitschriften zu annoncieren pflegen.

Es gibt außerdem andere heimische Holzarten, die gleichermaßen für das Drechseln geeignet sind, aber nicht auf dem Markt erhältlich sind. Diese meist kleineren Bäume und Sträucher aus Gärten, Obstplantagen und Hecken – werden im Allgemeinen von den Holzhändlern nicht angeboten, obgleich sie von vielen Drechslern sehr geschätzt werden. Sie sind nicht nur gut drechselfähig, sondern weisen zudem noch prächtige Maserungen und Färbungen auf, die es mit den ausgefallensten Strukturen der Importhölzer aufnehmen können. Verständlicherweise sind die verfügbaren Mengen und Querschnitte nur klein. Nehmen Sie also Kontakt mit Baumchirurgen, Verwaltern von Parks und lokalen Behörden auf, um möglicherweise ein paar der im Folgenden genannten Holzarten erwerben zu können.

Apfel Obwohl beim Trocknen sehr problematisch, lohnt sich der Versuch. Das Holz ist sehr hart und zäh, lässt sich leicht drechseln und hat mit seiner rötlich-braunen Färbung und attraktiven Maserung ein sehr gefälliges Aussehen.

Schwarzdorn, Schlehdorn Ein verbreitetes Heckengehölz, das den Frühling ankündigt, wenn sich seine nackten, schwarzen Zweige mit Unmengen reinweißer Blüten bedecken. Es liefert ein zähes, festes Holz mit attraktiv rötlich-braun gefärbtem Kernholz und gelblichem Splint.

Kirsche (Wild- und Kulturformen) Sehr begehrenswerte Hölzer für den Drechsler. Wildkirsche liefert ein leicht duftendes, goldbraunes Holz, das für erstklassige Möbel, Furniere und Drechselarbeiten hoch geschätzt ist. Es ist zäh und fest, jedoch leicht zu drechseln und vorzüglich polierbar.

Stechpalme Ein Gehölz mit glänzenden, dunkelgrünen, stacheligen Blättern. Es liefert ein weißes Holz mit sehr enger Maserung, das sich leicht drechseln lässt. Es ist ideal für das Nassdrechseln dünnwandiger Schalen und Teller, für die es heute von zahlreichen Drechslern verwendet wird.

Goldregen Es ist im Frühling kaum ein Anblick willkommener und eindrucksvoller als der Goldregen, wenn er seine prächtigen Blütentrauben präsentiert. Sein Holz ist ebenso prachtvoll – bei mir rangiert es nach der Eibe an zweiter Stelle. Es ist hart and schwer; das kräftig braune Kernholz mit seinen goldenen Flecken kontrastiert deutlich zum blassgelben Splint. Denken Sie daran, dass alle Teile des Goldregens sehr giftig sind.

Birne Ein weiteres meiner Lieblingshölzer für das Drechseln. Es ist in bemerkenswerter Weise frei von Ästen, hart und gleichmäßig gemasert. Sein schwach rötliches, blasses Erscheinungsbild wird mitunter durch Riegelung verschönert, wie wir sie vom Bergahorn kennen.

Pflaume Sehr schwer in größeren Mengen zu bekommen, aber wenn Sie das Glück hatten, dann machen Sie etwas ganz Besonderes daraus. Das ganz ebenmäßig strukturierte Holz, das von schwach gelb bis dunkelbraun variiert, ist überaus schön.

Außer mit den eben genannten nicht gehandelten Holzarten experimentieren Sie ruhig mit weiteren, wie z.B. Flieder, Buchsbaum, Eberesche (Vogelbeere), Weiß- oder Rotdorn, Essigbaum (vorsicht – seine Inhaltsstoffe reizen die Schleimhäute sehr, er gilt als giftig). Sie werden überrascht sein, wie leicht sich diese Hölzer drechseln lassen und vor allem wie schön Maserung und Färbung sind.

Kiefer, Föhre Ein wertvolles Nadelholz, das im Bauwesen sehr häufig verwendet wird. Vielleicht haben Sie gelesen, dass es sich fürs Drechseln nicht eignet. Ich bin anderer Meinung und mit mir zahlreiche Drechsler, die gegenwärtig gerade das reiche Potenzial dieses wunderbar gemaserten Holzes erschließen, um den wachsenden Bedarf an gedrechselten Teilen für Schlafzimmer- und Küchenmöbel aus Kiefer zu befriedigen. Kiefernholz wird ausgeprägt honigfarben, wenn es mit Klarlack behandelt wird.

Kiefer ist ideal zum Üben. Wenn Sie in der Lage sind, einem Teil aus Kiefer ausschließlich mit dem Drechslerwerkzeug eine gute Oberfläche zu verleihen, dürfen Sie sich als fertig ausgebildet ansehen. Ich selbst führe immer gern vor, dass dies tatsächlich ohne Sandpapier möglich ist, wenn ich Zweifler von der Drechselfähigkeit des Kiefernholzes überzeugen will. Ein nicht zu unterschätzender Vorzug von Kiefer, insbesondere für Versuche, besteht darin, dass geeignete Abschnitte oft ziemlich billig zu haben sind. Und schließlich – die Werkstatt ist mit dem angenehmen Duft von Kiefernspänen gefüllt.

Importierte und exotische Holzarten

Auf importierte und exotische Holzarten will ich hier nicht ausführlich eingehen, weil ich sie als für den Anfänger wenig geeignet halte, denn Bearbeitungsfehler können bei solchem Rohmaterial recht teuer werden. Ein durchaus ernst zu nehmender Einwand ist außerdem die übergroße Vorsicht, die sich einstellt, wenn sich ein teures Stück Holz in der Drechselbank dreht. Der Drechsler soll stets gelockert sein und sein Werkzeug mit nicht allzu großen Hemmungen gebrauchen.

Es sollen also nur ein paar exotische Hölzer aufgelistet werden, die sich als gut geeignet für Drechselarbeiten erwiesen haben.

Amarello Herkunft: Südamerika. Ein dichtes, cremegelbes Holz.

Grenadill Herkunft: Afrika. Ein hartes, dichtes und extrem schweres Holz. Das Kernholz ist schwarz.

Bubinga Herkunft: Westafrika. Purpurbraun, manchmal dunkler gesprenkelt.

Cocobolo Herkunft: Südamerika. Eines meiner Lieblingshölzer, eine Palisanderart. Bietet ein äußerst reizvolles Farbenspiel von Purpur nach Gelb mit schwarzen Strichen.

Ebenholz Herkunft: Indien und der Ferne Osten. Es ist keineswegs immer nur schwarz, wie oft angenommen wird, sondern kann auch mittel- bis dunkelbraun gefärbt sein (Makassar). Ein edles, ebenmäßig strukturiertes und äußerst dichtes Holz.

Olivenholz Herkunft: Südeuropa. Ein weiterer meiner persönlichen Favoriten. Gelblich-braun, mit vielfarbigen dunkleren Streifen, nimmt eine edle, glänzende Oberfläche an.

Palisanderarten Herkunft: Mittel- und Südamerika sowie Indien. Es gibt sehr viele Palisanderarten, die sich sämtlich für das Drechseln eignen. Alle sehr teuer, aber auch überaus schön.

Ziricote Herkunft: Mittelamerika und die Westindischen Inseln. Ein außergewöhnlich schönes, hartes und schweres Holz mit feiner, dichter Maserung. Dunkelgrün mit unregelmäßigen, schwarzen Linien. Erlangt eine glatte, glänzende Oberfläche.

Heutzutage werden dutzende exotischer Holzarten auf dem Markt angeboten und der Interessent sollte die einschlägigen Zeitschriften durchsehen, um zuverlässige Lieferanten zu finden. Zuguterletzt noch ein bekanntes tropisches Holz:

Mahagoni Die Vortrefflichkeit dieses Holzes ist schon seit der Zeit der spanischen Kolonisation in der Neuen Welt anerkannt; einige Schiffe der spanischen Armada bestanden aus Mahagoni.
Für mehr als ein Jahrhundert war Mahagoni das Lieblingsholz der Möbeltischler in England, und zwar wegen seiner Maßhaltigkeit, seiner guten Bearbeitbarkeit mit Handwerkzeugen und seines schönen, edlen Erscheinungsbildes.

Umweltbewusste Drechsler haben möglicherweise ein ungutes Gefühl, weil sie befürchten, mit ihrem Hobby zur Schädigung der Umwelt durch ungehemmte Entwaldung beizutragen. Bedenken dieser Art können zerstreut werden, beziehen doch die meisten bedeutenden Holzhändler ihr Holz aus nachhaltig bewirtschafteten Forsten. Auf solche Art betriebene Forstwirtschaft verbessert die Umwelt und trägt dazu bei, auch in benachteiligten Ländern einen gewissen Wohlstand zu schaffen.

Grundkenntnisse über Holz

Mit allen Besonderheiten und Unberechenbarkeiten des Werkstoffes Holz vertraut zu werden, würde ein lebenslanges Studium erfordern. Der einzig Erfolg versprechende Weg ist das praktische Arbeiten mit dem Holz. Dennoch ist es wünschenswert, dass sich der Hobbyholzhandwerker gewisse Grundkenntnisse über das Wachstum des Baumes, die Struktur, das Trocknen, den Schwund und Holzfehler aneignet. Sie sind die Voraussetzung für den zielbewussten Kauf des für ein Vorhaben genau richtigen Stücks.

Struktur eines Baumes

Bild 1.2 veranschaulicht am Beispiel eines Eichenstamms die innere Struktur der meisten Baumarten.

Das **Mark** ist der ursprüngliche Samenspross und manchmal kaum erkennbar. Es bleibt weich, ist für die Verwertung nutzlos und sollte herausgeschnitten werden.

Die **Markröhre** repräsentiert die ersten Wachstumsjahre des jungen Baumes. Dieser Holzanteil trocknet aus und wird beim Zuschnitt entfernt, weil er für die Verwendung des Holzes als Baumaterial ungeeignet ist.

Das **Kernholz** ist der dauerhafteste Holzanteil; es befindet sich zwischen Markröhre und Splintholz.

Das **Splintholz** ist das jüngere, saftführende Holz. Als Baumaterial eignet es sich meist nicht, jedoch ist die Kombination aus Kern- und Splintholz beim Nassdrechseln von Schalen sehr beliebt, weil sich überraschende Farbvariationen zeigen.

Die **Jahrringe**, die den jährlichen Dickenzuwachs anzeigen, erlauben es, das Alter eines Baumes ganz genau zu bestimmen. Sie entstehen infolge des unterschiedlichen Zuwachses im Frühling und im Sommer.

Die **Kambiumschicht** (zwischen Rinde und Holz) besteht aus lebenden Zellen, die nach innen neues Holz und nach außen neue Rinde bilden.

Rinde oder **Borke** heißt die äußere schützende Schicht.

Die **Holzstrahlen** verlaufen von der Mitte des Baumes radial nach außen und sind bei allen Holzarten zu finden, wenn sie auch nur bei wenigen deutlich erkennbar sind. Sehr ausgeprägt sind sie bei der Eiche (silbern glänzende Flecken oder Bänder im Tangentialschnitt), Rotbuche und Platane.

Bild 1.2 Querschnitt durch den Stamm einer Eiche

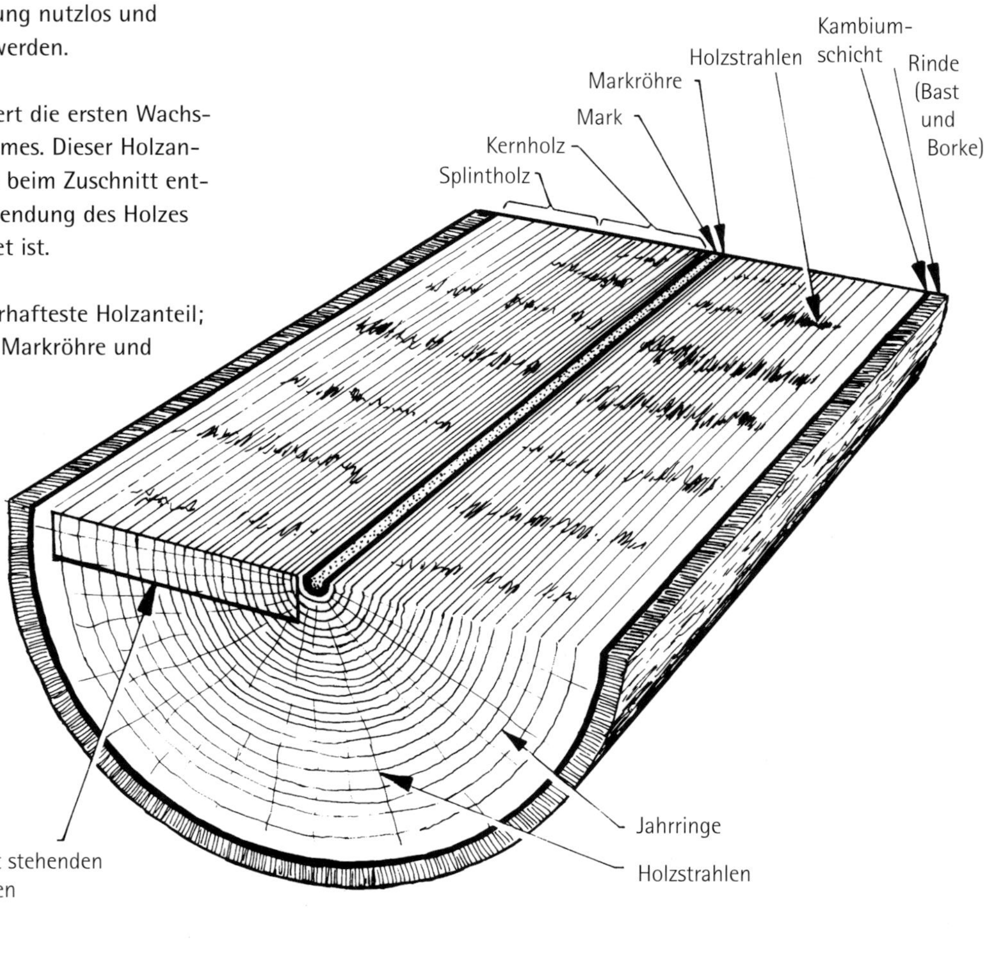

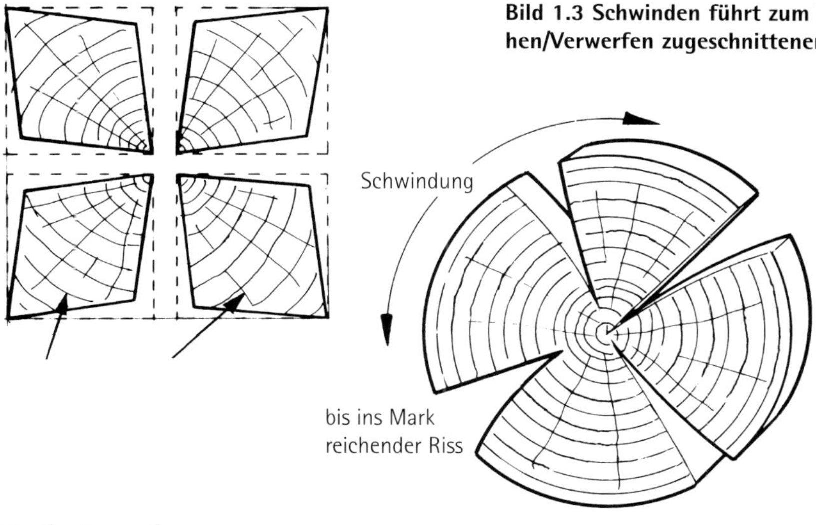

Bild 1.3 Schwinden führt zum Verziehen/Verwerfen zugeschnittener Blöcke

Holztrocknung

Ziel der Trocknung ist die Entfernung der Holzfeuchte, die beim Fällen des Baumes vorhanden ist. Wenn das Wasser nicht entfernt wird, schwindet das verbaute Holz erheblich, was zu Verwerfungen, gelösten Verbindungen und entsprechendem Festigkeitsverlust führen würde.

Am häufigsten werden die beiden folgenden Trocknungsverfahren angewandt:

Natürliche Trocknung im Freien ist zweifellos das häufigste Verfahren, kann jedoch viele Jahre erfordern. Das Schnittholz wird im Freien gestapelt, jedoch durch ein Dach gegen direkte Sonneneinstrahlung und Regen geschützt. Stapelleisten zwischen den einzelnen Lagen ermöglichen ungehemmtes Hindurchströmen der Luft. Eine Faustregel besagt, dass ein Jahr Trocknungszeit für jeweils 25 mm Holzdicke benötigt wird, d. h. eine 75 mm dicke Bohle muss etwa drei Jahre trocknen.

Technische Trocknung Das Holz wird in einer geschlossenen Kammer eingelagert, durch die erhitzte Luft strömt, was den Trocknungsprozess beschleunigt. Zwangsläufig erhöht sich dadurch der Preis des Holzes. Das technische Trocknen ist eine Wissenschaft für sich und Holz, das unrichtig ofengetrocknet wurde, verliert seine Elastizität und wird spröde.

Drechseln ungetrockneten Holzes oder Nassdrechseln (auch Gründrechseln) ist sehr in Mode gekommen, insbesondere für Schalen und Dosen, und man bekommt jetzt häufig Produkte zu sehen, bei denen es dem extrem dünn ausgedrechselten Teil selbst überlassen worden ist, sich seine Form im Trocknungsprozess zu suchen.

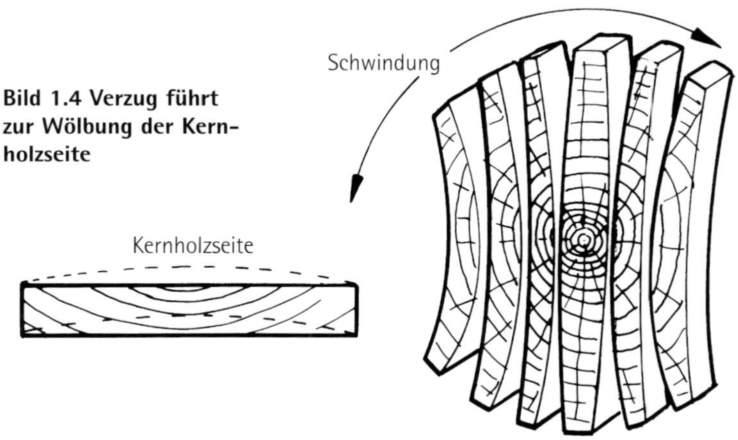

Bild 1.4 Verzug führt zur Wölbung der Kernholzseite

Schwindung

Schwindung wird durch Verdunstung des im Holz enthaltenen Wassers hervorgerufen. Die ungleichmäßige Verteilung der Zellarten im Holz bewirkt, dass das Schwindmaß tangential etwa doppelt so groß ist wie radial. Das führt beim Trocknen zu Spannungen; werden diese zu groß, reißt das Holz (Bild 1.3).

Verzug

Die ungleichmäßige Schwindung (radial und tangential) führt dazu, dass sich Bohlen und Bretter verziehen. Die gewölbte Seite liegt stets an der Kernholzseite. Bei allen Holzarbeiten, auch beim Drechseln, muss der zu erwartende Verzug berücksichtigt werden (Bild 1.4).

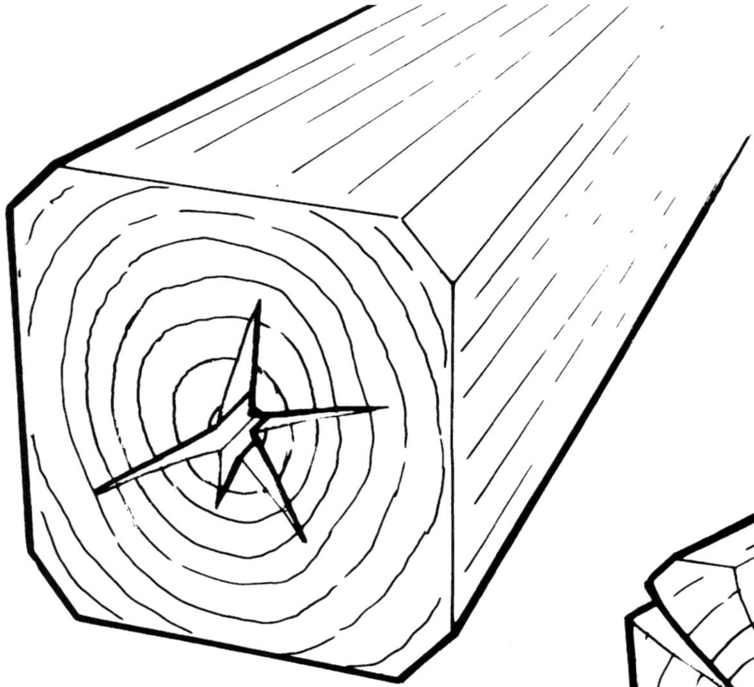

Bild 1.5 Innenrisse

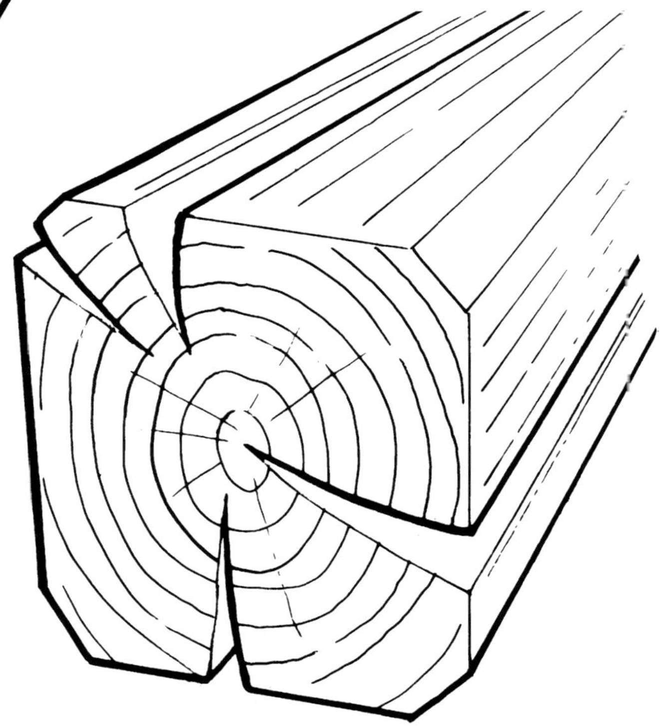

Bild 1.6 Luftrisse

Holzfehler

Die Verwendung fehlerhaften Holzes beim Drechseln kann sehr gefährlich sein. Prüfen Sie deshalb jedes Stück sorgfältig, bevor Sie es in der Drechselbank einspannen. Die häufigten Holzfehler sind:

Innenrisse entwickeln sich, wenn das Mark des Baumes zerfällt oder das Holz im Inneren des wachsenden Baumes schwindet.
Innenrisse verlaufen vom Mark aus strahlenförmig nach außen und stark innenrissige Stücke sollten weggeworfen werden (Bild 1.5).

Luftrisse beginnen an der Außenseite des Stücks und verlaufen entlang der Holzstrahlen nach innen. Sie werden meist durch ungleichmäßige Schwindung verursacht. Luftrissigkeit kann für den Drechsler eine besondere Gefährdung bedeuten (Bild 1.6).

Ringschäle Hier verlaufen Risse entlang der Jahrringe. Sie sind auf unterschiedliche Wachstumsbedingungen zurückzuführen, wie beispielsweise infolge einseitiger starker Winde, aber auch durch Pilz- und Insektenbefall. Sie können ebenfalls eine Gefährdung des Drechslers bedeuten (Bild 1.7).

Äste gibt es in zahlreichen Ausprägungen. Eingewachsene Äste, die fest und hart sind, sind zwar nicht leicht zu drechseln, gefährden aber den Drechsler nicht. Tote oder lose Äste können dagegen ziemlich gefährlich werden, wenn sie weggeschleudert werden.

Gefährliche Holzarten

Es gibt eine Anzahl von Hölzern, insbesondere bei den importierten Arten, die bei der Bearbeitung gefährlich werden können. Feiner Staub der so genannten Mahagoni-Arten, der Palisanderhölzer und vieler anderer exotischer Hölzer kann Augen, Nase, Kehlkopf und Lungen reizen. Iroko (auch Kambala genannt) weise ich unnachgiebig zurück, denn trotz Atemmaske und Staubabzug belästigt es mich erheblich. Makoré, Cocobolo, Mansonia, Padauk, Guarea und Partridgeholz beeinträchtigen allesamt mein Wohlbefinden und es scheint mir nicht ratsam, dass Sie sich dem Staub dieser Hölzer längere Zeit aussetzen.

Bezugsquellen für Holz

Holz ist teuer und dem ehrgeizigen Drechsler ist sehr anzuraten, sich um preisgünstige Bezugsquellen für sein Holz zu bemühen. Wie schon erwähnt, sind Kiefernholz-Abschnitte, die sich vorzüglich zum Üben eignen, bei den meisten Schreinern und Tischlern günstig zu haben. Der Herbst ist eine günstige Jahreszeit, um sich bei Gärtnern, Parkverwaltungen und Baumchirurgen nach Baumverschnitt und gefällten Obstbäumen zu erkundigen. Deutsche Anbieter von Holz sind im Anhang (S. 175ff) aufgeführt.

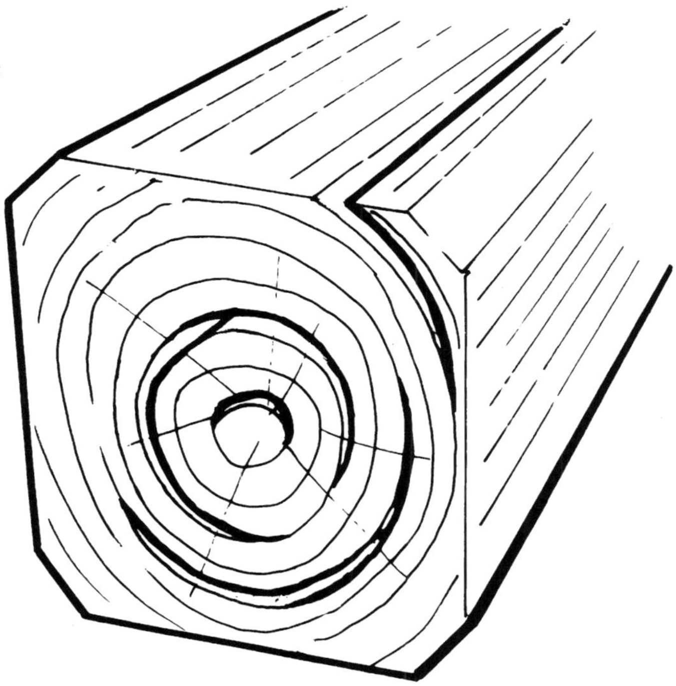

Bild 1.7 Ringschäle

ZUSAMMENFASSUNG

1. Bemühen Sie sich, so viele Baum- bzw. Holzarten wie möglich bestimmen zu können.
2. Wenn Sie noch lernen, behelfen Sie sich mit Nadel- und Laubholz-Resten, mit Stücken von Heckengehölzen, Obst- und Gartenbäumen.
3. Denken Sie daran, dass sich nasses Holz viel leichter drechseln lässt als getrocknetes und dass es verhältnismäßig billig ist.
4. Achten Sie auf Holzfehler, wie etwa Risse – es können erhebliche Gefahren von fehlerhaften Stücken ausgehen. Schützen Sie sich gegen den Staub importierter Hölzer und tragen Sie beim Schleifen eine Staubmaske.

Kapitel 2
Drechselbank und Zubehör

Kurze Geschichte der Drechselbank

Ein wenig Nostalgie tut immer gut und so soll auch dieses Buch über das Drechseln nicht ohne eine kurze Geschichte der Drechselbank bleiben.

Zu Beginn ihrer Entwicklung bestand eine Drechselbank (Drechselstuhl genannt) aus einem robusten hölzernen Rahmen, über dem ein lattenförmiges, elastisches Stück Holz an geeigneter Stelle befestigt war, sodass mithilfe der Federung des Holzes Energie in nutzbarer Form erzeugt werden konnte. An der Latte war eine Schnur angebunden, die zweimal um das Werkstück gewickelt war und unter dem Rahmen etwa 30 cm über dem Boden eine Schlinge bildete.

Der Drechsler setzte seinen Fuß in die Schlinge und zog die Schnur nach unten. Dadurch wurde sowohl das Werkstück in rotierende Bewegung versetzt als auch die Latte nach unten ausgelenkt. Der Drechsler ließ dann mit dem Zug nach, worauf die Latte zurückfederte und das Werkstück in entgegengerichtete Drehbewegung versetzt wurde. Es drehte sich also ständig hin und her, und der Drechsler musste darauf achten, dass er sein Werkzeug nur dann ansetzte, wenn sich das Werkstück auf ihn zu drehte.

Die Schlinge wurde schließlich durch die technisch fortgeschrittenere Wippe ersetzt und Wippdrechselbänke waren in Großbritannien – insbesondere in den Buchenwäldern der Chiltern Hills (nordwestlich von London) – noch vor etwa 50 Jahren weithin in Gebrauch.

Die Drechsler, die dort auch „chair bodgers" (das bedeutet etwa „Stuhlflicker") genannt wurden, erzeugten Stuhlteile, wie Beine, Streben und Lehnenteile, zur weiteren Verarbeitung in High Wycombe, dem in der Nähe der Buchenwälder entstandenen Zentrum der Möbelherstellung.

Heutzutage assoziiert der Ausdruck „Flicker" mangelhafte Handwerksarbeit, was für die chair bodgers von damals auf keinen Fall zutraf – sie waren überaus geschickte und arbeitsame Handwerker. In der Geschichte des Drechselns in Großbritannien nehmen sie einen eigenen Platz ein. Sie stellten ihre Drechselbänke mitten in den Wäldern auf und drechselten vor Ort, anstelle das Holz zu Werkstätten in den Dörfern und Städten zu transportieren. Im Walde wurde eine einfache und oft recht rohe Hütte für den Drechsler und seine Maschine errichtet. Die Bäume wurden ausgewählt, gefällt und auf ein passendes Maß für die verschiedenen Stuhlteile eingeschnitten.

Mithilfe schwerer Hämmer, Äxte und Zugmesser wurden die Blöcke gespalten und roh zugerichtet, bevor sie in die Drechselbank gespannt und nass gedrechselt wurden. Eifer und Schnelligkeit, mit der die Möbelteile gedrechselt wurden, ringen uns angesichts der primitiven Ausrüstung noch heute Bewunderung ab. Viele Drechsler waren in der Lage, ein Stuhlbein in etwa zwei Minuten fertig zu drechseln, wobei sie sich, was die zu erzeugende Form anbelangt, weitestgehend auf ihr Augenmaß verließen. Das Bild auf der linken Seite vermittelt uns einen Eindruck, wie Hütte und Wippdrechselbank ausgesehen haben mögen.

Auf Holzbearbeitungsausstellungen wird regelmäßig das Arbeiten auf solchen Wippdrechselbänken vorgeführt, und beim Zuschauen erhält man einen nachhaltigen Eindruck davon, wie geschickt die Drechsler gewesen sein müssen und wie anstrengend ihre Arbeit war.

Im ländlichen England hatte früher wohl jedes Dorf seine Stellmacher und Zimmerleute. Sie verwendeten Drechselbänke, die der Lehrling mit der Handkurbel oder über die etwas fortgeschrittenere Wippe-Schwungrad-Einrichtung anzutreiben hatte. Diese Drechselbänke bestanden größtenteils aus Holz und lediglich die Spitzen waren vom Dorfschmied gefertigte Metallteile.

Die industrielle Revolution brachte schwere, gegossene Drechselbänke, wobei oft mehrere Maschinen über ein System von Riemen, Scheiben und Wellen von einem einzigen Elektromotor angetrieben wurden. Kaum jemand außer den Leuten, die damit ihr Brot verdienten, hatte Zutritt zu einer Drechselwerkstatt, denn die Geheimnisse des Handwerks wurden streng gehütet, waren sie doch Existenzgrundlage.

Heute, mit der viel länger gewordenen Freizeit, ist das Interesse am Drechseln in immensem Maße wiedererwacht, wie ein Blick in die verschiedenen Holzarbeits- und Heimwerker-Zeitschriften sofort erkennen lässt. Viele Firmen produzieren heute Drechselbänke mit Elektromotoren, die mit dem üblichen Wechselstrom betrieben werden können.

Außerdem wird eine immer weiter wachsende Menge an Drechselwerkzeugen, Zubehörteilen und Spannvorrichtungen angeboten, und der Neuling mag schier verzweifeln, wenn er sich eine Ausstattung an Werkzeugen und Einrichtungen für den Anfang zulegen will. Ihm wollen wir mit den folgenden Abschnitten helfen.

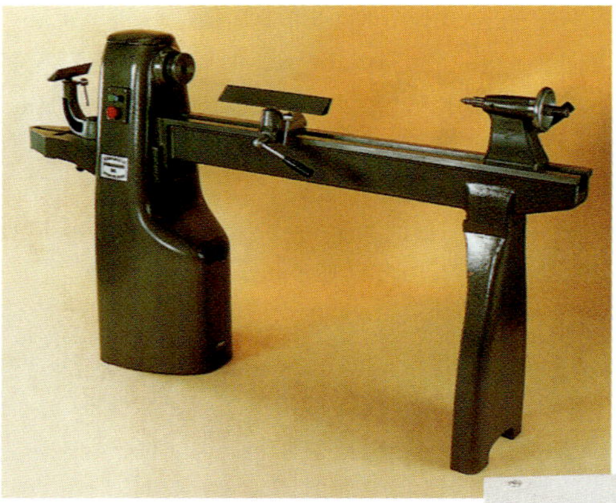

Bild 2.1 Ein neueres Modell der Graduate-Drechselbank, in dem die alten Langbett- und Kurzbett-Ausführungen vereint sind (Foto mit freundlicher Genehmigung von Multico Ltd)

Bild 2.2 Die Carbatec-Drechselbank (Foto mit freundlicher Genehmigung von Axminster

Bild 2.3 Die Record CL3-Drechselbank, erhältlich in Längen zwischen den Spitzen von 914 mm und 1219 mm (Foto mit freundlicher Genehmigung von Record Power Ltd)

Moderne Bauarten von Drechselbänken

Weil das Bearbeitungsverfahren den Grundaufbau der Drechselbank bedingt, zeigen die Produkte der einzelnen Hersteller nur geringe Unterschiede. Es gibt zwei Haupt-Bauarten der Drechselbank.

Frei stehende Drechselbänke

Die schweren Drechselbänke, wie sie in Handwerk und Industrie verwendet werden, sind üblicherweise frei stehende Maschinen. Wenn sie auf einem Betonfundament fest aufgeschraubt sind, können sie ohne weiteres die hohen Belastungen aufnehmen, die beim Drechseln großer Querschnitte entstehen. Diese Drechselbänke sind mit ihren großen Gussteilen sehr teuer und es ist dem Neuling nicht zu empfehlen, sich eine solche Maschine zuzulegen. Wenn Sie allerdings bei Ihrer Suche nach einer geeigneten Maschine eine derartige Bank gebraucht zu einem angemessenen Preis angeboten bekommen, greifen Sie zu, vorausgesetzt natürlich, Sie verfügen über die nötige Stellfläche.

Die am weitesten verbreitete Maschine dieser Bauart ist wahrscheinlich die Graduate-Drechselbank (früher Harrison Graduate), an deren Konstruktion Frank Pain, ein sehr bekannter, leider verstorbener Drechsler, mitgewirkt hat. Diese Bank ist auf dem Gebrauchtmaschinenmarkt sehr gesucht; ich habe eine gebrauchte Graduate-Bank mit Kurzbett ergattert, die sich ausgezeichnet für das Drechseln von Tischplatten und großen, schweren Schalen eignet. Das heutige Modell (Bild 2.1) ist eine Kombination der älteren Langbett- und Kurzbett-Version.

Tischdrechselmaschinen

Tischdrechselmaschinen sind in ihren Maßen, in Gewicht und Preis sehr verschieden und die schwereren Modelle eignen sich nicht nur für den anspruchsvollen Hobby-Drechsler, sondern auch für den professionellen Drechsler und Möbeltischler.

Eines der bekanntesten kleineren Modelle ist die Carbatec-Drechselbank (Bild 2.2). Sie ist kompakt und im Wesentlichen aus Grauguss

Bild 2.4 Die Drechselbank der Fa. Robert Sorby (Foto mit freundlicher Genehmigung von Robert Sorby)

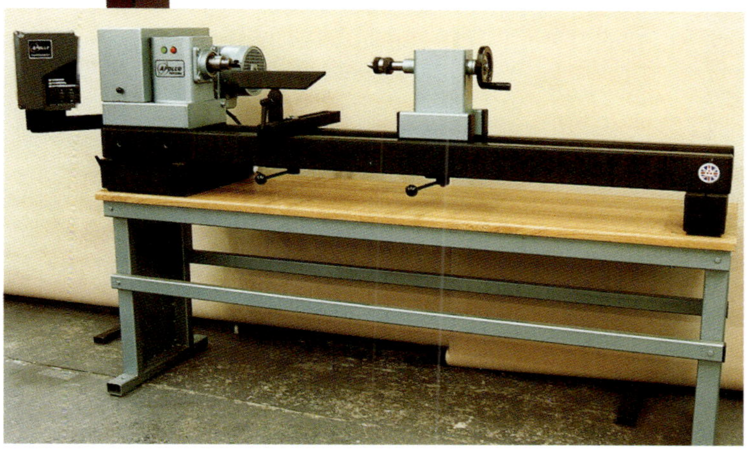

Bild 2.5 Die Profi-Drechselbank von Apollo; rechts der geschwenkte Spindelstock (Fotos mit freundlicher Genehmigung von Apollo Products)

gefertigt, sodass sie ruhig und schwingungsfrei läuft. Das neueste Modell ist mit einem verstellbaren Getriebe ausgestattet, sodass sich Drehzahl und Drehmoment steuern lassen; außerdem ist eine elektronische Kupplung vorhanden. Die Maschine ist nicht gerade eine der billigsten, aber gewiss eine der besten.

Record Power in Sheffield produziert eine breite Palette von kleinen Tischdrechselmaschinen mit mäßigen Preisen bis hin zur CL3, dem „Flaggschiff" der Firma (Bild 2.3). Es handelt sich dabei um eine Hochleistungsmaschine, die von vielen professionellen Holzbearbeitern und Drechslern eingesetzt wird. Um ihre Vielseitigkeit zu erhöhen, ist der Spindelstock schwenkbar, sodass auch große Durchmesser bearbeitet werden können. Es sind unterschiedliche Bettlängen erhältlich.

Robert Sorby in Sheffield, ein renommierter Hersteller von Drechsler- und anderen Schneidwerkzeugen, ist jetzt auch in die Produktion von Drechselbänken eingestiegen (Bild 2.4). Die produzierte schwere Maschine ist in Längen zwischen den Spitzen von 610 bis 1830 mm erhältlich. Sie wird entsprechend Kundenwunsch entweder zur Montage auf einer Bank geliefert oder gegen Aufpreis mit einem stabilen Gestell. Der maximale Drehdurchmesser über den Bettwangen ist 330 mm; mit dem schwenkbaren Spindelstock können Durchmesser bis 760 mm gedrechselt werden. Die Maschine besteht zum größten Teil aus Grauguss und zusätzlich zum 5-stufigen Keilriementrieb hat der Hersteller ein Stellgetriebe eingebaut, sodass die Drehzahl sehr präzise gewählt werden kann.

Bild 2.6 Die Drechselbank Myford Mystro, aufgebaut auf einem Gestell des Herstellers (Foto mit freundlicher Genehmigung von Myford Ltd)

Apollo Products in Derham, Norfolk, liefern eine Baureihe von Drechselbänken überaus hoher Qualität. Die kleinste Maschine ist die Chipmunk, deren Preis angesichts der robusten Ausführung und des ruhigen Laufs ausgesprochen niedrig ist und die sich deshalb besonders für den Anfänger eignet.

Die mittlere Maschine der Baureihe, der Woodpecker, ist sehr populär geworden. Sie ist als Standardmodell mit 4 Drehzahlen verfügbar, aber auch mit elektronischer Drehzahlregelung über Wechselrichter. Das ausziehbare Bett erlaubt einen maximalen Drechseldurchmesser von 405 mm.

Das größte Modell der Baureihe ist die Professional (Bild 2.5), mit der die Reihe der Qualitätsprodukte von Apollo weitergeführt wird. Die Professional ist mit elektronischer Drehzahlregelung und 4-stufigem Keilriementrieb ausgestattet und bietet ein konstantes, hohes Drehmoment von Drehzahl Null bis 3000 U/min. In den Spindelstock integriert ist eine einzigartige Schalendrechseleinrichtung, für die auch die Standard-Werkzeugauflage mit benutzt wird. Ein Werkstück kann deshalb unter 45° oder unter 90° gedrechselt werden. Der maximale Drechseldurchmesser über den Bettwangen ist 405 mm; Querdrechseln ist bis zu imponierenden 635 mm Durchmesser möglich. Nützlich sind auch die Indexiereinrichtung mit 24 Positionen und die Exzenter-Spannhebel. Wer auch nur ein bisschen Sinn für Technik hat, wird mir beipflichten – die Professional ist eine großartige Drechselbank, die für den professionellen Drechsler hervorragend geeignet ist.

Myford Engineering in Nottingham erfreut sich eines internationalen Rufs als Hersteller von Präzisionsschleifmaschinen, Drehmaschinen und Drechselbänken. Die ML8 ist weltweit in Tausenden von Stück verkauft worden und zahllose Drechsler haben ihr Handwerk auf dieser Bank erlernt.

Vor einigen Jahren wurde die ML8 durch die Mystro (Bild 2.6) ersetzt, die wiederum ein Musterbeispiel hohen technischen Könnens ist. Die Standardversion hat ein 5-stufiges Keilriemengetriebe, das einen ausreichenden Drehzahlbereich bietet. Es ist auch eine Ausführung mit stellbarem Getriebe erhältlich. Sie wird zwar von einem 3-Phasen-Elektromotor angetrieben, jedoch erlaubt es die Drehzahlregelelektronik, ohne weitere Maßnahmen den 1-Phasen-Haushaltsanschluss zu benutzen. In Verbindung mit dem vorzüglich bearbeiteten Spindelstockgussteil und dem bewährten Lagersystem hat die Maschine einen extrem ruhigen, schwingungsfreien Lauf. Beide Ausführungen haben eine Einrichtung zur Drehrichtungsumkehr, die besonders beim Schalendrechseln an den spröden Stirnflächen von Wert ist.

Der Spindelstock kann geschwenkt und unter einem beliebigen Winkel zwischen 0 und 180° geklemmt werden. Ein Kolbenklemmmechanismus erleichtert nicht nur das Aus-

Bild 2.7 Die Woodfast-Drechselbank M 910 mit verstellbarer Drehzahl (Foto mit freundlicher Genehmigung von Axminster Power Tool Centre)

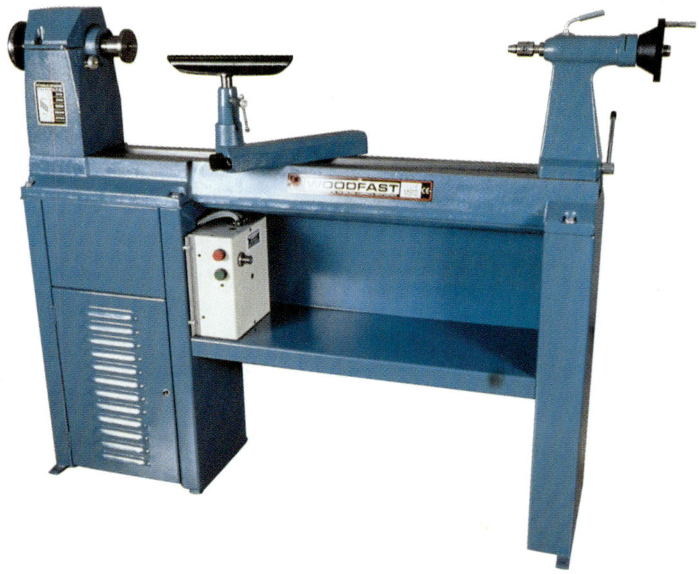

wechseln der Planscheiben und Futter, sondern auch das Indexieren der Spindel in 24 Positionen.

Diese Drechselbank – ein typisches Qualitätsprodukt von Myford – ist wahrscheinlich die anwenderfreundlichste, die ich je benutzt habe. Sie kann als Tischausführung oder für freistehende Aufstellung gegen Aufpreis mit passendem Gestell geliefert werden (Bild 2.6).

Zuguterletzt will ich kurz auf die Drechselbank M 910 von Woodfast eingehen (Bild 2.7). Woodfast-Drechselbänke werden in Australien hergestellt und haben weltweite Verbreitung gefunden. Es wird ein breites Spektrum von freistehenden und Tischausführungen angeboten. Ich hatte das Glück, für die Arbeit an diesem Buch das freistehende Modell M 910 mit verstellbarer Drehzahl zur Verfügung gestellt zu bekommen, sodass ich es auf Herz und Nieren testen konnte.

Das schwere, in einem Stück gegossene Graugussbett trägt einen gleichermaßen schweren, gegossenen Spindelstock mit der in drei herstellerseitig abgedichteten Lagern laufenden Hauptspindel. Über einen am Motor angeordneten Drehzahlmesser wird bei den Modellen mit Drehzahlregelung kontinuierlich die Motorausgangsleistung geregelt und bei allen Drehzahlen ein hohes Drehmoment abgegeben.

Einige der aufgezählten Drechselbänke mögen weit über dem Budget des Einsteigers liegen. Ich rate Ihnen jedoch, für den Anfang eine Maschine der mittleren Preisklasse zu kaufen. Wenn Sie nach einiger Zeit feststellen, dass das Drechseln doch nichts für Sie ist, verlieren Sie beim Weiterverkauf nicht allzuviel. Wenn Sie aber die Leidenschaft gepackt hat und Sie sich eine größere und bessere Drechselbank zulegen wollen, suchen Sie sich den für Ihre Vorhaben am besten geeigneten Maschinentyp, aber kaufen Sie dann die beste, die Sie sich leisten können.

Deutsche Hersteller von Drechselbänken finden Sie auf Seite 175ff.

Die Bauelemente der Drechselbank

Genau wie beim Kauf eines neuen Autos sollten Sie sich, bevor Sie in das Handwerk des Drechselns „einsteigen", zuallererst gründlich mit Ihrer soeben erworbenen Drechselbank vertraut machen. Wissen schafft Selbstvertrauen und erleichtert diesen Einstieg.

Der Kauf von Ersatzteilen und Zubehör kann nämlich zu einer recht schmerzlichen, weil teuren Erfahrung werden, wenn Sie sich nicht zuvor mit den Kenngrößen und Besonderheiten Ihrer Drechselbank beschäftigt haben.

Wie wir bereits wissen, unterscheiden sich zwar die Drechselbänke der einzelnen Hersteller, die Bezeichnungen der Hauptteile aber sind gleich. Bild 2.8 zeigt als Beispiel eine Tisch-Drechselbank, bei der der Antriebsmotor unter dem Tisch angeordnet ist (dies lediglich aus Gründen der Übersichtlichkeit – bei den meisten Maschinen dieses Typs befindet sich der Motor hinter oder neben dem Spindelstock).

Die Baugruppe, die an der Drechselbank sozusagen die Arbeit verrichtet, ist der Spindelstock. Er ist links auf dem Bankbett befestigt und bei den anspruchsvolleren Maschinen als Graugussteil ausgeführt. Die Spindel mit der Keil-

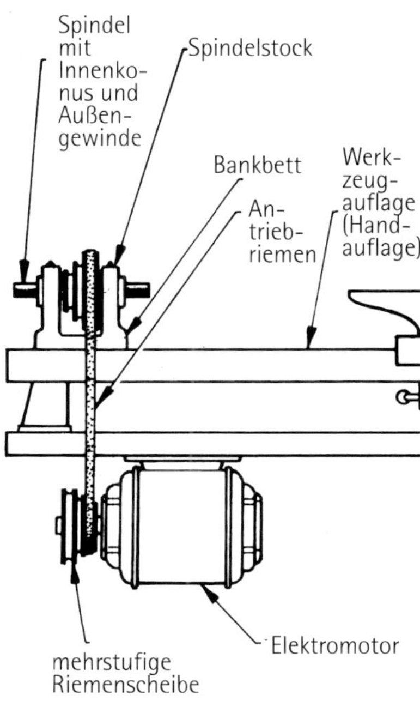

Bild 2.8 Die Bauteile der Drechselbank

riemenscheibe ist in Lagern aufgenommen, deren Güte – neben dem Abstand der Lager voneinander – für einen ruhigen, schwingungsfreien Lauf von erstrangiger Bedeutung ist.

Mitunter ist die Spindel hohl ausgeführt, um den Ausbau von Spannvorrichtungen mittels Stange und Hammer zu erleichtern. Die Spindel kann mit Gewinde versehen sein und zwar entweder nur am inneren Ende (wie bei den Bänken mit schwenkbarem und mit verschiebbarem Spindelstock auf S. 12–14) oder an beiden Enden wie im Bild 2.8; die kombinierten Kopf- und Spitzendrechselbänke wie die Graduate-Drechselbank (S. 12) haben eine Spindel mit Gewinde an beiden Enden.

Fast immer ist das innere Spindelende mit einer kegeligen Bohrung (einem sog. Morsekegel) zur Aufnahme von Spannvorrichtungen mit entsprechendem Außenkegel versehen.

Die Kegelflächen müssen unbedingt sauber gehalten werden, damit ein guter Sitz gewährleistet ist. Es kommt sonst zu Ratterschwingungen. Entnehmen Sie dem Handbuch das Kegelmaß Ihrer Maschine. Es gibt Morsekegel 1, 2 und 3; die meisten Tisch-Drechselbänke haben einen Morsekegel 1; Standard in Deutschland ist 2.

Die Spindel wird von einem Elektromotor über einen Keilriemen angetrieben, der über gestufte, auf der Motorwelle und der Spindel montierte Riemenscheiben läuft. Mit diesen mehrstufigen Riemenscheiben wird die Drehzahl bestimmt, mit der die Spindel rotiert.

Beim Drehen zwischen Spitzen wird das Werkstück zwischen dem Spindelstock und dem Reitstock eingespannt. Auch die Spindel des Reitstocks ist üblicherweise zur Aufnahme von Spanneinrichtungen kegelig aufgebohrt. Der Reitstock kann auf dem Bankbett verschoben und an jeder beliebigen Stelle des Betts mit dem Arretierhebel geklemmt werden.

Eine zusätzliche Feineinstellung kann am Reitstock mithilfe eines Handrades und der mit Gewinde versehenen Reitstockspindel vorgenommen werden. Die Reitstockspindel sollte um mindestens 50 mm verstellt werden können, weil sonst insbesondere Bohrarbeiten mit in der Reitstockspindel aufgenommenem Bohrer sehr zeitaufwändig werden können.

Die Maschinenkenngröße Spitzenhöhe – der Abstand zwischen Bett und Spindelachsmitte bestimmt den größtmöglichen Durchmesser, der beim Drechseln zwischen Spitzen bearbeitet werden kann. Wenn die Spitzenhöhe beispielsweise 115 mm beträgt, kann ein Werkstück mit einem Durchmesser von maximal 230 mm bearbeitet werden – ein Maß, das allerdings wegen der Werkzeugauflage nicht ganz erreichbar ist.

Das Bankbett wird in vielerlei Formen ausgeführt, wie z.B. als einfache oder doppelte Rundstangen, als Stangen mit quadratischem Querschnitt, als Winkelprofil oder Umformteil. Die wichtigsten Anforderungen sind Steifigkeit und Festigkeit, um Biegung und Verwindung infolge der Schnittkräfte zu verhindern. Leider erfüllen manche Maschinen der unteren Preisklassen diese Forderungen nicht. Das Bankbett sollte außerdem exakt bearbeitet sein, damit sich Reitstock und Werkzeugauflage leicht verschieben lassen.

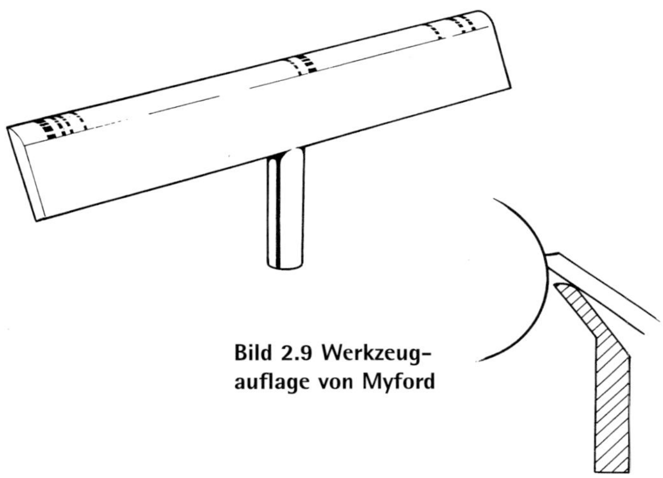

Bild 2.9 Werkzeugauflage von Myford

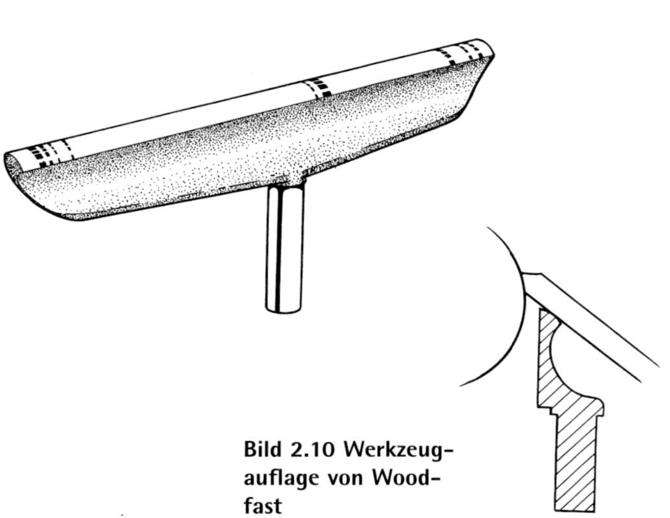

Bild 2.10 Werkzeugauflage von Woodfast

Grundausstattung

Die Werkzeugauflage

Die Werkzeugauflage (auch „Handauflage" als Abkürzung von „Handwerkzeugauflage" genannt) wird in vielen Formen und Längen angeboten; eine Länge von 380 mm sollte jedoch nicht überschritten werden, wenn nur eine Stütze vorhanden ist. Längere Werkzeugauflagen benötigen zwei Stützen und den entsprechenden Untersatz.

Werkzeugauflagen haben mitunter einen geradezu absonderlichen Querschnitt, der die Handhabung und Führung der Werkzeuge extrem erschwert. Auf jeden Fall muss die Auflage einen gleichmäßigen, unbehinderten Längsvorschub ermöglichen, der insbesondere beim Langholzdrechseln wichtig ist, und vor allem muss das Werkzeug dicht am Werkstück aufgelegt werden können. Die Bilder 2.9 und 2.10 zeigen die beiden Auflagen.

Spindelstock-und Reitstockspitzen

Sicherlich sind Ihnen mit der Drechselbank eine **Vierzack-Mitnehmerspitze** in der Spindelstockspindel und eine **feststehende Körnerspitze** in der Reitstockspindel mitgeliefert worden.

Mitnehmerspitzen haben zwei oder vier Zacken mit einem Durchmesser des Zackenkreises zwischen 12 mm und 40 mm. Feststehende Körnerspitzen sind üblicherweise konisch. Weil sie nicht mit dem Werkstück rotieren, kann es dadurch zu starker Erwärmung und zur Lockerung des Werkstücks mit daraus resultierenden Ratterschwingungen kommen.

Günstiger sind deshalb so genannte **mitlaufende Spitzen**, bei denen infolge eines eingebauten Kugellagers die Körnerspitze mit dem Werkstück „mitläuft". Dadurch werden Reibung, Erwärmung, Lockerung und Rattern vermieden. Allerdings werden auf dem Markt auch sehr minderwertige Ausführungen mit unbrauchbaren Lagern und zu großem Lagerspiel angeboten.

Planscheiben

Planscheiben werden in verschiedenen Größen angeboten, wobei ein Durchmesser von 100 mm für allgemeine Zwecke wohl am günstigsten ist. Für das Drechseln von Schüsseln und flachen Schalen war die Planscheibe bis vor kurzem das beliebteste Spannzeug; heute wird sie mehr und mehr durch hochentwickelte, aber auch oft sehr teure Universal- oder Spezialfutter ersetzt.

Eine Planscheibe hat Bohrungen für Schrauben, mit denen das Werkstück befestigt werden kann. Ich verwende große Planscheiben für das Drechseln von Tischplatten; sie bieten die größtmögliche Werkstückauflage und verhindern Durchbiegung, die zum Einhaken des Werkzeugs führen können (die so genannten „Nürnberger").

Bild 2.11 Grundzubehör. ***Oben von** links nach rechts:* **Aufnahmekegel für das Backenfutter, Backenfutter, Schraubenfutter;** *unten von links nach rechts:* **zwei Mitnehmerspitzen, hohle Ringspitze (siehe S. 155 bis 156), Planscheibe, mitlaufende Körnerspitze**

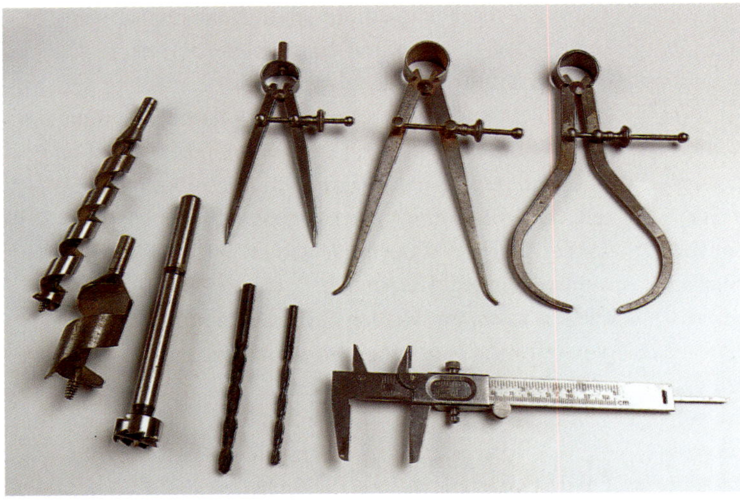

Bild 2.12 ***Von links nach rechts:*** **Stechzirkel, Innentaster, Außentaster;** *unten von links nach rechts:* **zwei Maschinen-Schlangenbohrer, Forstner-Bohrer, zwei Metall-Spiralbohrer, Messschieber**

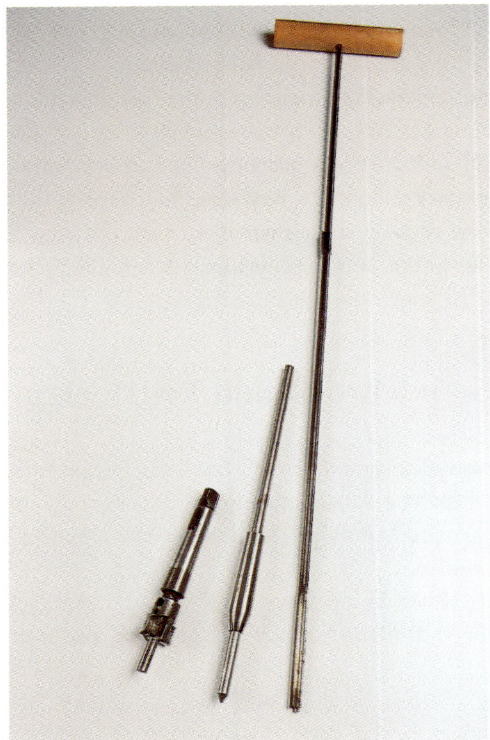

Bild 2.13 Tiefloch-Bohreinrichtung. *Von links nach rechts:* **Senkwerkzeug, hohle Ringspitze mit Zentrierstange, Tieflochbohrer**

Mindestzubehör

Im Allgemeinen wird eine Drechselbank mit einer Grundausstattung geliefert: einer Mitnehmerspitze und einer Reitstockspitze, einer kleinen Werkstückauflage und eventuell einer Planscheibe.

Es ergibt sich die Frage, welche zusätzlichen Komponenten *mindestens* erforderlich sind. Zuerst schlage ich Ihnen, falls sie nicht mitgeliefert wurde, den Kauf einer Planscheibe vor.

Weiter sollten Sie sich ein solides **Schraubenfutter** eines renommierten Herstellers zulegen.

Schließlich empfehle ich Ihnen, ein **Backenfutter** zu kaufen, das für die häufig erforderlichen Bohrarbeiten unentbehrlich ist. Das Backenfutter kann über Morsekegel sowohl im Spindel- als auch im Reitstock befestigt werden. Nach meiner Erfahrung ist die Ausführung am zweckmäßigsten, bei der sich der Morsekegel aus dem Grundkörper des Futters herausschrauben lässt. Der Grundkörper kann dann auf das Außengewinde der Spindel aufgeschraubt werden, was einen für das Bearbeiten weiter Bohrungen günstigen festeren Sitz ergibt. Wenn Sie sich noch ein paar Spiral- und Flachbohrer kaufen, können Sie loslegen.

Mit dem in Bild 2.11 zusammengestellten Grundzubehör sind Sie in der Lage, vielfältige Drechselarbeiten auszuführen, und Sie werden es bald – wie viele Hobby-Drechsler – sehr reizvoll finden, selbst weitere Spannvorrichtungen aus Holz anzufertigen.

Hilfsvorrichtungen

Obwohl für das Drechseln nicht unbedingt erforderlich, erleichtern und beschleunigen die folgenden Werkzeuge und Vorrichtungen die Arbeit erheblich:

- Messgeräte wie Tastzirkel, Stechzirkel usw. (Bild 2.12),
- verschiedene Bohrer,
- eine Tiefbohreinrichtung (Bild 2.13) für lange Bohrungen, wie z.B. im Ständer der Tischlampe (siehe das Projekt S. 155–159, wo die Tiefbohreinrichtung näher beschrieben wird).

Moderne Futtersysteme

Die heute auf dem Markt angebotenen Futtersysteme sind kaum noch überschaubar. Auf meinen Drechselvorführungen werde ich häufig gefragt, welches Futter ein angehender Drechsler am besten kaufen sollte. Bevor ich antworte, frage ich stets zurück, für welche Drechselbank das Futter gedacht ist und welche Drechselarbeiten denn üblicherweise ausgeführt werden bzw. beabsichtigt sind. Dann erst kann ich einen Rat erteilen.

Es wäre allenfalls ein Scherz (und zwar ein schlechter), für eine billige Drechselbank mit schwachen Lagern ein schweres Vierbackenfutter zu empfehlen – ein solches Futter würde die Maschine in kürzester Zeit ruinieren. Vorrangig ist es nämlich die Maschine, die den Typ des Futters diktiert. Qualitätsfutter stehen in großer Zahl zur Verfügung, ich will aber nur diejenigen vorstellen, die ich selbst ausprobieren konnte.

Das APTC-Präzisionsfutter (Axminster Power Tool Centre)

Das ist das vorzüglichste Hochleistungs-Präzisionsfutter, das ich kenne. Allerdings ist es wegen seines Gewichts, der schweren, soliden Ausführung und der großen Kraglänge nur für Drechselbänke mit kräftigem Spindelstock und soliden Lagern geeignet. Es ist eines meiner Lieblingsfutter und ich habe auf einer meiner Mystro-Bänke stets eines laufen. Es lässt sich außerordentlich gut verstellen, ist vielseitig einsetzbar und läuft schlagfrei. Der Wechsel zwischen verschiedenen Spannarten ist rasch und einfach. Wie nicht anders zu erwarten, ist es ziemlich teuer. Bild 2.14 zeigt das APTC-Futter mit einigen der angebotenen Zubehörteile. Über das verzahnte Kronenrad im Grundkörper des Futters werden mithilfe eines Schlüssels die Segmente und weitere Teile nacheinander geklemmt.

Auf Drehmaschinen (für Metall) wird das selbstzentrierende Präzisionsfutter seit Jahrzehnten verwendet, von den Drechslern ist sein hoher Gebrauchswert jedoch erst vor kurzem erkannt worden. Viele ziehen es jetzt den anderen Futtertypen vor und zwar vor allem wegen seiner Genauigkeit.

Auch die folgenden Futter habe ich benutzt und kann sie empfehlen.

Bild 2.14 Das APTC-Präzisionsfutter und ausgewähltes Zubehör

Bild 2.15 Das Präzisions-Kombinationsfutter von Craft Supplies Ltd

Bild 2.16 Das Futter Maxi-Grip 2000 von Craft Supplies Ltd

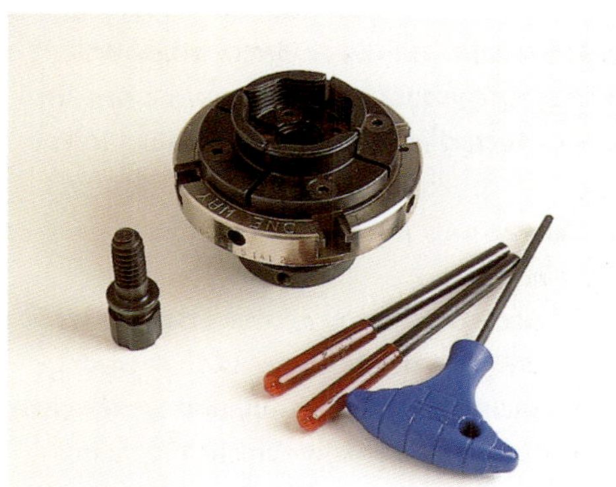

Bild 2.17 Das Oneway-Viersegmentfutter

Bild 2.18 Das Duplex-Futter von Multistar (Foto mit freundlicher Genehmigung von Multistar Machine and Tool Ltd)

Craft Supplies Ltd Präzisions-Kombinationsfutter (Bild 2.15)

Dieses Futter wird seit etwa 15 Jahren angeboten und tausende Anwender werden gern bestätigen, dass es vielseitig einsetzbar, leicht zu bedienen und mit viel Zubehör zu haben ist. Noch wichtiger aber ist sein wettbewerbsfähiger Preis und dass es sich für die meisten Bankausführungen eignet.

Craft Supplies Ltd Maxi-Grip 2000 (Bild 2.16)

Dieses Futter ist verhältnismäßig neu und dank seiner leichten Ergänzbarkeit ganz besonders vielseitig und einfach zu verwenden. Es eignet sich ebenfalls für die meisten Drechselbankausführungen und ist nicht zu teuer.

Oneway-Viersegmentfutter (zur Verfügung gestellt durch Craft Supplies Ltd) (Bild 2.17)

Dieses Futter wird in Kanada hergestellt und ist für die meisten Maschinen außer den ganz leichten Ausführungen geeignet. Das selbstzentrierende Futter spannt rasch und genau sowohl nach innen als auch nach außen. Ein breites Angebot von Zubehör ist vorhanden und ich war begeistert, wie einfach es zu bedienen ist.

Futter von Multistar

Dieser Hersteller bietet eine Baureihe hochgenauer Futter an. Ich habe zwei Futter benutzt und war beeindruckt von dem guten Aussehen und der vorzüglichen Verarbeitung. Ein solches Erscheinungsbild lässt Qualität erwarten und diese Erwartung wird in der Tat erfüllt.

Das Duplex-Futter von Multistar (Bild 2.18)

Dieses Futter ist seit langem auf dem Markt und ich habe noch keinen Kollegen gesprochen, der nicht von seiner Güte schwärmte. Seine Vielseitigkeit ist unerreicht, es ist extrem genau und langlebig. Das Zubehörangebot ist beeindruckend; unter anderem ist eine Universalaufnahme für mitlaufende Morsekegel-Spitzen vorhanden. Dadurch kann zwischen Spitzen gedrechselt werden, ohne dass das Futter ausgebaut werden muss, was ich sehr nützlich und zeitsparend finde. Das Futter, in das außerdem eine Indexiereinrichtung integriert ist, eignet sich für nahezu alle Maschinen und es ist eine Freude, damit zu arbeiten.

Das Kompakt-Segmentfutter Titan von Multistar (Bild 2.19)

Das ist eines der leichteren Segmentfutter. Es ist kompakt gebaut – bei Klemmkraft, Leistung und Genauigkeit sind dennoch keine Abstriche gemacht worden. Auch dieses Futter besitzt eine eingebaute Indexiereinrichtung und das zahlreiche Zubehör ermöglicht seinen Einsatz für die meisten Drechselarbeiten.

Ich bin ganz sicher, dass weitere Qualitätsfutter angeboten werden, und Sie werden auf jeden Fall ein Futter finden, das sich für Ihre Vorhaben eignet und Ihrem Geldbeutel entspricht. Auf den größeren Holzbearbeitungsmessen haben Sie Gelegenheit, sich über das gesamte Angebot zu informieren. Wählen Sie in Ruhe, kaufen Sie aber auf jeden Fall das beste Futter, das Sie sich leisten können.

Bild 2.19 Das Kompakt-Segmentfutter Titan von Multistar

Was ist beim Kauf einer Drechselbank zu bedenken?

Stellen Sie sich die folgenden Fragen:

Mit welchen Drechselarbeiten will ich mich befassen?
Wie viel Platz habe ich für die Maschine?
Wenn der Platz beschränkt ist, denken Sie bitte an die Maschinenausführung mit schwenkbarem Spindelkopf. Sie erleichtert das Drechseln großer Durchmesser sehr und Sie brauchen keinen Platz an der Stirnseite der Maschine.
Wie viel Geld kann ich ausgeben?
Wenn Sie diese Fragen beantwortet haben, müssen Sie als nächstes die technischen Merkmale der Drechselbänke vergleichen, die Sie interessant finden:

- den Abstand zwischen den Spitzen und der maximale Drechseldurchmesser über den Bettwangen,
- den verfügbaren Drehzahlbereich (mit weniger als vier Drehzahlen von etwa 500 bis 2000 U/min kommen Sie auf keinen Fall aus),
- gute Einstellbarkeit des Spindelstocks, der Drehzahlen und der Werkzeugauflagen.

Achten Sie auf den Ruf des jeweiligen Herstellers und ob er auf dem Markt gut eingeführt ist, wie umfangreich das Angebot bei Zubehör und Ersatzteilen ist und welche Garantiefrist Ihnen gewährt wird.

Wenn Sie sich für eine kombinierte Front-/Spitzendrechselbank entscheiden, müssen Sie damit rechnen, dass Sie für Linkshänder- und Rechtshänder-Vorrichtungen gesondert zu bezahlen haben.

Zweckmäßige Einrichtung der Drechselbank

Wie bei jeder anderen Maschine müssen mehrere Faktoren beachtet werden, damit Sie die volle Leistung Ihrer Drechselbank nutzen können. Außerdem muss jede Maschine sicher befestigt und zuverlässig gewartet werden.

Wenn Sie alles berücksichtigen, worauf ich im Folgenden eingehe, dürften Sie aus Ihrer Drechselbank das Maximum an Leistung, guter Arbeitsmöglichkeit und Befriedigung herausholen.

Aufstellung

Achten Sie darauf, dass am Reitstockende genügend Raum für Vorrichtungen wie die Tiefloch-Bohreinrichtung vorhanden ist. Wenn Sie eine Frontmaschine oder eine Maschine mit verschiebbarem Spindelstock haben, brauchen Sie mindestens 75 cm zusätzlichen Arbeitsraum über die Länge der Maschine hinaus.

Der Drechsler braucht für seine Arbeit unbedingt gutes Licht und es ist deshalb günstig, die Drechselbank an einem Fenster aufzustellen. Das Tageslicht muss selbstverständlich durch künstliche Beleuchtung ergänzt werden, und zwar durch eine Leuchtstoffröhre und/oder eine bewegliche Punktleuchte, die insbesondere beim Hohldrechseln unentbehrlich ist.

Wartung

Einstellbare Lager müssen den Vorschriften des Herstellers entsprechend eingestellt und geschmiert werden.

Riementriebe müssen die richtige Spannung haben, damit sie nicht durchrutschen. Schlupf kann auch auf lockere Riemenscheiben zurückzuführen sein; prüfen Sie deren Sitz und ziehen Sie die Sicherungsschrauben mit einem Innensechskantschlüssel nach.

Halten Sie die Werkzeugauflage in gutem Zustand, indem Sie die Werkzeugfläche hin und wieder mit der Feile abziehen, um Einkerbungen zu beseitigen. Ein mit Testbenzin getränkter Lappen entfernt Öl und Harz, die von manchen Hölzern abgesondert werden. Ich wische regelmäßig mit einem wachsgetränkten Lappen über die Werkzeugauflage, was das Führen des Werkzeugs besonders bei langen zylinderförmigen Teilen erheblich erleichtert.

Halten Sie das Bankbett sauber, indem Sie es gelegentlich mit einem Mittel wie WD40 oder Silikon oder Graphit einsprühen und mit feiner Stahlwolle abreiben. Sämtliche Gewinde an den Vorrichtungen müssen regelmäßig geschmiert werden. Vergessen Sie außerdem nicht, die Mitnehmerschneiden mit einer kleinen Feile in Abständen nachzuschärfen.

Innen- und Außenflächen von Morsekegeln müssen sauber sein. Ich reinige sie mit Paraffin und Stahlwolle. Öl darf nicht verwendet werden, sonst haften die Flächen nicht.

Zeit für Reinigung und Wartung ist sinnvoll aufgewendete Zeit. Pflege führt nicht nur dazu, dass es sich leichter arbeitet, sondern sie erhält und erhöht sogar den Wert Ihrer Maschine.

Befestigung

Gleichgültig wie gut Ihre Drechselbank ist – sie leistet nicht das maximal Mögliche, wenn sie mangelhaft befestigt ist. Um nicht ständig mit allerlei Problemen konfrontiert zu sein, muss die Maschine stabil und sauber laufen.

Auf dem Boden aufgestellte Maschinen werden im Allgemeinen auf ein Betonfundament aufgeschraubt, was

Bild 2.20 Drechselbanktisch

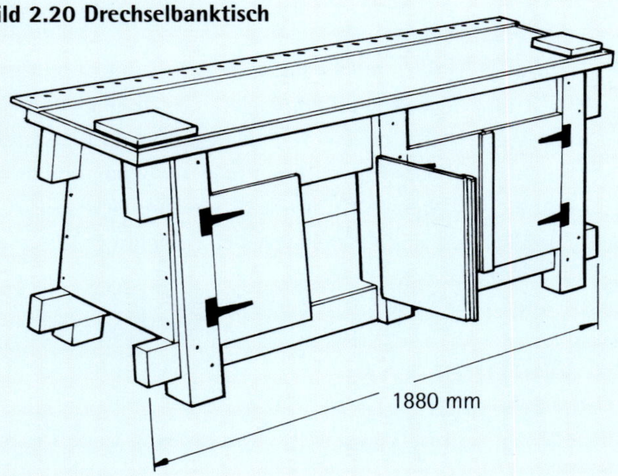

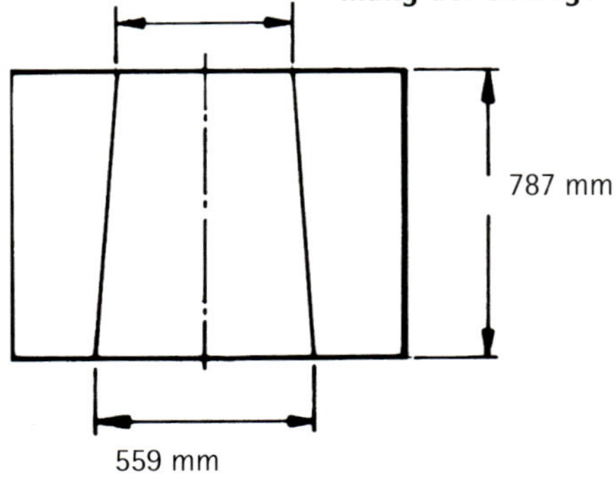

Bild 2.21 Bestimmung der Schräge

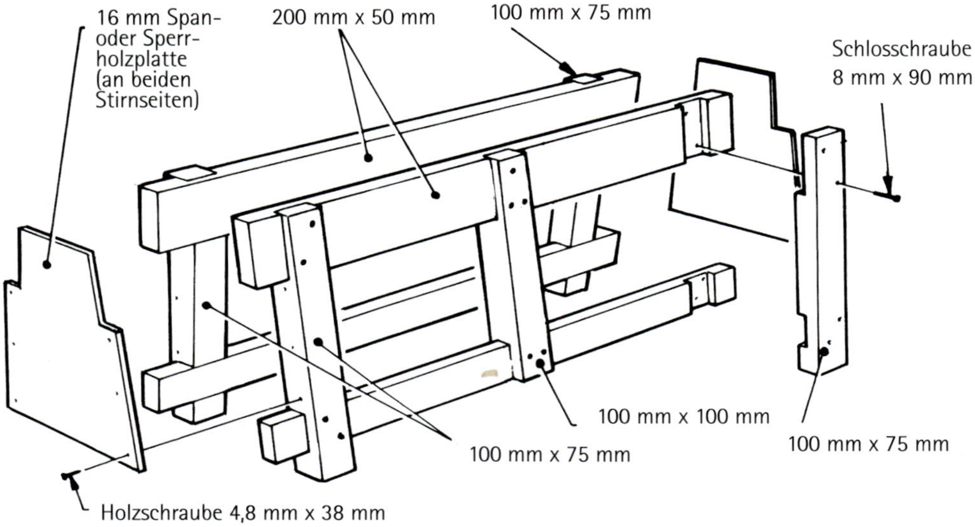

Bild 2.22 Aufbau des Tischrahmens

zusammen mit dem beachtlichen Gewicht der Maschine für optimale Laufruhe sorgt.

Um von einer tischmontierten Drechselbank dieselben Leistungen zu erhalten, muss der Tisch so schwer und robust wie möglich sein. Ich gebe Ihnen hier eine Anleitung für den Bau eines Tischs, wie ich ihn mir für meine Myford Mystro gebaut habe (Bild 2.20). Der Bau dieses Tischs ist sicher von den meisten zu schaffen, die Kosten sind gering. Die Länge muss natürlich angepasst an Ihre Drechselbank gewählt werden, der Aufbau bleibt gleich.

Für bequemes Arbeiten ist die *Höhe* der Maschine von erstrangiger Bedeutung. Als Faustregel gilt, dass die Mitte der Spindel etwa auf gleicher Höhe wie die Ellbogen des Drechslers liegen sollte.

Bauanleitung

Zeichnen Sie zuerst (Bild 2.21) auf einer Sperrholzplatte ein Seitenteil im Maßstab 1:1 auf, wodurch auch die Schräge des Tischgestells festgelegt wird. Stellen Sie Ihre Schmiege auf diesen Winkel ein. Bestimmen Sie die Tischhöhe wie folgt:

- *Addieren* Sie **(a)** den Abstand zwischen der Unterseite der Drechselbankfüße und der Spindelmitte und **(b)** die Dicke der Unterlagen, auf die Sie die Maschine zur Schwingungsdämpfung und Gewinnung von Arbeitsraum für die Hände aufsetzen wollen (Ich habe dafür 38 mm dickes Sperrholz und 6 mm dicke Gummiplatten verwendet).
- *Subtrahieren* Sie diese Summe von dem vorhin angeführten Maß für die Höhe der Spindelmitte über dem Fußboden. Hierdurch erhalten Sie die optimale Tischhöhe.

Arbeiten Sie nun die Blattverbindungen an den Beinen, der Platte und den Längshölzern aus. Das kann mit einem Fuchsschwanz sowie mit Beitel und Holzhammer gesche-

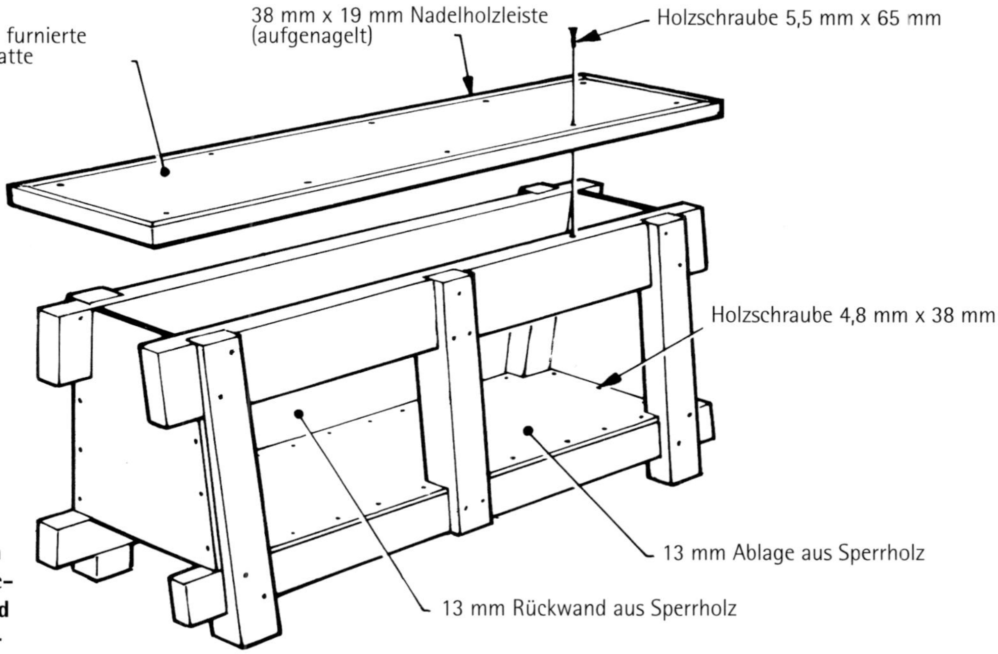

Bild 2.23 Anbringen von unterem Ablagebrett, Rückwand und Tischplatte am Rahmen

hen. Sägen Sie die Beine und die Längshölzer auf Länge. An den Beinen oben und unten müssen Sie die zuvor festgelegte Schräge beachten. Die oberen Schmalflächen aller vier Längshölzer müssen mit dem Hobel auf ihrer gesamten Länge ebenfalls unter diesem Winkel angeschrägt werden. Verleimen und verschrauben Sie die beiden Rahmen (Bild 2.22).

Sägen Sie die Seitenwände wie aufgezeichnet aus, bohren und senken Sie die Schraubenlöcher und bauen Sie dann alles zusammen. Vermutlich benötigen Sie Unterstützung, wenn Sie die Seitenwände mit den Rahmen verschrauben wollen.

Jetzt muss das untere Ablagebrett angerissen, ausgesägt und von oben aus eingesetzt werden (Bild 2.23). Falls Sie das nicht vor dem Befestigen der Tischplatte erledigt haben, müssen Sie die untere Ablage aus mehreren Stücken zusammensetzen. Die Ablage kann angenagelt oder angeschraubt werden.

Die Tischplatte, die günstigerweise mindestens 38 mm dick sein sollte, wird dann auf den Rahmen aufgeschraubt und ringsum wird, falls Sie das wünschen, eine etwa 12 mm dicke Nadel- oder Laubholzleiste aufgenagelt. Hinten an der Tischplatte kann eine Werkzeughalterung angebracht werden (Bild 2.24). Zuletzt wird die Rückwand befestigt und zwar am besten mit Holzschrauben.

Unter dem Tisch ist nun ein Ablageraum von beachtlicher Größe entstanden, der für Zubehörteile aller Art benutzt werden kann. Dadurch wird übrigens der Tisch zusätzlich noch standfester. Die Schranktüren können mit den üblichen Bändern leicht angebracht werden, ebenso

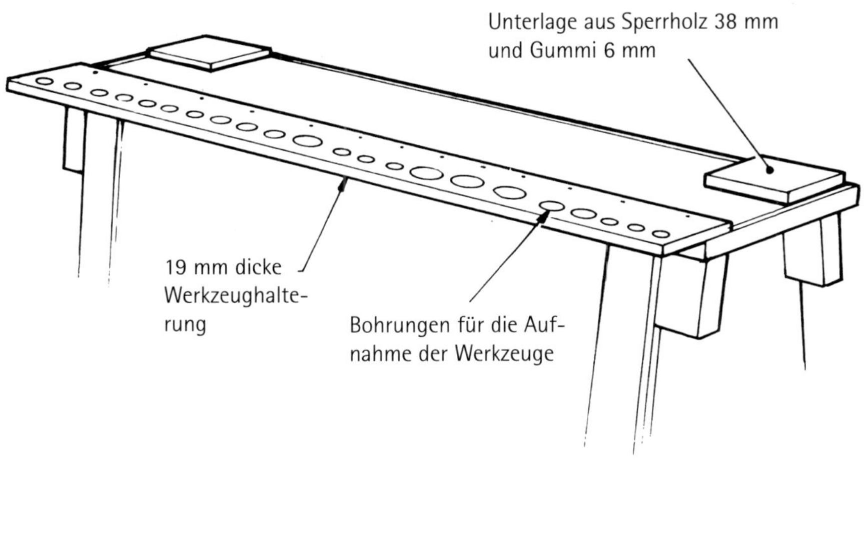

Bild 2.24 Unterlagen für die Drechselbank und Werkzeughalterung

Bild 2.25 Türen

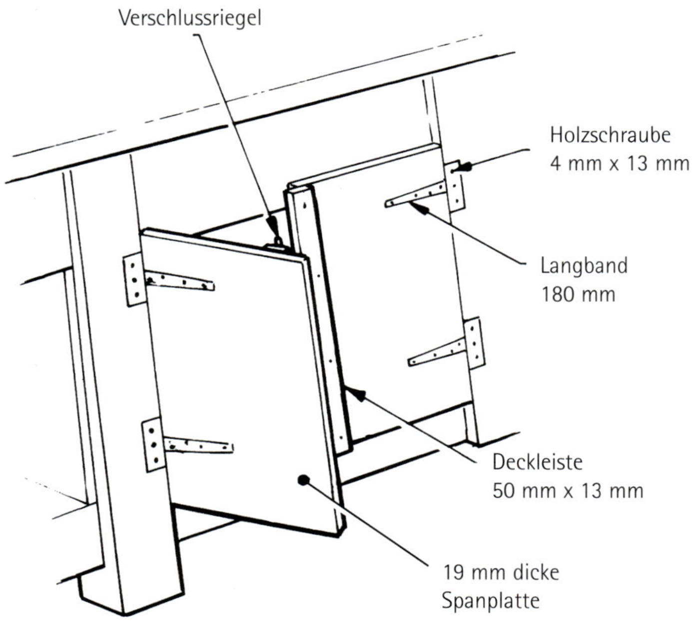

die Riegel und Deckleisten, falls erforderlich (Bild 2.25).

Einige Drechselbankausführungen müssen in einem bestimmten Abstand von der Vorderkante der Tischplatte angeordnet werden. Wenn Sie dies nicht beachten, kann es dazu kommen, dass nicht der volle Schwenkbereich des Spindelstocks genutzt werden kann. Schauen Sie also zuerst ins Handbuch.

Bild 2.26 zeigt meine Mystro-Drechselbank auf dem fertigen Tisch.

Weitere Maschinen der Drechselwerkstatt

Bandsäge

Nach der Drechselbank und dem Schleifbock (von dem im nächsten Kapitel die Rede sein soll) ist die Bandsäge die in meiner täglichen Produktionstätigkeit am häufigsten benutzte Maschine. Sie ist äußerst vielseitig einsetzbar und leicht zu bedienen, sofern man gesunden Menschenverstand walten lässt. Das endlose Band mit seinen schneidenden Zähnen, an denen die Schnittkraft stets nach unten gerichtet ist, ist viel weniger gefährlich als das Kreissägeblatt. Der Grundaufbau hat weitere Vorteile, beispielsweise erlaubt er einen sanfteren und trotz des schwächeren Elektromotors sehr viel tieferen Schnitt als die Kreissäge. Die schmalere Schnittfuge hat weniger Abfall zur Folge. Schließlich kostet eine Bandsäge einen Bruchteil dessen, was für eine gute Kreissäge bezahlt werden muss.

Der Preis einer Bandsäge ist stark von ihrer Leistungsfähigkeit und Qualität abhängig. Für den Neuling in der Drechslerei ist eines der kleineren Tischmodelle mehr als ausreichend. Bild 2.27 zeigt das Modell BS 200 von Tyme, ein Beispiel für eine gute, zuverlässige Maschine für leichtere Schnitte. In Deutschland sind die Modelle DeWalt, Kity, Elektra-Beckum und Scheppach von guter Qualität.

Aus Sicherheits- und Wirtschaftlichkeitsgründen ist es unbedingt wichtig, dass die passende Sägebandbreite gewählt wird und dass das Band scharf und ordnungsgemäß ein-

Bild 2.26 (oben) Eine Mystro-Drechselbank von Myford auf dem fertigen Tisch

Bild 2.27 (rechts) Die Bandsäge Tyme BS 200 – ideal für kleine Werkstätten

gespannt ist. Längsschnitte werden am günstigsten mit einem breitestmöglichen Band geführt, wobei der Vorschub langsam und gleichmäßig sein soll. Stets muss ein Stoßholz benutzt werden und Augenschutz ist ein absolutes Muss.

Beim Schneiden runder Scheiben ist die richtige Breite des Sägebandes wichtig. Der kleinstmögliche Radius, den ein Blatt einer bestimmten Breite zu sägen vermag, kann nicht genau angegeben werden, weil er unter anderem von der Holzart und vom Geschick des Sägenden abhängt. Die meisten Hersteller liefern ein Handbuch mit, in dem sich Angaben dazu sowie zur richtigen Bandeinstellung und zu Sicherheitsvorkehrungen finden. Lesen Sie das alles genau durch und richten Sie sich danach.

Obwohl der beginnende Drechsler auf die Bandsäge nicht unbedingt angewiesen ist, beschleunigt diese doch viele Verrichtungen und enthebt ihn der mühevollen Arbeit, die Scheiben mit der Hand zuzurichten. Man fragt sich tatsächlich, wenn man sich eine Bandsäge zugelegt hat, wie man so lange Zeit ohne sie ausgekommen ist.

Ständerbohrmaschine

Genaues Bohren ist mit Handwerkzeugen überaus schwierig. Die Ständerbohrmaschine erledigt nicht nur dies, sondern hält auch das Werkstück sicher fest. Wichtige Kenngrößen sind:

- der Motor und ein Riemengetriebe, das einen breiten Drehzahlbereich erlaubt;
- das Futter, in dem die Bohrer und Bits gespannt werden;
- der höhenverstellbare Tisch;
- der Tiefenanschlag.

Ich benutze die Ständerbohrmaschine Startrite Mercury (Bild 2.28), die Profiqualität besitzt und ziemlich teuer ist. Beachten Sie bitte, dass für das Foto der Riemen und die Riemenverkleidung abgenommen worden sind. Letztere muss bei Betrieb der Maschine unbedingt angebaut sein. Das Werkstück muss außer für Bohrungen mit sehr kleinen Durchmessern stets fest geklemmt sein; dafür eignet sich ein Maschinen-Schraubstock.

Glücklicherweise gibt es für den potentiellen Käufer auch preisgünstigere Modelle, die für die Holzbearbeitung völlig ausreichen. Wie bei der Bandsäge werden Sie bald feststellen, dass Sie die Bohrmaschine ziemlich häufig verwenden.

Bild 2.28 Die Ständerbohrmaschine Startrite Mercury. Beachten Sie, dass der Riemenschutz allein fürs Foto abgenommen wurde. Auf dem Tisch der Maschine ist ein für viele Werkstücke geeigneter Schraubstock befestigt

ZUSAMMENFASSUNG

1. Wählen Sie die für Ihre Vorhaben bestgeeignete Drechselbank und beachten Sie die Hinweise dieses Kapitels.
2. Lesen Sie das Ihrer Maschine beigegebene Handbuch gründlich durch und befolgen Sie die Vorschriften hinsichtlich Stromanschluss, Befestigung und Wartung.
3. Machen Sie sich mit ihrer Drechselbank und mit den Begriffen des Drechselns so rasch wie möglich vertraut.
4. Kaufen Sie am Anfang Ihrer Beschäftigung mit dem Drechseln so wenig Zubehör wie möglich, aber kaufen Sie das beste.
5. Ergänzen Sie Ihr Zubehör so, wie Ihre Erfahrung wächst – um Geburtstags- und Weihnachtswünsche werden Sie nie verlegen sein.
6. Ein gut gebauter, stabiler Tisch ist bei tischmontierten Drechselbänken Voraussetzung, um schwingungsfreien Lauf zu erreichen.
7. Obwohl als eine der sichersten Holzbearbeitungsmaschinen anerkannt, ist auch die Bandsäge mit Respekt zu behandeln. Tragen Sie stets einen Augenschutz und schieben Sie das Werkstück nicht mit der Hand, sondern mit einem Stoßholz gegen das Sägeband.
8. Außer für sehr kleine Bohrungen spannen Sie das Werkstück beim Bohren auf der Ständerbohrmaschine stets zuverlässig fest.

Kapitel 3

Die Werkzeuge des Drechslers

Die meiste Zeit, die ich bei meinen Holzarbeiten verbracht habe, war ausgesprochen angenehm, wenn ich mich auch mitunter ganz beachtlich körperlich anzustrengen hatte, um dem Werkstück seine Form zu geben.

Schwer zu erklären ist die Genugtuung, die man empfindet, wenn die handwerklichen Fertigkeiten langsam aber sicher zunehmen – das Geschick, ebene Flächen zu hobeln, gerade Sägeschnitte genau am Riss entlang auszuführen, jedes beliebige Profil mit dem Profilhobel erzeugen zu können und ein sicheres Gefühl für das Handwerk des Drechseln entwickelt zu haben.

Ein ganz wichtiger Teil des Lernprozesses ist es, sich gründliche Kenntnisse von den Werkzeugen anzueignen und zu lernen, ihr Leistungsvermögen voll auszunutzen. Auf jeden Fall ergibt sich aus fundiertem Wissen über die Einsatzbereiche der Werkzeuge, dass man nichts doppelt kauft, also Kosten spart.

Mein Lehrmeister hat mich immer wieder mit Nachdruck erinnert, für jeden Arbeitsgang nur die besten Werkzeuge zu kaufen, denn qualitätvolle Arbeit ist viel leichter und mit viel mehr Spaß durch ordentliche Werkzeuge zu erreichen.

Wenn Sie Qualitätswerkzeug verwenden, vermeiden Sie nicht nur, dass Sie sich ständig über Misserfolge ärgern müssen, sondern Sie gewinnen auch rascher Vertrauen in Ihre eigenen Fähigkeiten. Ich rate Ihnen deshalb genauso wie mein Meister vor 50 Jahren – kaufen Sie das beste Werkzeug, aber kaufen Sie nur, was Sie wirklich brauchen.

Zwei Hauptarten des Drechselns gibt es: das Langholzdrechseln und das Querholzdrechseln.

Langholzdrechseln

Das Werkstück wird durch eine Vorrichtung in Drehung versetzt, die in die Spindel eingepresst oder an die Spindel angeschraubt wird. Oft wird es am anderen Ende durch die Reitstockspitze abgestützt; dann heißt das Verfahren auch Drechseln zwischen Spitzen.

Die Holzfasern verlaufen beim Langholzdrechseln parallel zur Drehachse der Spindel (Bild 3.1).

Das Werkstück kann auch ohne Abstützung durch den Reitstock gedrechselt werden, wenn es an einem Schraubenfutter oder in einem Universalfutter gespannt wird. Das ist beim Drechseln von Hohlformen wie Stielbechern oder Vasen erforderlich.

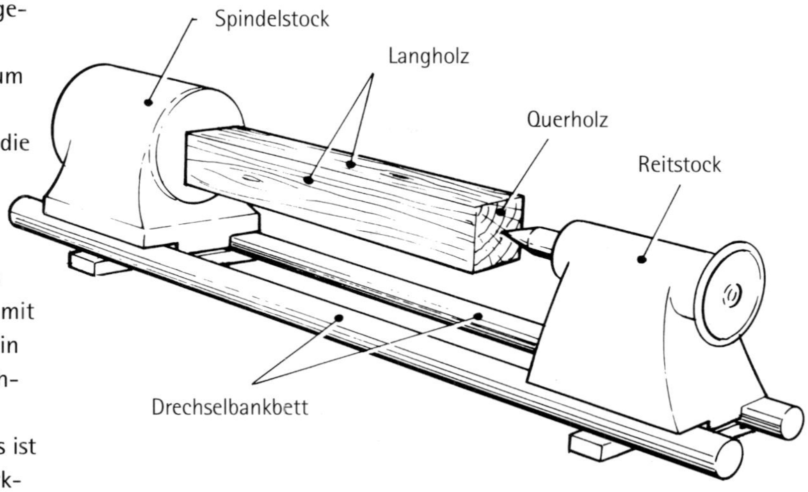

Bild 3.1 Langholzdrechseln zwischen Spitzen – Fasern liegen parallel zum Bett der Drechselbank

Querholzdrechseln

Bei diesem Verfahren wird das Holz auf einer Planscheibe oder in einem Futter befestigt, aber nur in seltenen Fällen durch den Reitstock abgestützt.

Beim Querdrechseln verlaufen die Holzfasern entlang der Oberfläche des Holzes recht-

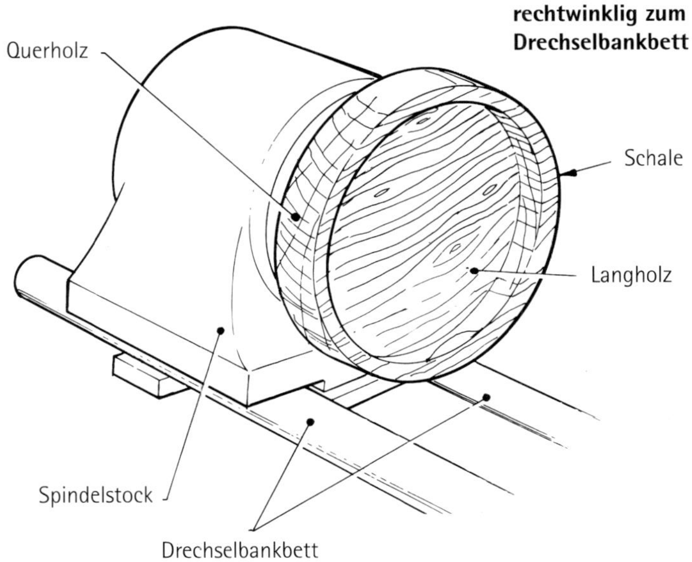

Bild 3.2 Querholzdrechseln auf der Planscheibe – Fasern rechtwinklig zum Drechselbankbett

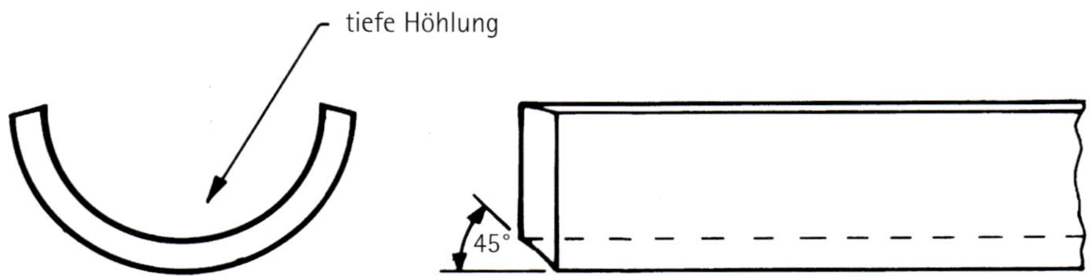

Bild 3.3 Profil der Schrupppröhre. Anmerkung: Aus Sicherheitsgründen darf dieses Werkzeug niemals an Schalen- oder Tellerrohlingen verwendet werden.

winklig zum Drechselbankbett. Deshalb muss auf jeder Umdrehung des Werkstücks zweimal Querholz bearbeitet werden (Bild 3.2).

Werkzeuge für das Langholzdrechseln

Röhren

Wir unterscheiden Schruppröhren (auch Schropp- oder Schrotröhren genannt) (Bild 3.3) und Langholz-Formröhren (Bild 3.4). Schruppröhren gibt es in Breiten von 19 mm bis 38 mm, Langholz-Formröhren in Breiten von 3 mm bis 19 mm.

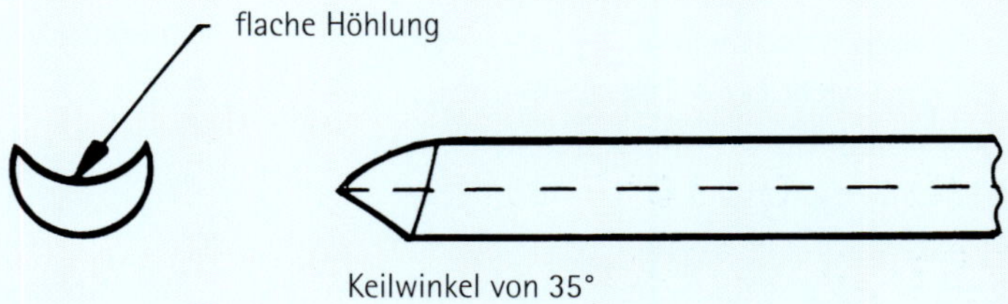

Bild 3.4 Profil der Langholz-Formröhre

Meißel (auch Flachmeißel genannt)

Es gibt gerade Meißel, Meißel mit abgerundeter Schneide und konische Meißel (sog. Deutsche Meißel) in Breiten von 13 mm bis 38 mm. Das Profil eines geraden Meißels (bei dem sich der Schaft nicht zum Heft hin verjüngt, also ‚konisch' ist, sondern eben ‚gerade') zeigt Bild 3.5.

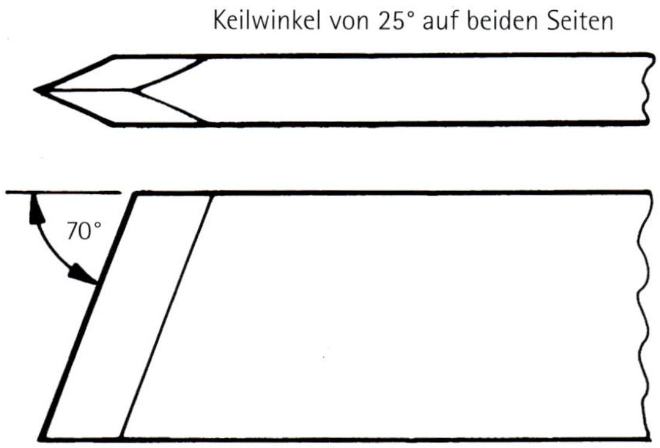

Bild 3.5 Profil des Flachmeißels

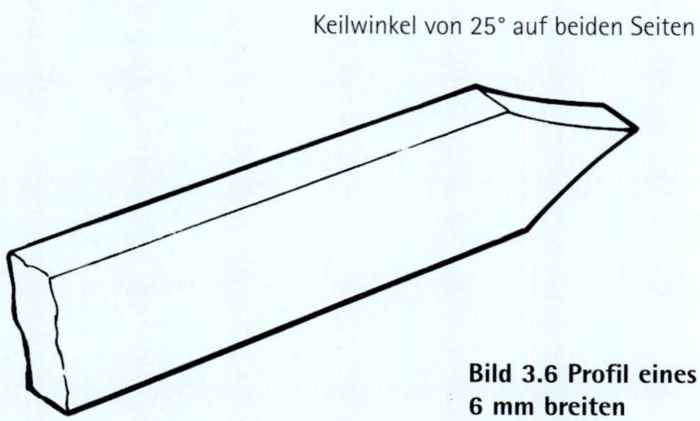

Bild 3.6 Profil eines 6 mm breiten Abstechstahls

Platten- und Abstechwerkzeuge

Plattenstähle (mit rechtwinkligem Querschnitt) und Abstechstähle (mit trapezförmigem Querschnitt) sind Meißel. Es gibt sie in vielen Breiten und Querschnitten. Ich verwende am liebsten den 6 mm breiten Plattenstahl (Bild 3.6). Denken Sie daran, dass Röhren und Meißel schneidende Werkzeuge sind und mit aufliegender Fase angesetzt werden müssen (siehe Kapitel 5 „Gesetze des Drechselns").

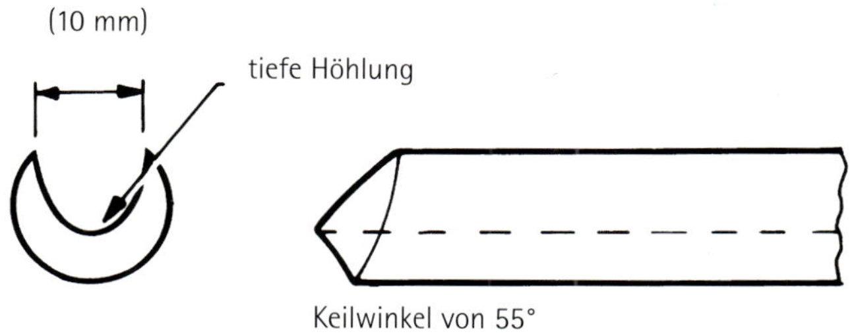

Bild 3.7 Profil einer 10 mm breiten Querholz-Formröhre

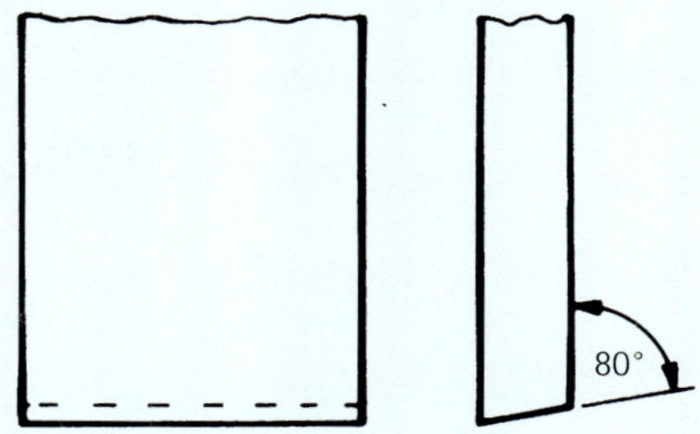

Bild 3.8 Profil eines 25 mm breiten Schabers mit rechtwinkligem Ende

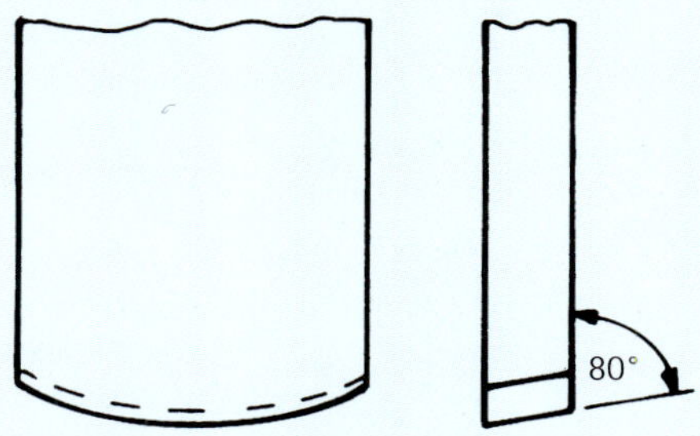

Bild 3.9 Profil des 25 mm breiten Schabers mit balligem Ende

Werkzeuge für das Querholzdrechseln

Querholz-Formröhre

Verfügbar in Größen von 6 mm bis 19 mm. Bild 3.7 zeigt eine Querholz-Formröhre mit der Ihnen empfohlenen Breite von 10 mm.

Schaber, Schlicht- oder Flachstähle

Sie sind sowohl in Miniaturgrößen wie auch als schwere Profilstähle mit verschiedensten Querschnittsformen vorhanden. Die drei Größen und Profile, die ich empfehle, zeigen die Bilder 3.8, 3.9 und 3.10.

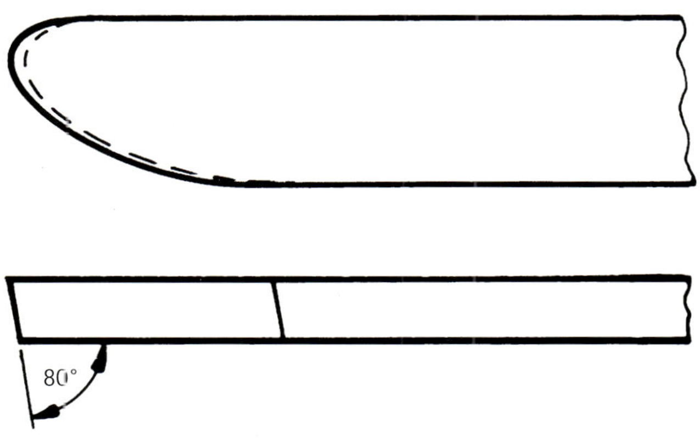

Bild 3.10 Profil des 10 mm breiten gerundeten Schabers

Die Querholz-Formröhre wird, wie alle anderen Röhren, mit aufliegender Fase angesetzt (siehe Kapitel 5 „Gesetze des Drechselns").

Im Allgemeinen werden Schaber nicht für das Langholzdrechseln eingesetzt. Langholz-Formröhren können auch beim Querholzdrechseln, die Querholz-Formröhren auch beim Langholzdrechseln verwendet werden, ich rate aber dem Anfänger, damit zu warten, bis er genügend Erfahrung mit dem Führen dieser Werkzeuge hat.

In Werkzeugkatalogen findet sich mitunter die Abkürzung L&S von „lang" und „stabil". Das bedeutet einfach, dass das betreffende Werkzeug kräftiger und länger als im Standardfall ausgeführt (alle Querholz-Formröhren sind „L&S") und deshalb teurer ist. Der Anfänger kommt mit der Standardausführung völlig aus.

Es gibt zwei Hauptarten des Drechselns:

Langholzdrechseln

(a) Holzfasern verlaufen parallel zur Bettachse der Drechselbank.

(b) Werkstück von Mitnehmerzacken in Drehung versetzt und vom Reitstock abgestützt (Drechseln zwischen Spitzen).

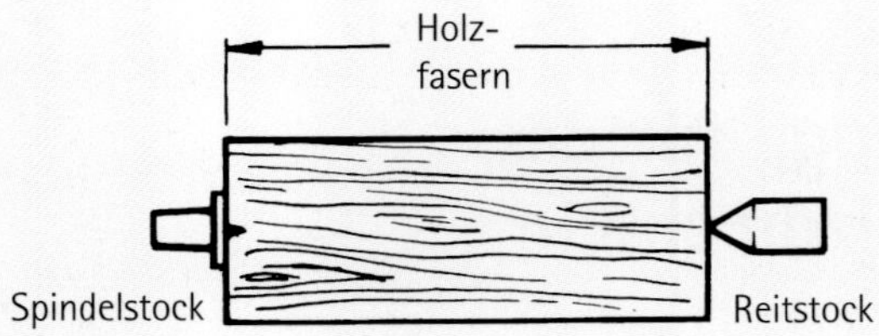

(c) In bestimmten Fällen wird der Reitstock nicht verwendet, z.B. für das Drechseln von Hohlformen (Stielbecher, Eierbecher, Behältnisse), bei denen ein Ende offen sein muss (Frei- oder Fliegenddrechseln).

(d) Beim Freidrechseln wird das Werkstück von einem Futter gehalten und in Drehung versetzt.

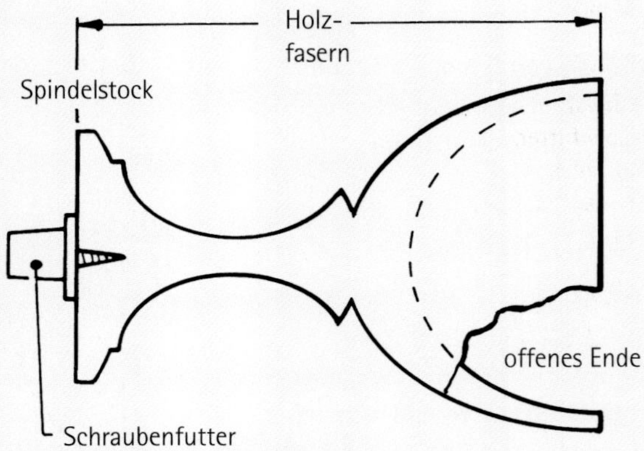

Werkzeuge für das Langholzdrechseln

Schrupppröhren

Erhältlich in den Breiten von 19 mm bis 32 mm

Langholz-Formröhren

Erhältlich in den Breiten von 3 mm bis 19 mm

Meißel

Erhältlich rechtwinklig und schräg in verschiedenen Breiten

Abstechstahl

Erhältlich mit verschiedenen Profilen, 3 mm bis 10 mm breit

Bild 3.11 Die Hauptdrechselarten und die Arten der Drechselwerkzeuge

Querholzdrechseln

(a) Drechseln von Scheiben und Schalenrohlingen, bei denen die Holzfasern entlang der Stirnfläche verlaufen. Es muss deshalb bei jeder Umdrehung des Werkstücks an der Kantenfläche zweimal Querholz bearbeitet werden.

(b) Bei Arbeitsbeginn wird das Stück auf einem Schraubenfutter, auf einer Planscheibe oder in einem Zapfenfutter gespannt.

(c) Normalerweise wird das Stück nicht mit dem Reitstock abgestützt.

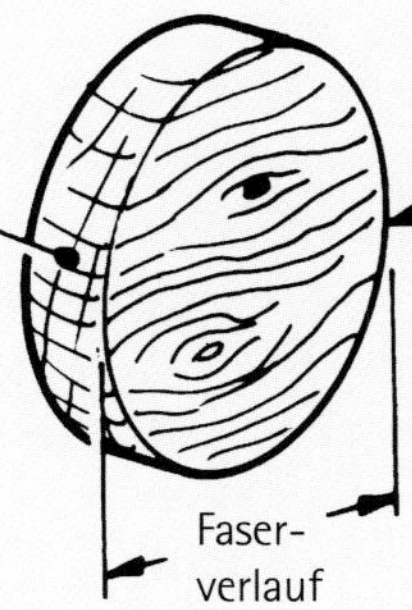

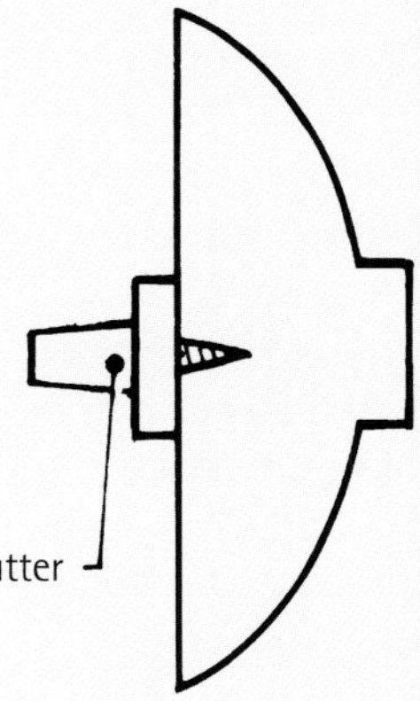

Werkzeuge für das Querholzdrechseln

Querholz-Formröhren

Erhältlich in Maßen von 6 mm bis 19 mm

Schaber, Schlichtstahl

Erhältlich in Miniaturgrößen und als schwere Profilstähle (38 mm x 10 mm) mit verschiedensten Querschnittsformen

Auswahl und Kauf von Werkzeugen

Drechsler in Großbritannien können sich glücklich schätzen, weil sie im Handel eine außerordentliche Vielfalt von hochwertigen Werkzeugen vorfinden. Firmen wie Ashley Iles, Crown Tools, Record Power, Robert Sorby und Henry Taylor haben internationalen Ruf als Hersteller von Qualitätswerkzeugen. Ich bin sicher, dass kein Käufer eines Werkzeugsatzes mit dem Markenzeichen einer dieser Firmen je enttäuscht sein wird. Ein guter Schweizer Hersteller ist die Firma Carl Hüdtmann. Wenn Sie sich Ihr Werkzeug kaufen wollen, gehen Sie in einen oder besser in mehrere Werkzeuggeschäfte und vergleichen Sie in Ruhe die angebotenen Werkzeuge. Versäumen Sie auf keinen Fall, sie in die Hand zu nehmen und kaufen Sie ein Werkzeug erst, wenn Sie vollkommen zufrieden sind und das sichere Gefühl haben, dass es für Sie genau das richtige ist. Hier nun ein paar allgemeingültige Ratschläge zur Werkzeugwahl.

Zu den attraktivsten Werkzeugen zählen die von Sorby. Die Hefte sind aus wunderschöner, handpolierter Esche gefertigt und exakt so geformt, wie sie sich der Drechsler wünscht. Jedes Werkzeug steckt in einer Scheide, in der es auch recht praktisch aufbewahrt werden kann.

Ich benutze die Drechselwerkzeuge und die anderen Holzbearbeitungswerkzeuge von Sorby seit Jahren und bin von ihrer Qualität nie enttäuscht worden.

Ashley Iles ist für seine hochwertigen Schnitz- und Drechselwerkzeuge weltweit bekannt. Ihre Buchenholzhefte sind nicht so attraktiv wie andere Hefte, aber sie sind ordentlich gemacht und haben die richtige Form. Die schrägen Meißel haben eine leicht abgerundete Schneidecke, was sich für den Vorschub beim Glätten und Rollen gewölbter Formen als sehr nützlich erweist.

Nach meiner Kenntnis ist Ashley Iles der einzige Hersteller, der eine 25 mm breite Schrupppröhre produziert. Das scheint mir nämlich die für den Anfänger am besten geeignete Breite (und ebenso für einen Drechsler, der sich nur eine einzige Breite anschaffen will).

Record Power, eine Traditionsfirma in Sheffield, liefert ein breites Spektrum von Werkzeugen aus Schnellarbeitsstahl, die durch ihr hochglanzpoliertes, rosenholzfarbenes Heft auffallen.

Auch die Produkte von Henry Taylor sind für ihre Güte bekannt. An der Gestaltung einiger der Werkzeuge haben der verstorbene Peter Child (ein berühmter, perfekter Drechsler) und dessen Sohn, ein ausgebildeter Konstrukteur, mitgewirkt.

Crown Tools, eine relativ junge Sheffielder Firma, liefert ebenfalls ein Spektrum vorzüglicher Werkzeuge und Ergänzungsteile.

Der erste Werkzeugsatz

Nehmen Sie unbedingt Werkzeuge aus Schnellarbeitsstahl (kurz „Schnellstahl"). Sie sind zwar teurer als die herkömmlichen Werkzeuge, bleiben aber länger scharf und das Risiko des Härteverlusts beim Nachschleifen ist viel geringer. Welche Werkzeuge sollten zu Ihrem Werkzeugsatz gehören?

Eine **Schrupppröhre** der Breite 25 mm oder 32 mm; für das schnelle Abheben von viel Span, insbesondere für das Runddrechseln der Kantel, das Vorformen langer, flacher Hohlformen und Rundungen sowie für einige andere, später beschriebenen Arbeiten.

Ein gerader **Abstechstahl** mit 6 mm Breite. Dieser dient außer zum Abstechen und Einstechen auf Maß auch zum Ausformen feiner gewölbter Formen und für Schälschnitte.

Ein **Meißel** mit 25 mm Breite; für allgemeine zylindrische und kegelige Flächen. Der konische Meißel mit ovalem Querschnitt von Robert Sorby ist unübertroffen und vom Anfänger am leichtesten zu führen. Beinahe ebenso gut geeignet ist dieselbe Größe, jedoch mit gerundeten Schneiden, von Ashley Iles.

Ein **Meißel** mit 13 mm Breite; für feine Kerbschnitte, das Ausformen von Perlformen und allgemein für das abschließende Glätten. Für diese Arbeitsgänge nehme ich das ovale Profil nicht und Sie können das Fabrikat wählen, das Ihnen am besten zusagt.

Eine **Langholz-Formröhre** mit 10 mm Breite. Langholz-Formröhren sind die „Werkzeuge des

Bild 3.12 Balliger Schaber in Gebrauch

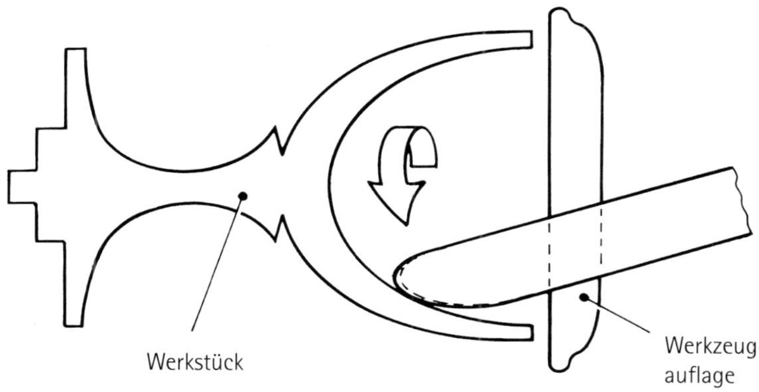

Meisters" und zusammen mit einer **Langholz-Formröhre** mit 6 mm Breite vermag der erfahrene Drechsler jede gewünschte Form und jeden Querschnitt zu erzeugen. Nehmen Sie beim Kauf die Werkzeuge in die Hand und wählen Sie die, die Ihnen einfach am besten zusagen. Ich besitze Formröhren aller Hersteller, die ich erwähnt habe, und ich finde, dass sie allesamt zu meiner Zufriedenheit arbeiten.

Ergänzend zu den sechs eben aufgezählten Werkzeugen, die in erster Linie für das Langholzdrechseln bestimmt sind, schlage ich für den ersten Werkzeugsatz die folgenden vier Werkzeuge vor, damit Sie auch einige Querholzarbeiten ausführen können:

eine **Querholz-Formröhre** mit 10 mm Breite. Sie eignet sich für Schalen bis zu einem Durchmesser von etwa 250 mm;

einen **geraden Schlichtstahl** (oder **Schaber**) mit 25 mm Breite für das Schlichten und Glätten nach außen gewölbter Flächen;

einen **Schlichtstahl mit gerundeter Ecke**, 19 mm Breite, für das Schlichten der Innenflächen von Hohlkörpern wie Stielbecher, Vasen, Eierbecher, und natürlich auch für Schalen und andere nach innen gewölbte Flächen. Das Werkzeug muss dafür einen Querschnitt wie in Bild 3.10 erhalten. Ein Beispiel für den Einsatz dieses Schlichtstahls zeigt Bild 3.12;

einen **balligen Schlichtstahl**, 25 mm Breite, für das Schlichten der Innenflächen von Schalen u.ä.

Mit wachsenden Fertigkeiten und ehrgeizigeren Projekten werden Sie sich weitere Werkzeuge zulegen wollen. Bedenken Sie aber stets, dass es für Ihren handwerklichen Erfolg günstiger ist, wenige Werkzeuge perfekt zu beherrschen als eine Vielzahl nur unvollkommen. Es mag Sie überraschen zu erfahren, dass ich im Laufe eines Tages routinierter Drechselarbeit selten mehr als fünf verschiedene Werkzeuge in die Hand nehme.

Werkzeugpflege

Nachdem Sie eine ganze Menge Geld in einen guten Werkzeugsatz investiert haben, ist es nur vernünftig, alles zu tun, damit die Stücke in ordentlichem Zustand bleiben. Zuallererst brauchen Sie eine Halterung (etwa wie die in Bild 2.24), damit Sie die Werkzeuge bequem erreichen können und damit die Schneiden nicht beschädigt werden.

Gelegentliches Abreiben mit einem öligen Lappen erhält das Aussehen „wie neu" und verhindert Rostbildung. Ein Trick, der von den Drechslern gern angewendet wird, besteht darin, die Werkzeuge über Nacht in einem Häufchen Späne abzulegen, die in der Werkstatt auftretende Luftfeuchtigkeit absorbieren. Allerdings müssen die Späne trocken sein und nicht etwa von Nassdrechselarbeiten stammen.

Der Spänetrick funktioniert, aber ich lasse mich trotzdem nicht darauf ein. Meine Werkstattversicherungspolice verlangt nämlich, dass ich jeden Abend die angefallenen Späne beseitige und daran halte ich mich!

ZUSAMMENFASSUNG

1. Kaufen Sie nur hochwertige Werkzeuge. Sie erleichtern das Lernen sehr und Sie vermeiden den Ärger, den Sie mit minderwertigen Werkzeugen ganz sicher haben.
2. Kaufen Sie Schnellstahlwerkzeuge. Sie müssen dafür etwa das Doppelte bezahlen, aber die Vorteile sind zahlreich.
3. Legen Sie Ihre Werkzeuge mit Sorgfalt ab, um Beschädigung der Schneiden zu vermeiden. Eine Werkzeughalterung ist unverzichtbar.
4. Ein gelegentliches Abwischen mit einem Öllappen verhindert Rostansatz.

Kapitel 4

Das Schärfen der Werkzeuge

Wenn es möglich wäre, 100 Drechselschüler in einem Raum zu versammeln und zu fragen, welches ihr größtes Problem beim Drechseln sei – so würden mehr als 80 antworten: „Das richtige Schärfen der Werkzeuge".

Das ist jedenfalls der Schluss, den ich aus meinen Untersuchungen und aus den Gesprächen mit zahlreichen angehenden Drechslern ziehen muss, die ich unterrichtet habe. Es ist eine nicht zu widerlegende Tatsache, dass ein Drechsler, um erfolgreich und damit zu seiner Zufriedenheit drechseln zu können, Werkzeuge einsetzen muss, die präzise geschliffen sind und angemessene Schärfe aufweisen.

Wenn sich bei mir Leute für einen Einzelkurs anmelden, frage ich sie stets, ob sie bereits Drechselwerkzeug besitzen. Ich bitte sie dann, die Werkzeuge mitzubringen, damit ich ihre Schärfkünste beurteilen kann. Und leider ist es damit im Allgemeinen nicht weit her. Die übergroße Zahl der mir präsentierten Werkzeuge „würden nicht mal Butter schneiden", wie die alten Bergleute bei mir zu Hause gesagt hätten. Indem ich dann vorführe, wie man mit solchen Werkzeugen Holz in eine Form sozusagen gewaltsam zwingt, wird jedem klar, dass er ordentliche Ergebnisse nur mit Werkzeugen in ordentlichem Zustand erreichen kann.

Bild 4.1a zeigt Werkzeuge, die – um es salopp auszudrücken – für alles Mögliche, aber nicht fürs Drechseln geeignet sind. Bild 4.1b zeigt, wie sie aussehen sollten.

Unmittelbar nach der vorgeführten „Gewaltoperation" demonstriere ich kurz die Arbeit mit korrekt zugerichteten Werkzeugen, um auf die Unterschiede im *Klang* und im *Resultat* aufmerksam zu machen.

In Schulen und Weiterbildungsstätten habe ich das Werkzeug häufig in einem jämmerlichen Zustand angetroffen, der dem Lehrer bzw. Ausbilder gar nicht deutlich genug vorgeworfen werden kann, ob er nun aus Unwissenheit oder Nachlässigkeit zulässt, dass solches Werkzeug auch noch benutzt wird.

Ich erinnere mich, dass ich einmal an einem Tag der offenen Tür in eine solche Einrichtung gegangen bin und mich verständlicherweise von der „Holzabteilung" verlocken

1. Als Schrupppröhre verwendet, wofür das Werkzeug aber zu flach ist. Die Schneide ist hohl, sodass zuerst die vorstehenden Schneidenecken aufs Holz treffen und dann erst die Mitte der Schneide. Das führt dazu, dass das Werkzeug abkippt und sich im Holz verfängt („reißt").
2. Feile, die als Schaber zugerichtet worden ist. Die angeschliffene Fase ist zu spitzwinklig (zu lang) und überhitzt sich rasch. Das Werkzeug ist für seine Länge zu dünn und gerät bei der Arbeit ins Flattern.
3. Formstahl. Die Schneide ist zu einer Spitze anstatt zu einem „Fingernagel"-Profil geschliffen worden und hat eine zu kurze Fase. Das Werkzeug hat kein Heft und ist damit bei der Verwendung ziemlich gefährlich.
4. Abstechstahl. Die Fase ist hohl geschliffen, was dazu führt, dass sich das Werkzeug ins Holz „eingräbt".
5. Ein weiterer Abstechstahl. Die Fase ist viel zu flach. Dadurch ist die Schneide bruchanfällig und das Schneidverhalten des Werkzeugs instabil.
6. Schräger Meißel, aus einer Feile angefertigt. Die Fase ist zu flach und unstetig geschliffen. Die Angel ist nicht weit genug ins Heft getrieben.
7. Ausdrehhaken. Sein Besitzer behauptete, er eigne sich prächtig für bestimmte Drechselarbeiten. Ich kann mir nicht vorstellen, für welche.

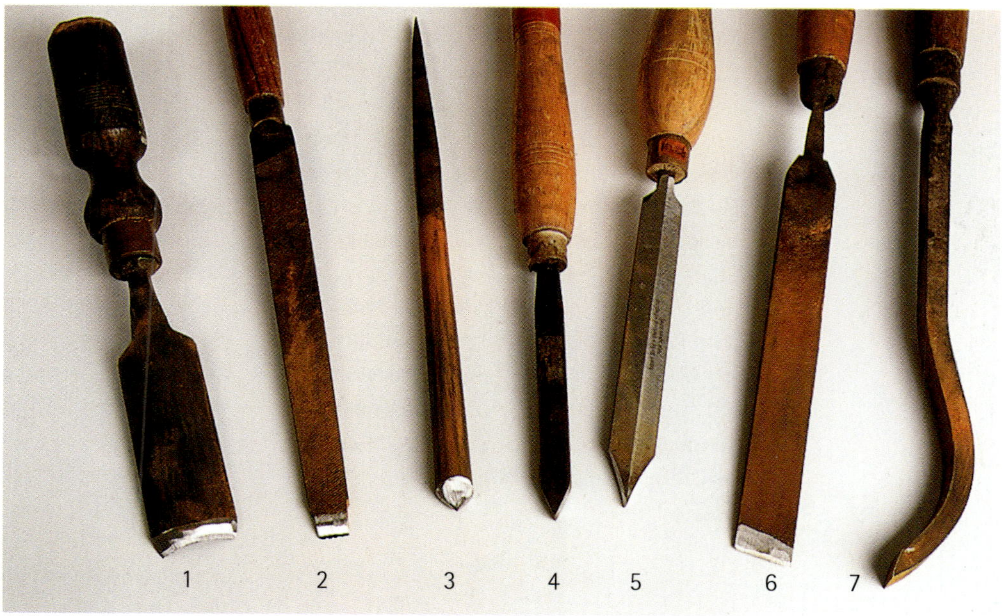

Bild 4.1a Ein Satz vollkommen unbrauchbarer Werkzeuge

Bild 4.1b Auswahl hochwertiger Werkzeuge britischer Herstellung. *Von links nach rechts:* **Schruppröhre, Schrägmeißel mit ovalem Querschnitt, Querholz-Formröhre, Langholz-Formröhre; gerader Schaber, Schrägmeißel; Langholz-Formröhre, zwei Schruppröhren, Abstechstahl; balliger Schlichtstahl, Langholz-Formröhre; halbrunder Schlichtstahl, Querholz-Formröhre**

ließ, wo ein Junge das Drechseln vorführte. Wie immer hatte sich eine Gruppe interessierter Zuschauer eingefunden, auch Eltern und der Lehrer waren anwesend.

Was ich aber zu sehen bekam, war mehr als erschreckend. Der Junge hatte ein Stück Holz, etwa 75 mm im Quadrat und 450 mm lang, zwischen Spitzen eingespannt und „attackierte" es mit einem Instrument, das offensichtlich ein sehr stumpfer Schaber mit gerundeter Ecke war. Er drückte derart, dass das Werkzeug viel zu heiß wurde und qualmte. Viel schlimmer aber war, dass sich das Werkstück zweimal löste und aus der Drechselbank flog.

Der Lehrer verhielt sich während der gesamten Vorführung passiv und schien überhaupt unbeteiligt, sodass ich annehmen musste, dass das, was ich zu sehen bekommen hatte, der Normalfall war. Bevor ich mich in sicherere Gefilde zurückzog, warf ich noch einen Blick auf die Resultate dessen, was hier als Drechseln präsentiert wurde, und ich kann nichts anderes feststellen, als dass Biber ihre Stämme mit besserem Erfolg benagen.

Ich berichte dies aus keinem anderen Grund als mit der Absicht, dem Leser die unbedingte Überzeugung zu vermitteln, dass das Arbeiten mit stumpfen oder für den betreffenden Zweck nicht geeigneten Werkzeugen *zu erheblichen Gefährdungen führen kann.*

Einrichtungen für das Schärfen

Für das Schärfen von Werkzeugen werden verschiedene Schleifmaschinen angeboten und zwar für Trockenschliff, für Nassschliff und für die Kombination beider Verfahren. Ich selbst und auch die meisten der Berufskollegen, die ich kenne, verwenden einen Doppelschleifbock für Trockenschliff.

Kaufen Sie die beste Schleifmaschine eines Herstellers von Ruf, die Sie sich leisten können. Meine Maschine hat zwei Schleifscheiben mit 180 mm Durchmesser und 19 mm Breite, die eine mit 80er-Körnung für allgemeine Schärfarbeiten, die andere mit gröberer 46er-Körnung für schwerere Schliffe und Formschliff. Beide Scheiben sind Korundscheiben von C. & M. O'Donnell. Gute deutsche Schleifscheiben sind die Butzbacher Schleifscheiben.

Verwenden Sie möglichst große Scheiben (Durchmesser größer als 200 mm). Sie führen zu einem zu engen Hohlschliff, insbesondere bei Meißeln und Abstechstählen (siehe Nr. 5 in Bild 4.1a). Dadurch wird das Werkzeug im Gebiet hinter der Schneide bruchempfindlich, sein Verhalten wird instabil und damit schwer kontrollierbar.

Verwenden Sie auch keine zu schmalen Scheiben. Nach meiner Meinung sind Scheiben mit einer Breite von weniger als 19 mm ungeeignet, weil sie das Schleifen breiter Werkzeuge ziemlich erschweren.

Denken Sie daran, dass eine Schleifscheibe ein schneidendes Werkzeug ist und in gutem Zustand gehalten werden muss, damit es auch wirklich schneidet.

Mit der Zeit setzt sich die schleifende Fläche der Scheibe mit Metal spänen zu, sie wird „glänzig" oder „verglast". Belässt man diesen Zustand, vermindert sich die Schneidwirkung der Schleifkörner und es muss für das Schleifen mehr Kraft aufgewendet werden. Das führt zu erhöhter Reibung und dies seinerseits zu erhöhter Erwärmung des zu schleifenden Werkzeugs. Es glüht möglicherweise durch, was an der blauen Anlauffarbe der Schneide zu erkennen ist, verliert seine Härte und wird unbrauchbar.

Wenn Sie die Scheibe für das Schleifen weicherer Metalle wie Kupfer oder Aluminium verwenden, setzt sie sich rasch zu. Das sollten Sie also möglichst unterlassen.

Die schleifende Fläche einer Scheibe kann in Ordnung gehalten werden, wenn sie „abgerichtet" wird. Der teuerste Abrichter auf dem Markt ist der Diamantabrichter. Viel billiger ist ein Abrichter mit Stahlrädchen. Hier haben wir übrigens einen der seltenen Fälle, wo die billigere Variante die bessere ist, denn Sie können für wenig Geld ein wahres Teufelsgerät kaufen: Abrichter mit Stahlrädchen sind ausgezeichnet geeignet, die Güte der schleifenden Scheibenfläche zu erhalten.

Aufstellort und Befestigung der Schleifeinrichtung

Es sollte alles getan werden, um dem Drechsler das Schärfen der Werkzeuge so leicht wie möglich zu machen. Damit er nicht erst weit laufen muss, sollte die Schleifmaschine direkt neben der Drechselbank aufgestellt sein. Der Drechsler sollte beim Schleifen eine bequeme Haltung einnehmen können. Das heißt unter anderem, dass die Schleifscheibenachse etwa in gleicher Höhe wie die Brustkorbmitte des Drechslers sein sollte. Das ist besonders wichtig, wenn Sie sich das Schleifverfahren zu eigen machen wollen, das ich empfehle.

Sicherheitsmaßnahmen beim Schleifen

Beim Schleifen müssen die Augen unbedingt geschützt werden. Die meisten Hersteller ordnen durchsichtige Blenden über den Scheiben an, die aber nicht vollkommen sicher sind. Sie sollten deshalb unbedingt eine Schutzbrille tragen, um zu vermeiden, dass Ihnen Schleifspäne – Scheibenantrieb und Metallteilchen – in die Augen geraten. Suchen Sie sich eine Brille aus, die sich angenehm trägt (damit Sie sie auch gern aufsetzen), und verwahren Sie sie in einem staubsicheren Behälter *in der Nähe der Schleifmaschine.*

Im Rahmen meines Instandhaltungsplans baue ich die Scheiben regelmäßig aus der Schleifmaschine aus und prüfe, ob sie frei von Rissen sind. Halten Sie dafür die Scheibe frei auf einbem durch die Mittelbohrung gesteckten Stift und schnipsen Sie sie mit einem Finger der anderen Hand kräftig an. Bei einer rissfreien Scheibe ertönt ein klares, hohes Klingen (siehe Bild 4.2).

Sollten Ihnen Zweifel am guten Zustand der Scheibe kommen, entsorgen Sie sie und kaufen Sie eine neue. Eine schadhafte Scheifscheibe ist *extrem gefährlich*, wenn sie beim Schleifen zerspringt. Arbeiter sind durch auseinander fliegende Schleifscheiben schwer verletzt und sogar getötet worden.

Ähnlich gefährlich ist das gedankenlose und unverantwortliche Anklemmen einer Schleifscheibe am Ende der Drechselbank. Sie sollten auch nicht an den Seitenflächen der Scheibe schleifen. Die Scheibe wird dadurch geschwächt und könnte auseinander fliegen.

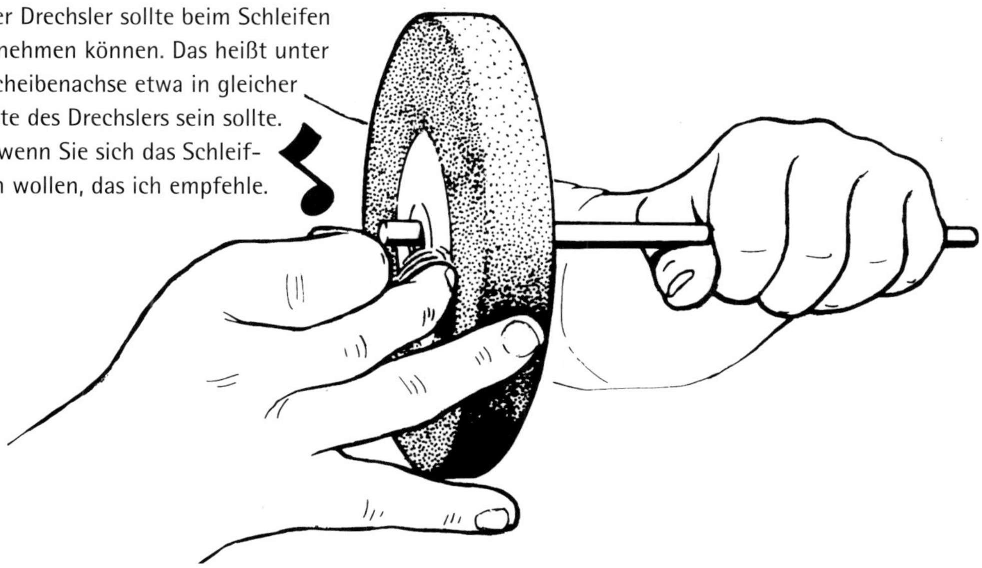

Bild 4.2 Prüfen einer Schleifscheibe. Wenn die Scheibe in gutem Zustand ist, hören Sie beim Anklopfen der Scheibe mit dem Finger ein klares, hohes Klingen.

Werkzeugwinkel

Wenn es möglich wäre, die Werkzeugsätze eines halben Dutzend Berufsdrechsler zu vergleichen, würde sich herausstellen, dass jeder mit anderen Winkeln am Werkzeug arbeitet. Ein jeder schleift eben die Winkel an seine Werkzeuge, die nach seiner Erfahrung am zweckmäßigsten sind, wobei er natürlich seine eigenen Arbeitsaufgaben und die hauptsächlich verwendeten Holzarten in Betracht zieht.

Je länger und spitzwinkliger die angeschliffene Fase ist, desto schärfer ist die sich ergebende Schneide. Das führt verständlicherweise zu einem geringeren Widerstand gegen das Eindringen des Werkzeugs ins Holz, andererseits aber wird die Schneide bruchempfindlich, überhitzt sich leicht und bröckelt aus. Umgekehrt bedeutet eine zu kurze Fase, d.h. ein stumpfer Keilwinkel, einen hohen Eindringwiderstand.

Wir müssen also einen Kompromiss suchen, bei dem unsere Werkzeuge effizient und ohne übergroße Anstrengung schneiden, andererseits aber ausreichend „schneidhaltig“ sind.

Im nächsten Kapitel werden wir erklären, wieso eines der Gesetze des Drechselns besagt, dass „die Fase oder der Keilwinkel hinter der Schnittstelle auf dem Holz aufliegen soll“.

Wenn der Keilwinkel zu spitz ist, muss das Werkzeug, damit die Fase auf dem Holz aufliegt, mit stark nach unten gerichtetem Heft gehalten werden, was nicht nur zu einer sehr unbequemen Haltung führt, sondern auch die Gefahr des Anstoßens ans Bankbett oder den Tisch mit sich bringt.

Wurde umgekehrt ein zu stumpfer Keilwinkel angeschliffen, muss das Werkzeug beinahe waagerecht gehalten und mit dem Fortschreiten der Arbeit immer höher angesetzt werden, was genauso unbequem ist (Bild 4.3).

Weil ich beruflich häufig Weichholz drechsle, habe ich mir einen Satz von Röhren und Meißeln mit längeren Fasen zusammengestellt, denn paradoxerweise erfordert Nadelholz schärfere Schneiden als Laubholz, wenn eine hohe Oberflächengüte erzielt werden muss. Nicht ausreichend scharfe Werkzeuge reißen Holzfasern aus, was bei hartem, dichtgemasertem Holz nicht in diesem Maße eintritt.

Der Freizeitdrechsler braucht einen solchen Werkzeugaufwand nicht zu betreiben. Er

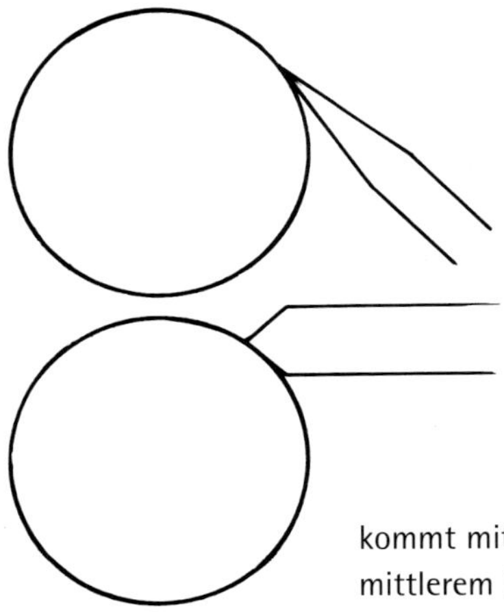

Bild 4.3 Wie sich ein zu spitzer und ein zu stumpfer Winkel auf den Werkzeugansatz auswirken. Wenn die Fase zu lang ist, muss das Werkzeugheft in unbequemer Weise niedrig gehalten werden. Ist die Fase zu kurz, muss das Heft beim Drechseln kleiner Stücke unbequem hoch gehalten werden.

kommt mit einem Satz von Werkzeugen mit mittlerem Keilwinkel zurecht.

Wie groß ist aber nun ein „mittlerer Keilwinkel“? Nach allem, was ich bisher gesagt habe, empfehle ich die folgenden Winkel:

- Schrupprröhren: 45°
- Langholz-Formröhren: 35°
- Meißel und Abstechstähle: 25°
- Quergholz-Formröhren: 55°
- Schaber: 80°

Experimentieren Sie unbedingt mit unterschiedlichen Winkeln und halten Sie die Werte fest, die sich am besten bewährt haben. Das können Sie z. B. tun, indem Sie die Winkel auf einem Stück Pappe oder Sperrholz auftragen und von Zeit zu Zeit ihre Werkzeuge mit den „Sollwinkeln“ vergleichen (Bild 4.4).

Zuguterletzt noch Folgendes: Wenn Sie den Eindruck haben, dass ein Werkzeug nicht mehr so gut wie unmittelbar nach dem Kauf arbeitet, dann liegt das meistens daran, dass der

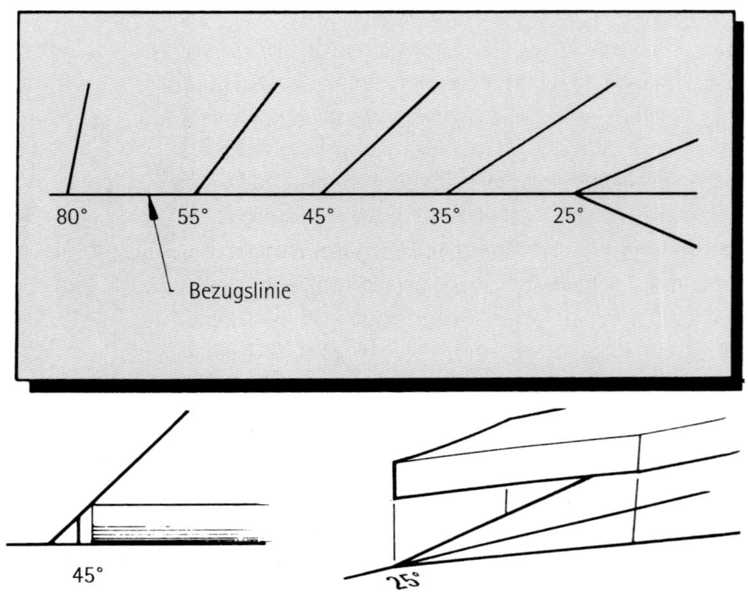

Bild 4.4 Eine Keilwinkellehre für Ihre Schärfarbeiten

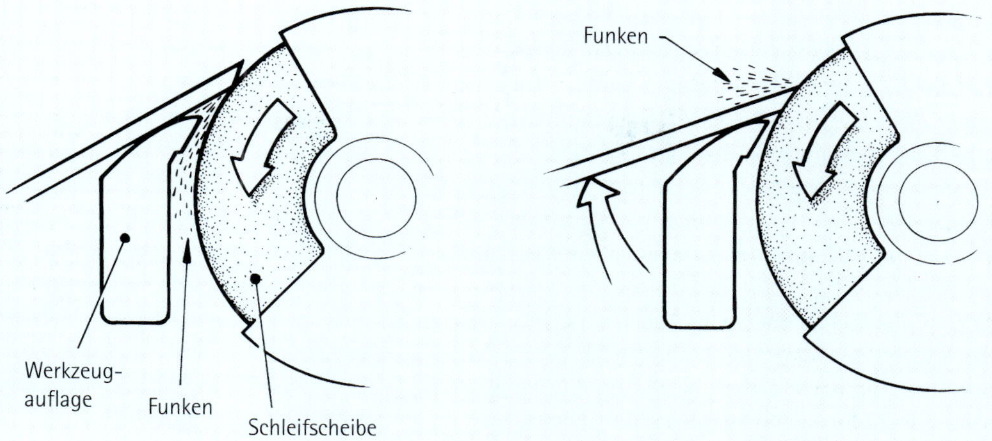

Bild 4.5 Freihandschleifen. Das Werkzeug wird so an die Scheibe gehalten, dass zuerst die Rückenkante die Scheibe berührt. Die Schleiffunken fliegen unterhalb der Fase weg. Das Werkzeugheft wird allmählich angehoben, bis die Funken oberhalb des Werkzeugs davonfliegen.

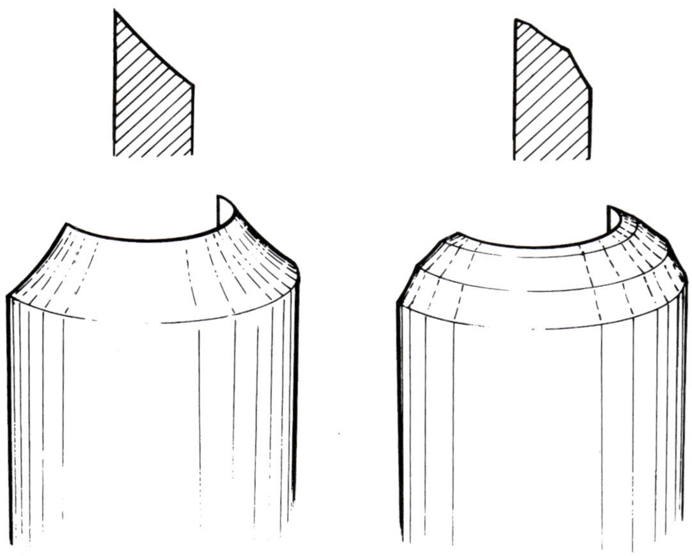

Bild 4.6 Richtiges und falsches Schleifen. Links ist eine Fase abgebildet, wie wir sie anstreben: mit einer ununterbrochenen Fläche. Die Facettenfase rechts ist zu vermeiden.

Keilwinkel beim Nachschärfen nach und nach zu groß oder zu klein geworden ist. Verlängern Sie die Fase und ich wäre sehr erstaunt, wenn das nichts brächte.

Verfahren des Werkzeugschleifens

Welches Verfahren ist für das Schleifen des Werkzeugs das beste? Mir wurde das „Freihand-Schleifen" beigebracht, wie es auch die meisten Berufsdrechsler ausführen und empfehlen. Das Werkzeug wird dabei mit der Hinterkante der Fase (oder Rückenkante) an die Schleifscheibe angelegt. Das Heft wird dann so weit angekippt, dass die Schleiffunken gerade eben über der Schneide wegfliegen. Das zeigt nämlich an, dass die Fase gleichmäßig bis zur Schneide geschliffen wird (Bild 4.5).

Sollte Sie jemand glauben machen wollen, Freihandschleifen (oder kurz Freischleifen) sei kein Problem, glauben Sie ihm nicht! Es ist eine Menge Erfahrung vonnöten und außerdem dauert ein Freischliff ziemlich lange, besonders bei den größeren Schrupppröhren und Schabern, wo rollende und schwingende Bewegungen ausgeführt werden müssen. Und anstelle der leicht konvex gewölbten, gleichmäßigen Fase entsteht nur allzu leicht ein Facetten- oder Hohlschliff.

Am Anfang des Kapitels habe ich darauf hingewiesen, dass das Schärfen der Werkzeuge das größte der handwerklichen Probleme ist, denen sich die Mehrheit der angehenden Drechsler gegenübersieht. Der Grund ist einfach – sie versuchen sich mit dem Freischleifen. Meiner Meinung nach ist Misserfolg beim Erlernen des Werkzeugschleifens häufiger als andere Faktoren der Grund, wenn das Hobby Drechseln wieder aufgegeben wird.

Als ich begann, das Handwerk zu lehren und mir dieses Problem bewusst wurde, entschloss ich mich, den Schleifprozess aus zwei guten Gründen leichter zu machen:

1. Es ist absolut notwendig, dass die Fase einen gleichmäßigen Winkel hat. Den Grund dafür erläutere ich in Kapitel 5 bei den Gesetzen des Drechselns.
2. Für den Anfänger sind Erfolgserlebnisse unverzichtbar, damit er motiviert bleibt und ausreichend Interesse und Begeisterung bewahrt.

Wenn der Anfänger das Schärfen nicht meistert, hat er am Ende auch keine Erfolge beim Drechseln. Interesse und Begeisterung schwinden, das Schärfen wird als offenbar unlösbare Aufgabe angesehen und er gibt auf. Und selbst wenn er nicht aufgibt – mit schlecht geschliffenen Werkzeugen kann niemand ein guter Drechsler sein.

Deshalb empfehle ich dem Anfänger und überhaupt jedem Drechsler, der Probleme mit dem Werkzeugschärfen hat, lieber das Verfahren des „Schleifens mit Vorrichtung" zu wählen.

Die meisten Schleifmaschinen haben verstellbare Tische, die sich jedoch als Schleifvorrichtungen für Drechselwerkzeuge überhaupt nicht eignen. Außerdem müssen Sie, falls Sie sich für das Schleifen mit Vorrichtung entschieden haben, die geschlitzten Tischhalterungen mit einer Eisensäge entfernen (Bild 4.7).

Ich arbeite nun mit einer Spezialvorrichtung aus Holz, die einfach zu bauen und leicht zu benutzen ist und nach kurzer Einarbeitung genaues Schleifen ermöglicht. Weil das Schleifen mit der Vorrichtung so einfach ist, schleife auch ich kaum noch frei, und obwohl ich viele Jahre frei geschliffen habe, kann ich mit der Vorrichtung dennoch viel genauer arbeiten.

Das Ganze ist, wie aus Bild 4.7 ersichtlich, eine Platte aus Sperrholz, auf der der Schleifbock und die eigentliche Schleifvorrichtung aufgeschraubt sind. Dadurch ist die Anordnung transportabel und kann auf jeder ebenen Fläche mit Zwingen angeklemmt werden.

Die Schlitze in der Sperrholzplatte sollten jeweils in einer Linie mit den beiden Schleifscheiben sein. Die Schrauben, mit denen der Schleifbock angeschraubt ist, müssen in die Unterseite der Platte eingesenkt werden, damit die Platte ordentlich aufliegt.

Ähnlich müssen auch die beiden Schlitze an der Unterseite der Sperrholzplatte so ausgefräst werden (das geht auch mit Feinsäge und Stechbeitel oder Stemmeisen), dass sie die Köpfe der Befestigungsschrauben aufnehmen können. Dadurch kann dann auch die Vorrichtung leicht zwi-

Bild 4.7 Explosionszeichnung des Schleifbocks und der Schleifvorrichtung

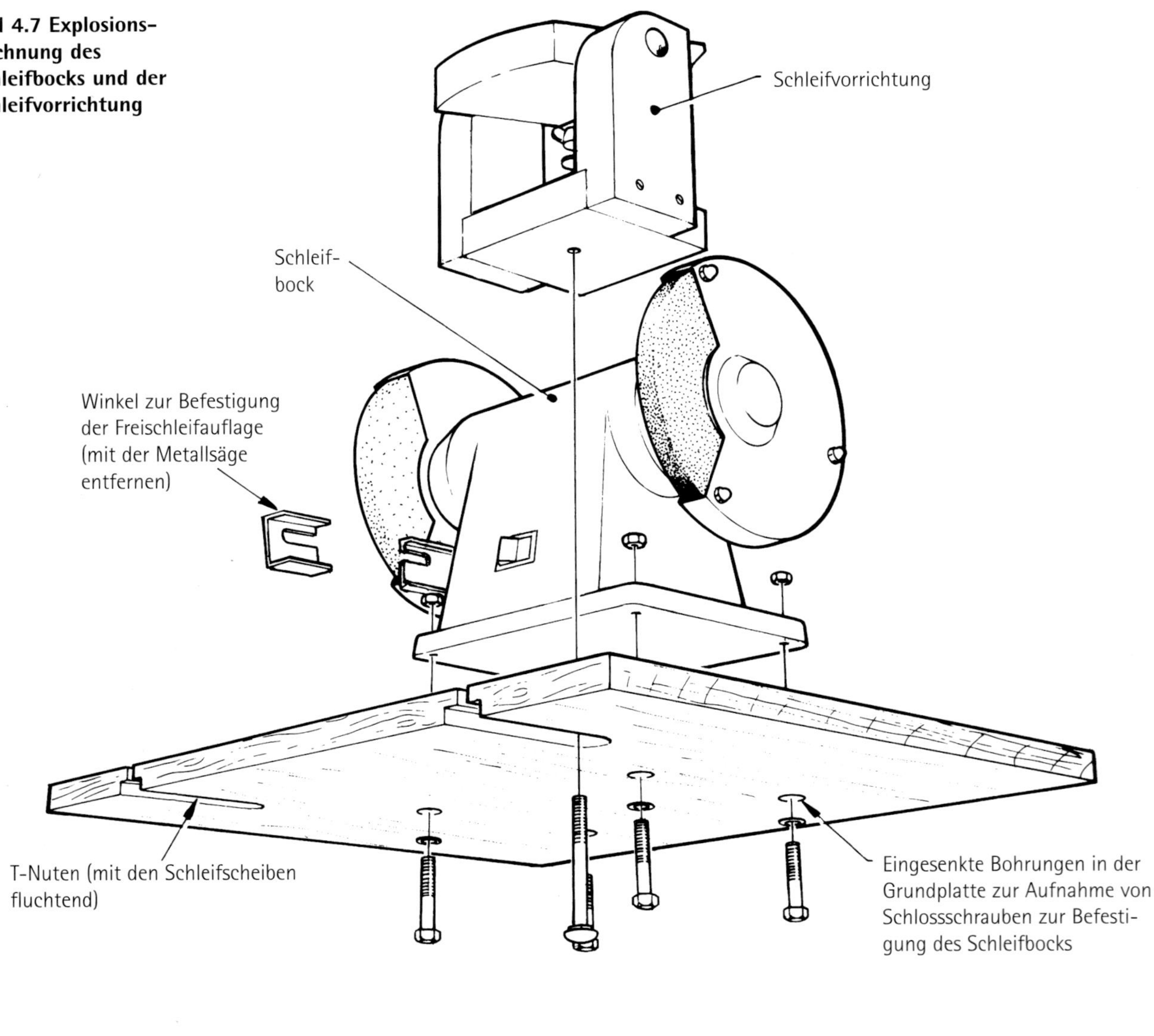

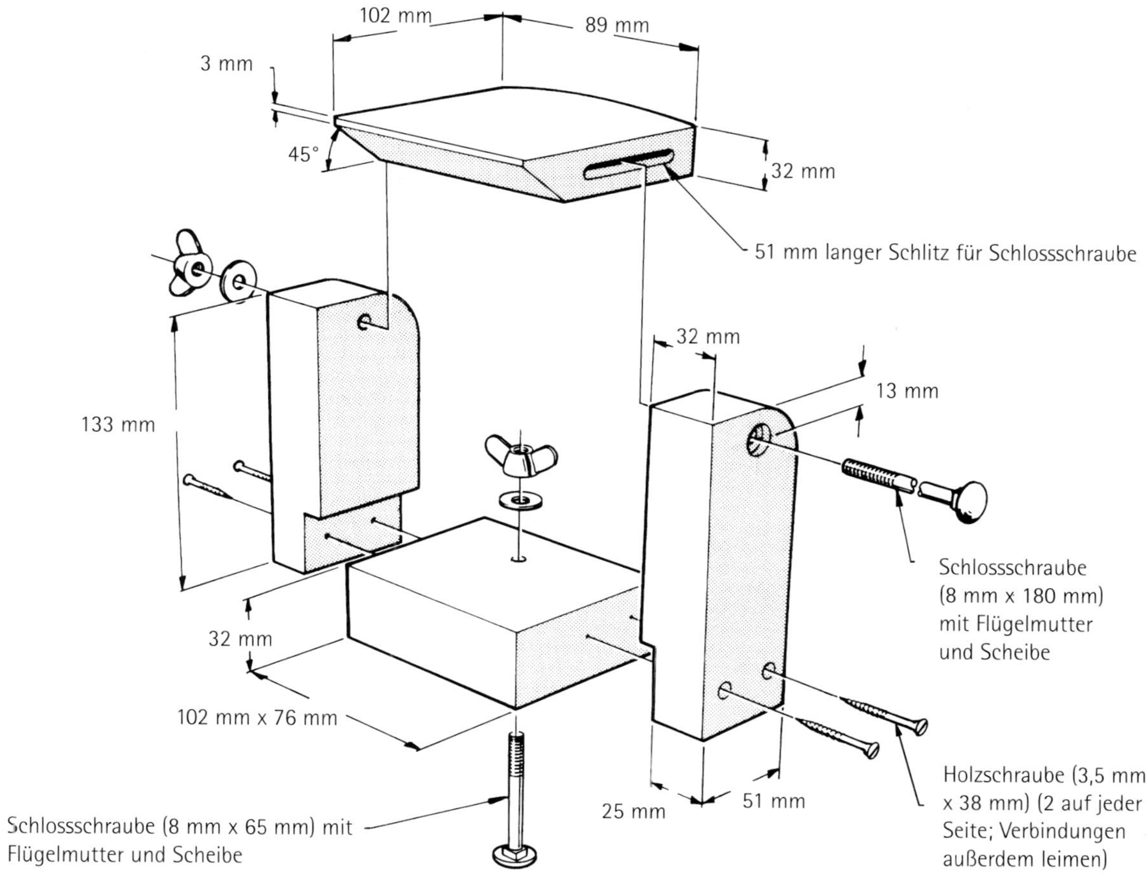

Bild 4.8 Aufbau und Maße der Schleifvorrichtung

schen den beiden Scheiben ausgetauscht werden.

Die eigentliche Schleifvorrichtung, auf die die Werkzeuge aufgelegt werden sollen, darf nicht schmaler als 90 mm sein. Das wird Ihnen sofort einleuchten, wenn Sie an die breiten runden und balligen Schaber denken, die mit schwingenden Bewegungen geschliffen werden (Bild 4.8).

Diese Werkzeugauflage muss einen durchgehenden Schlitz erhalten – verwenden Sie eine Bohrmaschine und einen Stechbeitel: Sonst lassen sich die verschiedenen Schleifwinkel schwer einstellen, ohne dass die Auflage die Scheibe berührt.

Befestigen Sie die Auflage an den Seitenstützen und die Vorrichtung an der Platte mit Flügelmuttern. Sie brauchen dann keinen Schlüssel, was das Verstellen der Vorrichtung sehr erleichtert. Sie können übrigens sicher sein, dass Sie mit den Fingern ausreichende Befestigungskräfte aufzubringen vermögen.

Wie die Vorrichtung verwendet wird

Für den Anfang schlage ich vor, dass Sie die gewünschten Winkel bei stehender Scheibe einstellen (Sie werden nach kurzer Übung in der Lage sein, dies bei laufender Scheibe zu tun, was die Sache erheblich beschleunigt).

Legen Sie nun eine Schruppröhre auf die Auflage. Lockern Sie die Flügelmutter der Auflage und stellen Sie deren Winkel erst einmal grob ein, indem Sie von der Seite auf die Werkzeugfase blicken (Bild 4.9a). Jetzt dürfte Ihnen auch klar werden, warum sich die Mittelachse des Schleifbocks ungefähr in einer Höhe mit der Mitte Ihres Brustkorbs befinden soll. Wenn der Schleifbock zu niedrig stände, müssten Sie Ihren Hals ganz schön verdrehen.

Wenn Sie den Winkel nicht genau treffen, dann ist es besser, wenn die Röhre mehr mit der Rückenkante der Fase an der Scheibe anliegt als mit der Schneide. Sie würden dann ziemlich lange brauchen, um einen gleichmäßigen Winkel zu erreichen. Ziehen Sie jetzt die Flügelmutter leicht an, schalten Sie den Schleifbock ein und pressen Sie das Werkzeug *sehr vorsichtig* an die Scheibe. Eine Sekunde Scheibenberührung genügt und Sie sind in der Lage einzuschätzen, ob die vorhandene Fase *auf ihrer gesamten Länge* geschliffen wird. Ist das nicht der Fall, drücken Sie die Auflage mithilfe der Röhre in die entsprechende Richtung: Wenn die Rückenkante zu stark geschliffen wird, kippen Sie die Auflage nach vorn und umgekehrt.

Wiederholen Sie dies, bis auf der gesamten Fase ein frischer, glänzender Schliff zu sehen ist. Ziehen Sie die Flügelmutter an und schleifen Sie das Werkzeug fertig (Bild 4.9b).

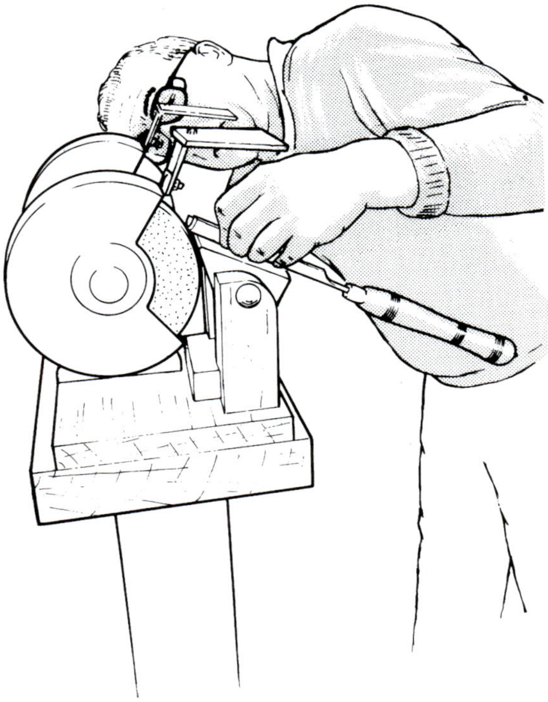

Bild 4.9a Blick von der Seite auf die Werkzeugfase

Bild 4.9b Die Schleifvorrichtung in Gebrauch

Das mag alles schwierig und kompliziert wirken – ich versichere Ihnen, dass es nicht so ist. Schon nach einigen wenigen Versuchen werden Sie feststellen, dass die richtige Einstellung der Werkzeugauflage eine Sache von Sekunden ist.

Um einen präzisen Schliff zu erzielen, muss das Werkzeug lediglich stets satt auf der Auflage aufliegen und seitlich rollend hin- und herbewegt werden. Ich bewege das Werkzeug mit den Fingern meiner rechten Hand und drücke es gleichzeitig an die Schleifscheibe. Mit den Fingern der linken Hand drücke ich das Werkzeug satt auf die Auflage und unterstütze die rollende Hin- und Herbewegung.

Machen Sie keine Pausen an den Umkehrpunkten der Hin- und Herbewegung, die Schneide könnte durchglühen. Stellen Sie ein Topf Wasser neben den Schleifbock und tauchen Sie das Werkzeug öfter ein, insbesondere wenn Sie noch nicht geübt genug sind. Mit der Zeit bekommen Sie ein Gefühl für den richtigen Andruck und brauchen die Werkzeuge nicht mehr zu kühlen.

Um der Werkzeugschneide die angemessene Schärfe zu geben, braucht nur sehr wenig Metall abgeschliffen zu werden und einige wenige Hin- und Herbewegungen sind ausreichend. Wenn Sie nun auch den entsprechend leichten Andruck ausüben, besteht eigentlich wenig Gefahr, dass das Werkzeug überhitzt wird. Ein guter Test besteht darin, das Werkzeug sofort nach dem Schliff mit der Hand zu umfassen; es darf nicht unangenehm heiß geworden sein. Falls doch, *lassen Sie es sofort fallen*, aber achten Sie dabei darauf, Ihre Füße zu verfehlen.

Wenn Sie die vorgeschlagene hölzerne Vorrichtung lieber nicht bauen wollen, dann können Sie eine Präzisionsvorrichtung aus Metall von C. & M. O'Donnell beziehen; Bild 4.10 zeigt sie in Gebrauch.

Bild 4.10 Die Schleifvorrichtung von O'Donnell

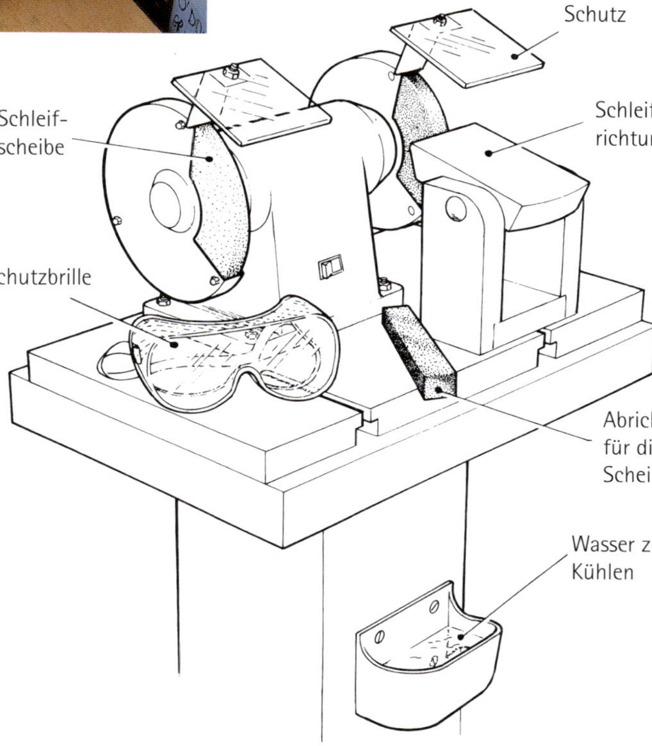

Bild 4.11 Die Ausrüstung für das Werkzeugschleifen

Ich will in diesem Kapitel auf das Schärfen der verschiedenen Werkzeugarten nicht weiter eingehen. Einzelne Werkzeuge werden in Kapitel 6 „Langholzdrechseln" und Kapitel 7 „Querholzdrechseln" behandelt.

Die richtige Schärfe

Sie könnte definiert werden als „eine solche Schärfe der Werkzeugschneide, mit der ein geübter Drechsler unter Berücksichtigung der Holzeigenschaften die bestmögliche Oberflächengüte erzielen kann".

Allgemein gilt, dass eine solche Schneide unmittelbar an der Schleifscheibe erzeugt werden kann, ohne dass abgezogen werden muss. Das ist nicht nur meine Auffassung, so denken zahlreiche Berufsdrechsler. Allerdings kann durch Wetzen auf dem Abziehstein durchaus eine schärfere Schneide erreicht werden, die Frage ist nur, ob das auch notwendig ist.

Außer bei Nadelholz, so meine ich, ist es nicht notwendig. Wenn Sie sich jedoch für das Abziehen der Schneide entscheiden, müssen Sie äußerst vorsichtig zu Werke gehen, damit keine Facetten entstehen. Diese würden dazu führen, dass das Werkzeug ins Holz hineingezogen wird. Damit Sie nicht unverhältnismäßig viel Zeit für das Schärfen benötigen, rate ich Ihnen, es zunächst mit dem Werkzeug im Zustand nach dem Schleifen zu versuchen. Ich wäre verwundert, wenn Sie mit den Resultaten nicht zufrieden sein könnten.

Gleichsam als Zusammenfassung präsentiert Bild 4.11 eine typische Schleifeinrichtung und das erforderliche Zubehör.

ZUSAMMENFASSUNG

1. Bevor mit Erfolg und Vergnügen gedrechselt werden kann, müssen die Werkzeuge exakt geschliffen werden, wobei sie eine gleichmäßig ausgeformte Fase und eine annehmbare Schärfe erhalten müssen.
2. Beim Schleifen am Schleifbock ist Augenschutz unverzichtbar.
3. Die Winkel, die an die Werkzeuge geschliffen werden, sind keineswegs festgelegt. Halten Sie aber die Winkel, die sich für Ihre Arbeiten als günstig erwiesen haben, auf einer Schablone fest.
4. Der Einsatz einer Schleifvorrichtung gewährleistet einen exakten Schliff. Eine solche Vorrichtung lässt sich leicht aus Holz bauen und ist problemlos einsetzbar.

Kapitel 5

Die Gesetze des Drechselns

Wenn es nun losgehen soll, werden Sie nicht umhin können im Interesse Ihrer Sicherheit bei der Führung des Werkzeugs und um eine ordentliche Oberfläche zu erzielen, einige Regeln – oder Gesetze, wie ich sie nennen will – zu befolgen. Und genauso, wie Sie Bestrafung zu erwarten haben, wenn Sie die Strafgesetze übertreten, werden Sie mit Gewissheit bestraft, wenn Sie die „Gesetze des Drechselns" verletzen.

Zurückgreifend auf meine Erfahrung und die Erfahrung anderer Drechsler habe ich mich stets geweigert, Definitionen in Bezug auf die Gesetze und Arbeitsgänge des Drechselns zu formulieren, denn man kann sicher sein, dass irgendwo jemand genau das Gegenteil von dem tut, was man selber predigt.

Beispielsweise trat auf einer kleinen Holzbearbeitungsmesse einmal ein Mann an mich heran mit der Bitte, seine Drechselarbeiten zu bewerten. Er hatte ein paar Lang- und ein paar Querholzarbeiten mitgebracht und sie waren recht gut angesichts der kurzen Zeit, die er sich erst mit dem Drechseln beschäftigte.

Er erzählte, dass er keinerlei Bücher über das Drechseln gelesen und noch nie eine Vorführung gesehen habe. Dann fragte er mich allen Ernstes und zu meiner größten Verblüffung, ob es normal sei, dass ein Drechsler so wie ich vor der Bank stünde – er stehe immer dahinter!

Obwohl mir bewusst ist, dass jedes Gesetz Lücken hat und dass ich unter Garantie mit meinen Berufskollegen in Konflikt gerate, will ich ein paar Gesetze des Drechselns formulieren:

Gesetz 1: Die Drehzahl der Drechselspindel muss der Größe, dem Gewicht und der Länge des zu drechselnden Stücks entsprechen.

Gesetz 2: Das Werkzeug muss auf der Werkzeugauflage aufliegen, *bevor* es mit dem rotierenden Stück in Kontakt kommt und solange es mit dem Stück in Kontakt ist.

Gesetz 3: Die Fase (der Keilwinkel) des Werkzeugs muss hinter der Schnittstelle auf dem Holz aufliegen.

Gesetz 4: Der einzige Teil des Werkzeugs, der mit dem Holz in Kontakt sein darf, ist der Teil, der von der Auflage gestützt wird.

Gesetz 5: Schneiden Sie stets vom größeren zum kleineren Durchmesser oder „mit der Faser".

Gesetz 6: Schaber müssen stets satt auf der Werkzeugauflage aufliegen und „schleppend" arbeiten, d. h. das Heft muss höher als die Schneide gehalten werden.

Gesetz 1

Die Drehzahl der Drechselspindel muss der Größe, dem Gewicht und der Länge des zu drechselnden Stücks entsprechen.

Beim Drechseln entstehen beachtliche Kräfte, die mit wachsender Drehzahl der Spindel und mit Größe, Gewicht und Länge des zu drechselnden Stücks zunehmen.

Die *Gefahren*, die von einem großen, unwuchtigen, in die Drechselbank eingespannten Stück ausgehen, können gar nicht genug betont werden. Vielleicht werden sie am besten durch die Schilderung zweier Unfälle veranschaulicht.

Den ersten Unfall erlitt einer meiner Bekannten, der damals noch wenig Drechselerfahrung besaß. Er meinte, unbedingt große Schalen drechseln zu müssen, und verwendete eine völlig unwuchtige Scheibe aus Ulme mit den Maßen 460 mm x 100 mm.

Er versäumte es, an der Bank die niedrigste Drehzahl zu wählen, und startete die Bank, wie sie eingestellt war, zufälligerweise mit der höchsten Drehzahl von etwa 2000 U/min.

Das Unvermeidliche trat ein: Das Stück löste sich aus der Einspannung, flog aus der Bank und traf ihn im Gesicht. Er erlitt sehr ernste Gesichtsverletzungen und seine Nase wurde zertrümmert. Die Narben hat er noch heute.

Der zweite Unfall passierte mir selbst und er war unbestreitbar auf Unachtsamkeit zurückzuführen. Auch er unterstreicht die absolute Notwendigkeit, die Gebote von Gesetz 1 zu beachten, *bevor* die Drechselbank eingeschaltet wird.

Ich war mit dem Drechseln von Treppenpfosten aus Hölzern mit den Maßen 125 mm × 125 mm und über 1,5 m lang beschäftigt. Kurz vor der Mittagspause – ich hatte eben einen fertigen Pfosten ausgespannt – kam einer der auf dem Bauernhof Beschäftigten mit der Bitte zu mir, ihm für irgendein landwirtschaftliches Gerät einen Spund zu drechseln. Ich verstellte die Drehzahl der Maschine von der niedrigsten Stufe, die ich aus Sicherheitsgründen für die Pfosten verwendet hatte, auf die für das kleine Teil passende höchste Drehzahl der Maschine von 2000 U/min, machte dieses rasch fertig und ging zu Tisch.

Sicher ahnen Sie bereits, was passierte, als ich mit der Arbeit an den Treppenpfosten fortfuhr. Ich vergaß, die Drehzahl zurückzustellen, spannte das nächste Stück in die Maschine und schaltete diese ein. Zu meinem Glück stand ich seitlich vor der Maschine außerhalb der „Schusslinie".

Ein fürchterliches Geheul setzte ein, die ganze Drechselbank samt Fundament begann heftig zu schwingen und bevor ich den Ausschalter erreichen konnte, flog das Stück aus der Maschine. Es schoss gegen einen Tisch, auf dem Flaschen mit Polituren und Dichtungsmitteln standen, die in alle Ecken der Werkstatt geschleudert wurden.

Ganz sicher hätte ich erheblich verletzt werden können und ich habe mir angewöhnt, mich beim Einschalten der Maschine stets außerhalb der Schusslinie zu postieren, was ich auch Ihnen nachdrücklich empfehle.

Welche Drehzahl kann nun aber als sicher gelten? Die allgemeine Regel lautet: Je größer, schwerer oder länger das Stück ist, desto niedriger soll die Drehzahl sein.

Wenn Sie im Zweifel sind, bemühen Sie sich stets, auf der sicheren Seite zu bleiben. Das heißt, Sie wählen eine langsamere Drehzahl als Sie eigentlich für angemessen halten. Das gilt ganz besonders, wenn Sie ein unwuchtiges Stück zu bearbeiten haben. Es macht überhaupt keine Mühe, später die Maschine anzuhalten und eine höhere Drehzahl einzustellen, nachdem Sie das Stück rund gedrechselt und auf diese Weise ausgewuchtet haben. Sie müssen das ohnehin tun, weil es bei zu niedriger Drehzahl sehr schwer ist, eine akzeptable Oberflächengüte zu erreichen, und unvermeidlich gewindeartige Riefen auf der Oberfläche entstehen, wenn Sie das Werkzeug extrem langsam führen.

Was die Länge des Stücks anbelangt, so wird rasch klar, dass hohe Spindeldrehzahlen und lange Stücke nicht zusammengehen. Zunächst bedeutet eine große Länge gewöhnlich auch ein großes Stückgewicht, aber selbst wenn das Gewicht nicht allzu groß ist wie bei schlanken Stücken, wächst mit steigender Drehzahl die Neigung zu Schwingungen.

Unter Beachtung all dessen habe ich eine Tabelle mit sicheren Drehzahlen zusammengestellt. Diese Angaben können wegen der unterschiedlichen Drehzahlbereiche und -stufen der einzelnen Maschinen natürlich nur Näherungswerte sein.

Langholzdrechseln

Kantenlänge Seitenlänge	**Länge bis 600 mm**	**Länge über 600 mm**
bis 65 mm	2000 U/min	1500 U/min
65 bis 100 mm	1500 U/min	1000 U/min
über 100 mm	1000 U/min	750 U/min

Querholzdrechseln

Stückmaße Durchmesser	**Dicke bis 50 mm**	**Dicke über 50 mm**
bis 200 mm	1000 U/min	750 U/min
200 bis 300 mm	750 U/min	750 U/min
über 300 mm	niedrigstmögliche Drehzahl	niedrigstmögliche Drehzahl

Bedenken Sie, dass Ihre persönliche Sicherheit der allerwichtigste Aspekt ist! Deshalb muss bei Ihren Überlegungen stets die allgemeine Regel im Vordergrund stehen: Für große und schwere Stücke niedrige Drehzahlen!

Gesetz 2

Das Werkzeug muss auf der Werkzeugauflage aufliegen, *bevor* es mit dem rotierenden Stück in Kontakt kommt, und es muss auf der Auflage aufliegen, solange es mit ihm in Kontakt ist.

Obwohl einige anmerken mögen, dass diese Forderung nicht als Regel oder Gesetz, sondern eher als eine Sache des gesunden Menschenverstandes klassifiziert werden sollte, bleibe ich dabei. Ich habe noch niemals jemanden in meinem Unterricht gehabt, der dieses Gesetz nicht irgendwann einmal verletzt hätte, obwohl ich auf dessen Bedeutung immer wieder hingewiesen habe.

In meinem Unterricht gestatte ich den Teilnehmern selten, am ersten Vormittag Kantel mit mehr als 50 mm Kantenlänge zu bearbeiten. Die Konsequenzen sind dann nicht so schlimm für das Nervenkostüm, wenn dieses oder ein anderes Drechselgesetz nicht eingehalten wird, wie bei Kanteln mit größerem Querschnitt. Eines meiner Ziele ist nämlich, dass der angehende Drechsler seine Zuversicht behält, was den Erfolg seiner Bemühungen anbelangt, und dafür sind große Kantel nicht recht von Nutzen.

Ich habe die nach unten gerichteten beträchtlichen Kräfte schon erwähnt, die beim Drechseln auftreten und die mit steigender Masse (dem Stückgewicht) und Geschwindigkeit wachsen.

Wenn das Werkzeug mit dem Holz in Kontakt kommt, *bevor* es auf der Auflage aufliegt, wird es nach unten auf die Auflage geschlagen, und Sie haben gequetschte Finger und blau geschlagene Fingernägel. Außerdem kann Ihnen das Werkzeug aus der Hand gerissen, das Holz beschädigt und Ihr Selbstvertrauen erschüttert werden (Bild 5.1).

Nach meinen Erfahrungen verletzen Anfänger dieses Gesetz beim Schruppen von Kanteln häufiger als bei anderen Arbeiten. Die Gründe dafür werden wir im Kapitel 6 „Langholzdrechseln" ansprechen.

Dass jedes Gesetz Lücken hat, habe ich erwähnt. Im Falle dieses Gesetzes ist eine solche Lücke die Verwendung von Schabern auf der Außenseite von Schalen und Scheiben. Hier verwenden einige Drechsler „Schabstangen", ohne sie auf der Auflage abzustützen. Ich selbst habe das nie als irgendwie vorteilhaft empfunden und rate Anfängern ab, diese Verfahrensweise zu erproben.

Gesetz 3

Die Fase (der Keilwinkel) des Werkzeugs muss hinter der Schnittstelle auf dem Holz aufliegen.

Bevor wir uns damit befassen, in welcher Weise wir das Werkzeug an das rotierende Holz heranführen, um eine

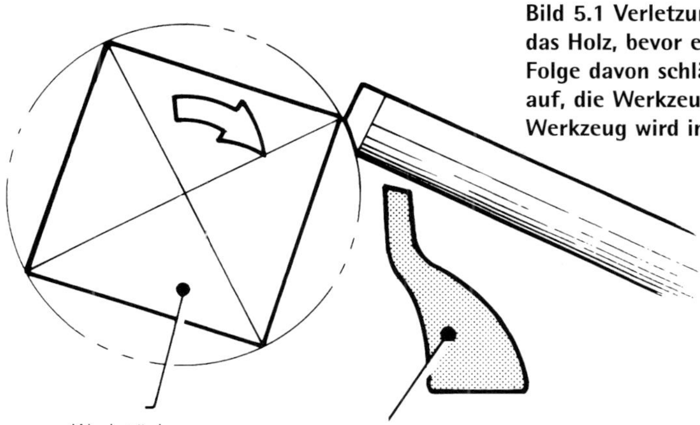

Bild 5.1 Verletzung von Gesetz 2. Das Werkzeug berührt das Holz, bevor es auf der Werkzeugauflage aufliegt. Als Folge davon schlägt das Werkzeug auf die Auflage hart auf, die Werkzeugkontrolle geht sofort verloren und das Werkzeug wird ins Holz eingezogen (reißt).

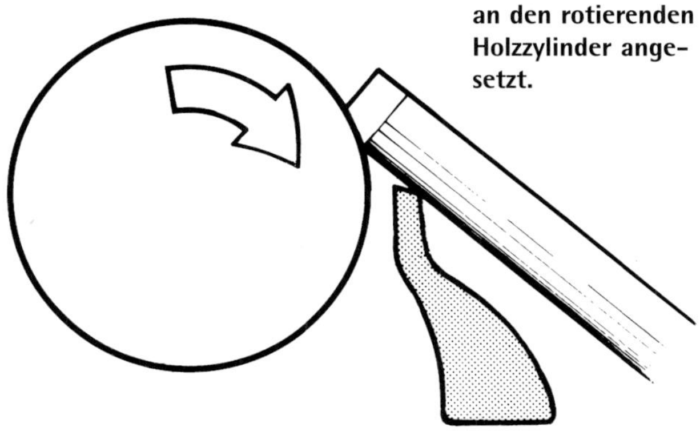

Bild 5.2a Das schneidende Werkzeug wird auf einer Tangente an den rotierenden Holzzylinder angesetzt.

aufliegende Fase zu erreichen, wollen wir uns den Unterschied zwischen einem schneidenden und einem schabenden Werkzeug klar machen. Dabei kann uns helfen, wenn wir uns die zwei Verfahren bewusst machen, mit denen Holz das gewünschte Profil gegeben wird.

Das erste Verfahren ist der Einsatz schneidender Werkzeuge, wie es die Röhren, die Meißel und die Abstechstähle sind; sie werden tangential oder eben unter dem Fasenaufsetzwinkel an das rotierende Stück gehalten (Bild 5.2a).

Den Werkzeugen dieser Gruppe wird, wie in Kapitel 4 „Das Schärfen der Werkzeuge" beschrieben, ein Keilwinkel zwischen 25° und 55° abhängig von der Werkzeugart angeschliffen. Diese Werkzeuge heben bei den meisten Holzarten Werkstoff in der gewünschten Intensität ab, liefern, von geübter Hand eingesetzt, eine annehmbare Oberfläche und bleiben überraschend lange scharf.

Schneidende Werkzeuge werden – mit Ausnahme der Querholz-Formröhre – nur beim Langholzdrechseln eingesetzt.

Das zweite Verfahren zur Holzformung ist das Schaben. Es mag sein, dass Sie theoretische Erörterungen gelesen haben, nach denen auch ein schabendes Werkzeug schneidet, und ich stimme insofern zu, als ein scharfer Schaber bei einigen Holzarten sauber geschnittene Späne selbst beim Langholzdrechseln zu liefern vermag. Für die Zwecke dieses Buches und im Interesse eindeutiger Verständigung zwischen Ihnen und mir soll für uns weiterhin gelten, dass Schneiden die Anwendung schneidender Werkzeuge und Schaben die Anwendung schabender Werkzeuge bedeutet.

Ich verweise nochmals auf Kapitel 4, wo wir gesehen haben, dass schabende Werkzeuge mit einem viel stumpferen Winkel (also einer kürzeren Fase) geschliffen werden als schneidende. Dort wurde auch erläutert, dass bei kürzerer Fase der Eindringwiderstand des Werkzeugs ins Holz größer wird.

Theoretisch könnten auch schabende Werkzeuge mit ihrer kurzen Fase mit aufliegender Fase angesetzt werden. Der Widerstand gegen das Eindringen der kurzen Fase wäre aber derart hoch, dass der Drechselnde nur mit Mühe verhindern könnte, dass das Werkzeug von den Schnittkräften nach unten gedrückt wird und sich verfängt.

Aus diesem sehr überzeugenden Grund müssen Schaber, wie Gesetz 6 besagt, stets schleppend angesetzt werden. Das bedeutet, dass das Werkzeug nicht auf der Fase aufliegen darf, sondern leicht nach unten gerichtet sein muss (Bild 5.2b).

Nun führt aber Schaben bei jedem Werkzeug zu beträchtlich mehr Reibung und damit einer Erwärmung der Schneide, die rasche Überhitzung des Werkzeugs zur Folge haben kann. Das ist der Grund, weshalb Schaber mit

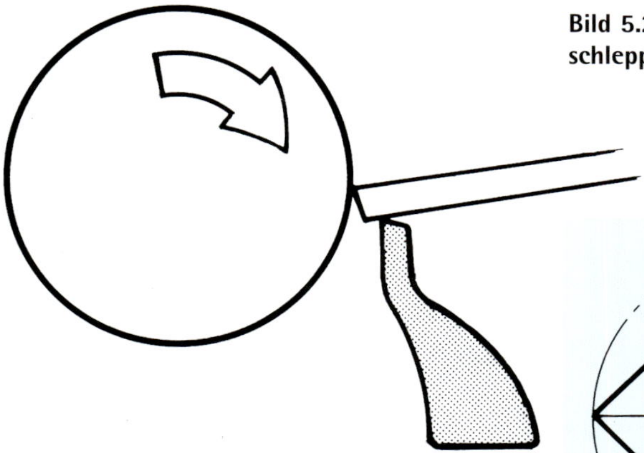

Bild 5.2b Das schabende Werkzeug wird schleppend angesetzt.

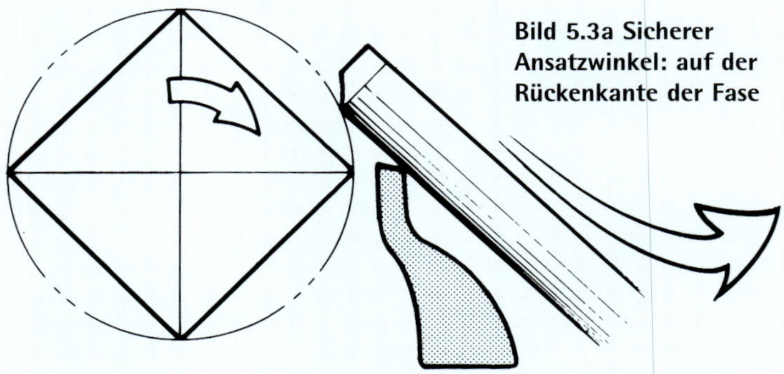

Bild 5.3a Sicherer Ansatzwinkel: auf der Rückenkante der Fase

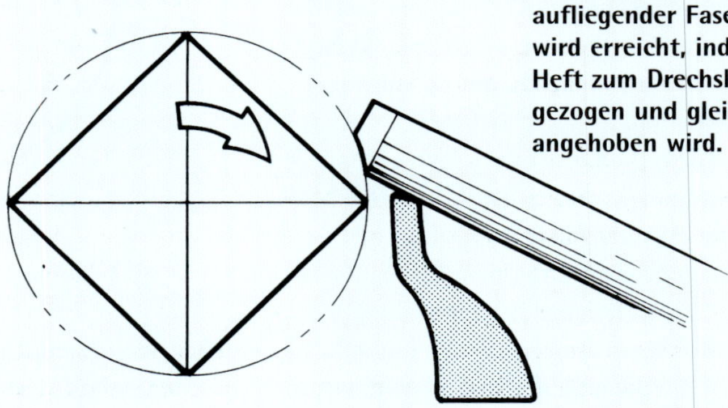

Bild 5.3b Schneiden mit aufliegender Fase. Dies wird erreicht, indem das Heft zum Drechsler hin gezogen und gleichzeitig angehoben wird.

einem stumpfen Winkel geschliffen werden, damit nämlich die Wärme absorbiert wird und sich eine akzeptable Standzeit der Schneide ergibt.

Damit wird auch klar, warum schneidende Werkzeuge mit ihren langen Fasen, wenn sie schabend angesetzt werden, rasch überhitzt werden, was Härteverlust und sehr schnelles Abstumpfen der Schneide mit sich bringt.

Deshalb verbringt auch der geübte Drechsler, der seine schneidenden Werkzeuge regelgemäß benutzt, weit weniger Zeit am Schleifbock als der ungeübte, der wegen seiner teils schabenden, teils schneidenden Arbeitsweise häufiger zum Schleifbock muss.

Ich hoffe, dass ich Sie nunmehr davon überzeugt habe, dass Röhren und Meißel (Abstechstähle sind eigentlich Meißel) nach dem Prinzip der aufsitzenden Fase und Schaber schleppend anzusetzen sind.

Mit Leuten, die behaupten, der Einsatz von Schabern sei handwerklich nicht sauber, stimme ich übrigens nicht überein. Das will ich in Kapitel 7 „Querholzdrechseln" genauer erläutern.

Wie erreichen wir die aufliegende Fase?

Diese Verfahrensweise vergleiche ich gern mit dem Betätigen der Kupplung beim Autofahren. Bekanntlich muss das Kupplungspedal langsam und gleichmäßig freigegeben werden, damit die Kupplung nicht ruckartig greift. Die Folge wäre das lästige und mitunter nervende Hüpfen des Fahrzeugs, das wohl ein jeder schon einmal zu erdulden hatte.

Um nun mit einem Schneidwerkzeug ein sanftes „Anfahren" zu schaffen, muss es so gegen das Kantholz geführt werden, dass es zunächst überhaupt nicht schneidet, also unter einem Winkel, den ich den *sicheren Ansatzwinkel* nenne. Dazu wird es auf der Auflage mit stark nach unten gekipptem Heft abgestützt, sodass nur die Rückenkante der Fase Kontakt mit dem Holz erhält.

Das Eindringen ins Holz oder der Schnitt kommt dann dadurch zustande, dass das Werkzeug sacht und gleichmäßig auf den Drechsler zu nach unten gezogen und gleichzeitig das Heftende angehoben wird (Bilder 5.3a und b).

Auf diese Weise ist gewährleistet, dass Sie *die Fase finden*, eine Formulierung, die ich (eventuell abgewandelt in *die Fase suchen*) in diesem Buch von nun an häufig verwenden werde. Beim Betätigen der Kupplung greift diese umso stärker, je weiter Sie das Pedal freigeben. Bei der Handhabung des Werkzeugs

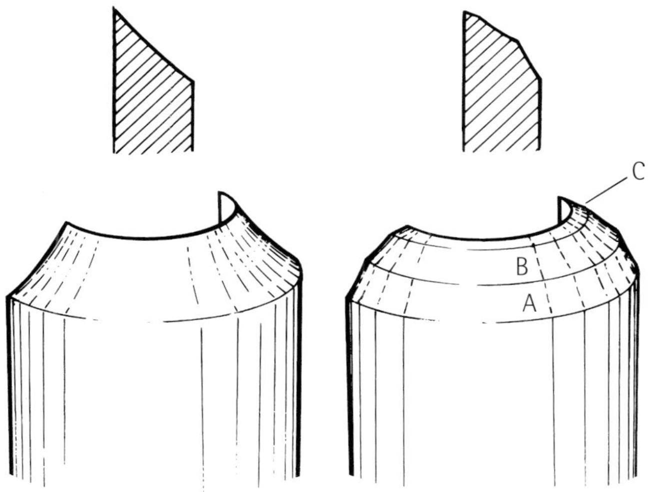

Bild 5.4 Richtiges und falsches Schleifen. Links eine leicht konkave Fase ohne Facetten, die ohne Probleme aufliegend angesetzt werden kann. Die Facetten A und B der Fase rechts können die Schneide nicht abstützen. Als einziger Fasenteil könnte der schmale Abschnitt C unmittelbar hinter der Schneidkante aufgelegt werden, was nicht ausreicht. Ähnlich ungeeignet wäre eine gewölbte oder gerundete Fase.

dringt dieses umso stärker ins Holz ein oder anders ausgedrückt, ist der abgehobene Span umso dicker, je weiter Sie Ihre Hand anheben (nachdem Sie *die Fase gefunden haben*).

Um die Betätigung der Kupplung zu erlernen, übt der Fahrschüler auf einem Anstieg, bis er es schafft, das Auto durch Anheben und Absenken des Fußes ganz langsam fahren zu lassen bzw. am Ort zu halten.

Mit diesem Halten des Autos am Berg mittels der Kupplung kann unser *Aufsetzen der Fase* unmittelbar verglichen werden: Wenn die gesamte Fasenfläche aufliegt, ist das wie das Halten des Autos am Berg – es geschieht nichts. Das Auto bewegt sich nicht; Holz wird nicht abgehoben.

Und in beiden Fällen ist dasselbe zu tun, damit etwas geschieht – das Auto fährt an, wenn Sie den Fuß heben; das Schneiden beginnt, wenn Sie das Heftende anheben.

Jetzt meinen Sie möglicherweise, dass irgendetwas nicht stimmt. Erst habe ich gefordert, dass die Fase aufliegen muss, dann stelle ich fest, dass überhaupt nichts geschieht, wenn die gesamte Fasenfläche aufliegt.

Die Lösung besteht darin, dass die Fase *hinter der Schnittstelle* aufliegen muss, und meinen Schülern sage ich häufig, wenn es ihnen schwer fällt, den Schnitt stabil zu halten, dass sie die Fase dort aufsetzen sollen, wo sie gerade geschnitten haben.

Rufen Sie sich bitte auch ins Gedächtnis zurück, dass beim Einsatz von Schabern die Spandicke durch die Größe der auf das Werkzeug ausgeübten, nach vorn gerichteten Kraft bestimmt wird. Bei schneidenden Werkzeugen spielt diese Kraft für die Spandicke überhaupt keine Rolle, solange die richtige Technik angewendet wird. Prüfen Sie das nach, indem Sie mit einer Schrupppröhre zuerst „die Fase suchen", dann das Heftende anheben und soviel Kraft in Richtung Werkzeugschneide ausüben wie Sie wollen. Die Spandicke bleibt konstant, weil die Fase hinter der Schnittstelle auf dem Stück aufliegt, sodass die Schneide gestützt wird.

Ausschließlich durch *Anheben der hinten befindlichen Hand* können Sie die Spandicke beeinflussen und trotzdem muss die Fase hinter der Schnittstelle auf dem Stück aufliegen.

Wenn die Werkzeugschneide nicht derart gestützt wird, kann sie sich unbehindert ins Holz eingraben. Das tritt mit Sicherheit dann ein, wenn Sie ein Schneidwerkzeug schabend ansetzen, weil dann nämlich die Fase den Schnitt nicht abzustützen vermag.

Im Kapitel über das Schärfen der Werkzeuge habe ich mit Nachdruck darauf hingewiesen, dass eine ebene Fasenfläche angeschliffen werden muss. Die Gründe dafür dürften jetzt klar sein, denn bei einer aus mehreren Einzelflächen bestehenden Fase schneidet das Werkzeug erst, wenn es über die der Schneidkante am nächsten liegende Fasenfläche hinaus angekippt ist. Das bedeutet, dass die anderen Einzelflächen kaum zur Abstützung der Schneide beitragen können (Bild 5.4). Dasselbe gilt für ein Werkzeug mit nach außen oder nach innen gewölbter Fasenfläche.

Weitere Vorteile der aufliegenden Fase

Ihre Fähigkeit, die Fase hinter dem Schnitt aufliegen zu lassen, hilft Ihnen außerdem, fließende, ausgeglichene Formen zu drechseln.

Zusätzlich sorgt die aufliegende Fase für ein leichtes Verbrennen der Holzoberfläche, die dadurch Glätte und Glanz erhält. Das ist übrigens ein sicheres Zeichen dafür, dass ein Könner am Werke war.

Wenn Sie das anzweifeln, nehmen Sie eine Schrupppröhre und drechseln Sie ein Stück Kiefer mit den Maßen 50 mm x

50 mm rund, wobei Sie sich um die bestmögliche Oberflächengüte bemühen.

Senken Sie nun das hintere Werkzeugende ab, bis das Werkzeug gerade aufhört zu schneiden (fällt Ihnen die schleifende Kupplung ein?), und drücken Sie es mit mäßiger oder meinetwegen auch größerer Kraft nach vorn, wobei Sie es die Auflage entlangführen. Das Holz nimmt ein leicht gebranntes, glänzendes Aussehen an!

Dieser Glanz ist es, den Sie beim Gebrauch von schneidenden Werkzeugen immer anstreben sollten und wenn er Ihnen stets zuverlässig gelingt, sind Sie auf dem Wege zum Könner schon ein ganzes Stück vorwärts gekommen.

Gesetz 4

Der einzige Teil des Werkzeugs, der mit dem Holz in Kontakt sein darf, ist der Teil, der von der Auflage gestützt wird.

Wenn dieses Gesetz verletzt wird, kommt es fast immer zum Reißen des Werkzeugs (Einziehen ins Holz).

Das will ich jetzt so einfach wie möglich erklären: Ich habe bereits von den nach unten gerichteten Kräften gesprochen, die beim Drechseln auftreten, und erwähnt, dass sie mit größer werdendem Gewicht des Stücks und wachsender Drehzahl ansteigen.

Um diesen Kräften entgegenzuwirken, muss das Werkzeug während des gesamten Schneidvorgangs auf der Auflage aufliegen (Gesetz 2).

Auch wenn Sie Gesetz 2 einhalten, wird das Werkzeug mit größter Wahrscheinlichkeit ins Holz gezogen, wenn nämlich die nach unten gerichteten Kräfte auf ein Teil des Werkzeugs wirken, das von der Auflage nicht unmittelbar abgestützt wird.

Eine treffende Analogie zu unserem Fall ist die Wippe auf dem Kinderspielplatz. Wenn der Wippenbalken perfekt ausbalanciert ist, behält er seine waagerechte Lage bei, auch wenn senkrechte Kräfte auf den Schwenkpunkt wirken. Wenn eine Kraft auf einen der Arme des Balkens wirkt, lenkt dieser an der betreffenden Seite nach unten aus. Je weiter die Kraftangriffsstelle von der Stützstelle entfernt ist, desto schneller neigt sich der „unabgestützte" Arm des Balkens zum Erdboden (Bild 5.5).

Schauen wir uns das nun für den Fall der Schruppröhre an. Wird das Werkzeug auf dem Rücken aufgelegt, ist der *einzige direkt abgestützte Teil* des Werkzeugs die Mitte des gewölbten Rückens.

Wie bei der Wippe wird nun eine Seite des Werkzeugrückens, wenn sie durch die Drechselkraft belastet wird, nach unten auf die Auflage gedrückt. Die Kontrolle über das Werk-

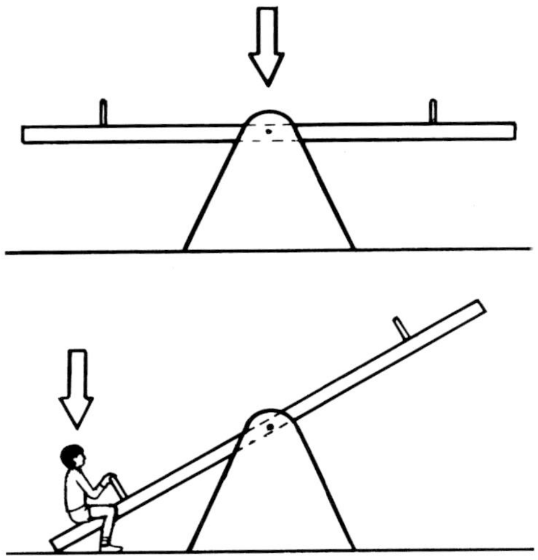

Bild 5.5 Das Wippen-Prinzip: Eine auf die Mitte des Wippenbalkens wirkende Kraft (oben) beeinträchtigt das Gleichgewicht nicht. Eine außerhalb der Mitte wirkende Kraft (unten) beeinflusst das Gleichgewicht, wenn keine Gegenkraft vorhanden ist.

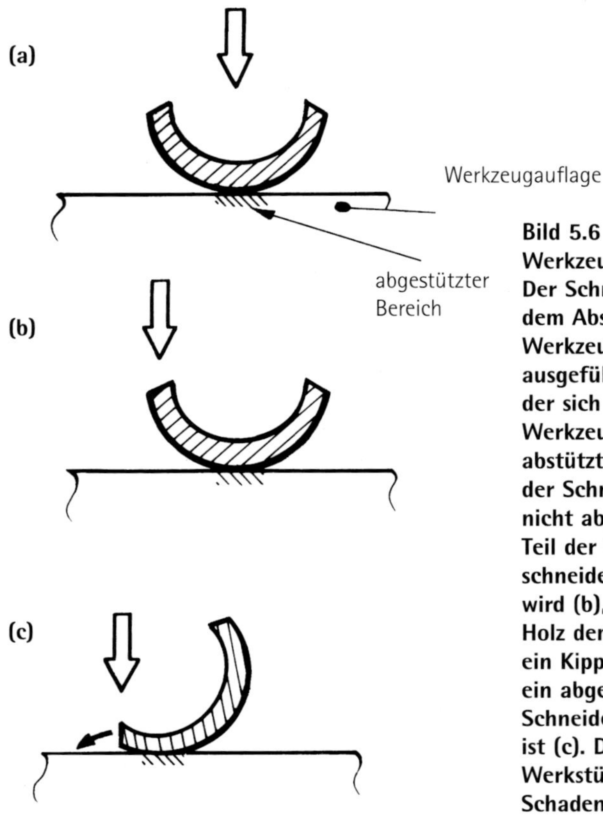

Bild 5.6 Abstützen der Werkzeugschneide. Der Schnitt sollte mit dem Abschnitt der Werkzeugschneide ausgeführt werden, der sich auf der Werkzeugauflage abstützt (a). Wenn der Schnitt mit einem nicht abgestützten Teil der Werkzeugschneide ausgeführt wird (b), zwingt das Holz dem Werkzeug ein Kippen auf, bis ein abgestützter Schneidenteil erreicht ist (c). Drechsler und Werkstück können Schaden erleiden!

Bild 5.7 Schneiden mit dem abgestützten Teil der Werkzeugschneide

Bild 5.8 Schneiden mit dem abgestützten Teil der Werkzeugschneide

Bild 5.9 (unten) Schneiden mit einem nicht abgestützten Teil der Werkzeugschneide

zeug geht sofort verloren und das Werkzeug hakt (Bild 5.6.).

Die Bilder 5.7 bis 5.10 zeigen uns an einem praktischen Beispiel, wie es sich auswirkt, wenn dieses Gesetz nicht eingehalten wird. Ein Kantholz wird zu einer Walze gedrechselt, an einem Ende bleibt jedoch ein Vierkant erhalten, so wie bei Tisch- und Stuhlbeinen zum Einstemmen der Streben üblich.

In Bild 5.7 wird die Röhre auf dem Rücken abgestützt und der Span unmittelbar über dem Abstützpunkt abgehoben.

In Bild 5.8 wurde die Röhre weiter nach links geschwenkt, damit bis unmittelbar an den Vierkant heran gedrechselt werden kann, ohne diesen zu beschädigen. Gesetz 4 ist nicht verletzt, denn der Span wird nach wie vor von einem direkt abgestützten Teil des Werkzeugs abgehoben.

Auf den Bildern 5.9 und 5.10 sehen Sie, was geschieht, wenn die Röhre nicht zur Ecke hin geschwenkt wird. Sie wird jetzt nur in der Mitte abgestützt, während die vordere (*nicht abgestützte*) Schneidenecke in den Vierkant eingegriffen hat. Wie bei der Wippe drücken die senkrechten Schnittkräfte die nicht abgestützte Seite der Röhre nach unten auf die

Bild 5.10 Die Folgen des Schneidens mit einem nicht abgestützten Teil der Werkzeugschneide: Aussplitterungen und Ausbrüche

Auflage und das Werkzeug wird tief ins Holz gerissen (Bild 5.10).

Auf Gesetz 4 werden wir noch zurückkommen, wenn wir die Funktionen der verschiedenen Schneidwerkzeuge in Kapitel 6 „Langholzdrechseln" besprechen.

Gesetz 5

Schneiden Sie stets vom größeren zum kleineren Durchmesser oder „mit der Faser".

In allen Zweigen der Holzbearbeitung, von der Zimmerei bis zum Schnitzen, von der Bautischlerei bis zur Möbelfertigung, werden glattere und leichtere Schnitte erzielt, wenn „mit der Faser" gearbeitet wird. Das Drechseln ist keine Ausnahme.

Beim Langholzdrechseln bedeutet Schneiden mit der Faser ausnahmslos ein Arbeiten vom größeren zum kleineren Durchmesser (Bild 5.11).

Beim Querholzdrechseln bedeutet Arbeiten vom größeren zum kleineren Durchmesser nicht notwendigerweise, dass Sie mit der Faser schneiden. Ich erkläre dies später, wenn wir uns mit dem Drechseln von Schalen beschäftigen.

Vielleicht gewinnen wir Verständnis für dieses Gesetz am einfachsten, wenn wir uns praktisch betätigen. Nehmen Sie irgendein Stück Holz, bei dem die Faser nicht parallel zur Oberfläche verläuft, und bearbeiten Sie es mit dem Handhobel. Sie sehen an der gehobelten Fläche deutlich, wie sich die Faserrichtung auswirkt. Hobeln mit der Faser liefert eine saubere, glatte Fläche, Hobeln gegen die Faser eine raue, gerissene Fläche (Bilder 5.12a und b).

Eine weitere, oft nicht beachtete Folge des Arbeitens gegen die Faser ist die mögliche Verletzung des Gesetzes 4, insbesondere wenn Sie Wölbungen oder Kehlen mit der Formröhre drechseln. Darauf werde ich im Detail zurückkommen, wenn ich in Kapitel 6 Langholzdrechseln Einsatz und Funktionen der Röhren bespreche. Hier soll der Hinweis auf die Gefahr des Werkzeugeinziehens genügen.

Gesetz 6

Schaber müssen stets satt auf der Werkzeugauflage aufliegen und „schleppend" arbeiten, d. h. das Heft muss höher als die Schneide gehalten werden.

Wenn Sie sich das vorige Gesetz richtig bewusst gemacht haben, dürfte es Ihnen leicht fallen, Gesetz 6 zu verstehen.

Bei Gesetz 3 habe ich einigermaßen ausführlich zu erläutern versucht, warum Schaber wegen ihres stumpfen Keilwinkels nicht nach dem Prinzip der aufliegenden Fase angesetzt werden dürfen. Der Widerstand gegen den Eingriff des Werkzeugs wäre so groß, dass Einziehen so gut wie unvermeidlich wäre.

Im Gegenteil müssen die Schaber leicht nach unten geneigt werden (Fase auf der Unterseite), sodass nur die äußerste Kante des Werkzeugs mit dem Holz in Berührung kommt (Bild 5.2b).

Ebenso wichtig ist es, dass ein Schaber absolut flach auf der Werkzeugauflage gehalten wird. Wenn Sie diese Regel nicht befolgen und das *nicht auf der Auflage liegende Teil* des Werkzeugs das Holz berühren lassen, verletzen Sie sowohl Gesetz 4 als auch Gesetz 6 (Bild 5.13). Das Ergebnis ist ein so starker Einzug des Werkzeugs, dass seine Spuren nachträglich kaum mehr beseitigt werden können.

Ich empfehle Ihnen nachdrücklich, sich dieses Kapitel immer mal wieder durchzulesen, bis Sie die sechs Gesetze vollkommen verinnerlicht haben.

Außerdem schleichen sich leider schlechte Gewohnheiten rasch ein und es ist im Interesse Ihrer Sicherheit, insbesondere wenn Sie noch nicht geübt genug sind, sich Zeit und vor allem *Muße* zur Beschäftigung mit den sechs Gesetzen zu nehmen.

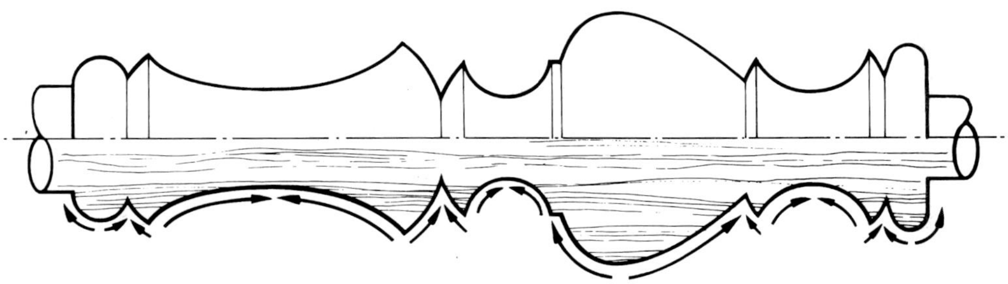

Bild 5.11 Gesetz 5: Schneiden mit der Faser. Die Pfeile zeigen die Richtung des Schneidens mit der Faser („abwärts") beim Langholzdrechseln an.

Bild 5.12a Hobeln mit der Faser liefert eine saubere, glatte Oberfläche.

Bild 5.12b Hobeln gegen die Faser erzeugt eine raue, zerfaserte Oberfläche.

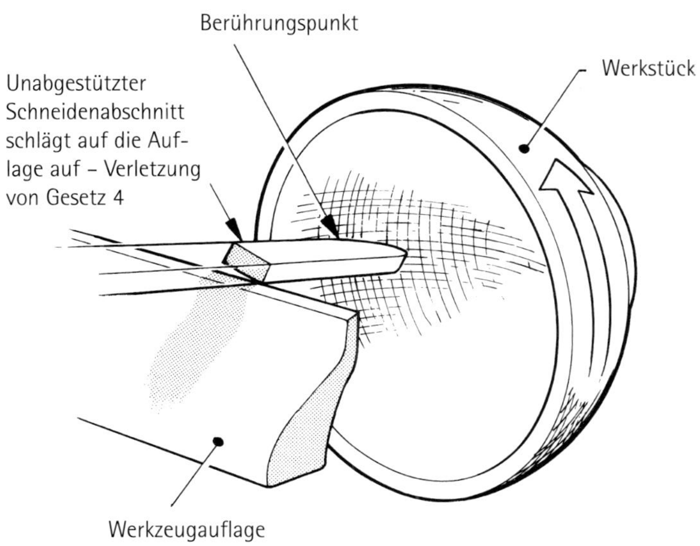

Bild 5.13 Verletzung der Gesetze 6 und 4

ZUSAMMENFASSUNG

1. Gründliche Kenntnis der Gesetze des Drechselns erlaubt es Ihnen, die Ursachen von Fehlern herauszufinden und die Fehler nicht zu wiederholen.
2. Diese Kenntnis hilft Ihnen ferner nicht nur zu verstehen, in welcher Weise ein Werkzeug zu benutzen ist, sondern auch aus welchem Grund.
3. Wenn Sie sich an die Gesetze halten, werden Sie sich beim Drechseln kaum ernsthaft verletzen.
4. Die Kontrolle über ein Werkzeug wird in großem Maße durch das Aufliegenlassen der Fase bestimmt. Denken Sie an die Betätigung der Fahrzeugkupplung und halten Sie das Prinzip nicht nur beim Drechseln von zylindrischen Walzen, sondern auch von Kehlen und Wölbungen ein.

Kapitel 6

Langholzdrechseln

Es ist jetzt an der Zeit zu entscheiden, mit welchem Drechselverfahren wir beginnen sollten – mit dem Querholz- oder dem Langholzdrechseln?

Ein mittelmäßiger Drechsler mag bei einigen Arten von Querholzarbeiten mit groben und unprofessionellen Verfahren zurande kommen, aber beim Drechseln zwischen Spitzen stellt sich schnell heraus, dass mit mangelhaften Techniken nichts Ordentliches entsteht.

Ein anderer guter Grund, die Ausbildung mit dem Langholzdrechseln zu beginnen, ist der, dass auf der Planscheibe im Allgemeinen größere Stücke bearbeitet werden, was entsprechend größere Schnittkräfte bedingt (siehe S. 45).

Röhren und Schaber können, wenn sie an ein großes, auf der Planscheibe schnell rotierendes Stück Holz angesetzt werden, sehr gefährlich sein und sie können tief ins Holz eingezogen werden. Solche unliebsamen Erfahrungen verunsichern den Anfänger und untergraben sein Selbstvertrauen für längere Zeit.

Es ist aber sehr bedeutsam für den Lernprozess, dass er so gelassen, gemächlich und stressfrei wie möglich abläuft, und ich bin der festen Überzeugung, dass zu Beginn Stücke zwischen Spitzen gedrechselt werden sollten, die weder zu lang noch zu dick sind.

Wir werden für unsere erste Übung deshalb ein Stück Kiefer mit einer Länge von etwa 250 mm und einem quadratischen Querschnitt von etwa 65 mm Seitenlänge benutzen. Ich habe diese Länge zur Demonstration ausgewählt, weil eine meiner Werkzeugauflagen 305 mm lang ist und deshalb bei der Arbeit nicht verschoben zu werden braucht.

In diesem Kapitel wollen wir meine üblichen Arbeitsschritte nachvollziehen und im Einzelnen erläutern:

1. Schruppen einer zylindrischen Walze.
2. Anreißen der Positionen der verschiedenen Profilabschnitte und der wichtigsten Durchmesser auf dem Stück mit Reißlehre und Bleistift.
3. Einkerben an den markierten Stellen mit dem Abstechstahl unter Verwendung von Reißzirkel, Schieblehre und anderen Messzeugen zur Durchmesserbestimmung (mehr dazu später).
4. Die gewünschten Formen mit Formröhren und Meißeln auf die zuvor bestimmten Tiefen drechseln.

Holzvorbereitung

Sie mögen anderswo gelesen haben, dass Vierkantholz, das zwischen Spitzen bearbeitet werden soll, aus Sicherheitsgründen zuerst einen Achteckquerschnitt erhalten muss. Das ist jedoch nicht nur Zeitverschwendung, sondern auch völlig überflüssig. Mit dem Handhobel brauchen Sie ziemlich viel Zeit und mit der Hobelmaschine oder der Säge ist es gefährlicher als das Stück auf der Drechselbank zu einer Walze zu drechseln.

Zentrieren des Werkstücks

Mit ein wenig Erfahrung schaffen Sie es bald, die Lage des Mittelpunkts eines Vierkantquerschnitts für praktische Zwecke ausreichend genau abzuschätzen. Am Anfang ist es jedoch am günstigsten, zwei Diagonalen auf dem Querschnitt zu zeichnen. In manchen Fällen muss der Mittelpunkt tatsächlich so genau wie möglich bestimmt werden, z. B. wenn ein Vierkant am gedrechselten Produkt erhalten bleiben soll wie bei Tisch- oder Stuhlbeinen.

Markieren Sie auf beiden Stirnseiten mit einem Spitzbohrer oder Körner die Mitte. Setzen Sie die Spindelspitze in eine dieser Vertiefungen und treiben Sie sie mit einem leichten Schlag mit dem Holzhammer oder einem Holzblock in die Stirnfläche der Kantel, wobei Sie diese am besten auf der Bankwange oder einer anderen stabilen Fläche aufsetzen. Nehmen Sie möglichst keinen Stahlhammer, mit dem Sie leicht einen Grat an das Ende der Spitze schlagen könnten, der dann einen ordentlichen Sitz im Morsekegel der Spindel verhindert (Bild 6.1).

Einspannen des Stücks

Setzen Sie die Mitnehmerspitze in den Spindeldorn ein. Halten Sie das Stück vor die Spitze und achten Sie darauf, dass die Mitnehmer in die gerade erzeugten Vertiefungen in der Stirnfläche des Stücks eingreifen. Mit der einen Hand drücken Sie das Stück jetzt an die Mitnehmer, während Sie mit der anderen den Reitstock an das Stück bis auf etwa 13 mm heranfahren.

Klemmen Sie den Reitstock an dieser Position und bewegen Sie die Reitstockspindel mithilfe des Handrades nach vorn, bis die Spitze in die Vertiefung in der Stirnflächenmitte des Stücks eingreift.

Richtige Spannkraft der Reitstockspindel

Der Reitstock sollte auf das Stück gerade so viel Kraft ausüben, dass es zuverlässig in Drehung versetzt wird. Spannen Sie das Werkstück nicht zu fest, denn dadurch könnten die Spindellager beschädigt werden. Ich empfehle die folgende simple Verfahrensweise. **Während dieser Operation muss die Drechselbank von der Stromversorgung getrennt sein.**

Legen Sie Ihre linke Hand auf den Antriebsriemen oder die Riemenscheiben und versuchen Sie, das Werkstück mit der anderen Hand zu drehen. Wenn Sie spüren, dass sich die Antriebsräder bewegen, spannen Sie die Reitstockspindel ein wenig fester, bis sämtliches Spiel verschwunden ist. (Ich nenne dies die *Prüfung auf festen Sitz*; siehe Bild 6.2.)

Positionieren der Werkzeugauflage

Im Allgemeinen ist die Höhe der Werkzeugauflage beim Drechseln zwischen Spitzen unkritisch. Stellen Sie sie etwa mittig ein, d. h. die Kante der Auflage etwa auf die Höhe der Werkstückachse. (Es gibt ein paar Fälle, in denen die Höhe der Auflage doch kritisch ist; siehe in Kapitel 7.)

Mein Verfahren zur Bestimmung sowohl der Höhe der Auflage als auch ihres sicheren Abstands vom Werkstück besteht darin, dass ich das Werkstück mit der Hand drehe, bis die Diagonalen parallel zur Bankoberseite verlaufen. Dann positioniere ich für das Schruppen die Auflage fluchtend mit der nächstliegenden Werkstückkante in einem Abstand nicht kleiner als 6 mm (Bild 6.3).

Reicht die Länge der Werkzeugauflage nicht aus, um die gesamte Länge des Stücks zu bearbeiten, ist es wichtig, die Auflage so einzustellen, dass sie an dem Ende des Stücks, an dem Sie arbeiten, mindestens 19 mm auskragt. Warum? Stellen Sie sich vor, die Auflage sei gerade fluchtend mit dem Stückende oder gar kurz davor positioniert. Mit Sicherheit würde Ihnen das Werkzeug beim Versuch, bis zum Stückende zu drechseln, von der Auflage rutschen und durch die Schnittkraft so herumgedreht, dass Ihnen die Finger gequetscht würden. Ich habe mehr als einmal blaue Fingernägel als Folge der Missachtung dieses Ratschlags gesehen.

Halten des Werkzeugs

Manche Lehrkräfte wie auch einige Bücher verwenden das Wort „Griff", wenn vom Anlegen der Hände an das Werkzeug die Rede ist. Ich ziehe das Wort „Halten" vor, weil „Griff" für mich zu viel Kraftaufwand und Festheit andeutet. Ein sicheres Halten ist erforderlich, aber kein Festklemmen wie mit dem Schraubstock, wie es die meisten Anfänger praktizieren.

Während zunächst ein bestimmtes Maß an Spannung und festem Zupacken verständlich erscheint, kann andererseits eine fließende, zügige Werkzeugführung nur erreicht werden, wenn nicht nur Hände und Handgelenke, sondern der ganze Körper entspannt bleibt.

Bild 6.1 Einschlagen mit dem Klüpfel oder einem Holzblock

Bild 6.2 Prüfen auf festen Sitz

Bild 6.3 Anstellen der Werkzeugauflage

Profile und präzise Einschnitte gefordert werden.

Die andere (die hinten liegende) Hand umfasst das Heft in einer bequemen Haltung und derart, dass das Werkzeug ausgeglichen auf der Auflage aufliegt. Wenn diese Hand zu weit hinten gehalten wird, kommt es zu weiten und ermüdenden Bewegungen.

Die hintere Hand ist die bestimmende Hand, was die Dicke des abgehobenen Spans anbelangt, indem sie das Heft anhebt oder absenkt. Außerdem steuert sie die schwingenden und drehenden Bewegungen, die einige Verfahren erfordern.

Es gibt nur zwei Grundprinzipien für das Halten der Werkzeuge:

1. Das Halten von unten

Dieses Prinzip wende ich für die meisten meiner Langholzarbeiten an.

Wie in Bild 6.4 gezeigt, wird der Daumen der Hand, die der Werkzeugauflage am nächsten ist (gleichgültig, ob die rechte oder die linke), oben auf das Werkzeug aufgelegt, während es in den Fingern dieser Hand liegt.

Der Daumen soll dabei das Werkzeug auf die Auflage drücken (sodass Gesetz 2 eingehalten wird), der Zeigefinger drückt *leicht* gegen die Auflage. Das unterstützt die Balance und erleichtert das Führen gerader Schnitte beim Schruppen – etwa so wie der Zimmermann kantenparallele Linien auf ein Brett zu zeichnen pflegt (Bild 6.5).

Diese Hand, und zwar vor allem Daumen und Zeigefinger, sorgt für die Feinsteuerung und die Anpassungsfähigkeit beim Langholzdrechseln, wo häufig komplizierte

2. Das Halten von oben

Dieses Prinzip wähle ich für den größeren Teil meiner Querholzarbeiten.

Die hintere Hand hält hierbei das Werkzeug in genau derselben Weise wie eben, die vordere Hand ist jedoch so positioniert, dass die Finger das Werkzeug von oben umfassen und der Rand des Handtellers auf der Werkzeugauflage ruht. Dadurch werden Balance und Kontrolle des Werkzeugs erleichtert (Bild 6.6).

Bei den Querholzarbeiten gehen wir auf diese Handhaltung näher ein.

Körperhaltung

Die Anordnung der Füße, die Körperhaltung, die Gewichtsverlagerung und die Beweglichkeit sind beim Drechseln von ausschlaggebender Bedeutung. Sie sollten eine bequeme Körperhaltung einnehmen. Ihre Beine sollten so weit

Bild 6.4 Halten von unten

Bild 6.5 Anreißen paralleler Linien

gespreizt sein, dass Sie optimal im Gleichgewicht stehen und sich ungehindert bewegen können. Bei langen Längsschnitten (z. B. beim Vorschruppen) oder wenn weit ausschwingende Bewegungen gefordert sind (z. B. beim Formen einer Schale), rücken Sie die Beine weiter auseinander, damit Sie von der einen zur anderen Endposition gelangen können, ohne das Gleichgewicht zu verlieren.

Beide Ellbogen sollten am Körper angelegt werden, damit Hüften, Beine und Schultern ihren Teil zur Unterstützung der Hände, Handgelenke und Unterarme beitragen können. Das verbessert die Werkzeugführung und mindert die Ermüdung.

Gleichgewicht und Beweglichkeit können bei einigen Arbeitsoperationen unterstützt werden, indem Sie sich an die Drechselbank oder den Tisch anlehnen. Es ist erstaunlich, wie viel der an die Werkzeugauflage angedrückte Zeigefinger der vorderen Hand zum Gleichgewicht beiträgt.

Anfänger sind meist viel zu steif und unbeweglich; vielleicht haben sie zuviel Respekt vor dem mit 2000 U/min rotierenden Werkstück. Geben Sie sich Mühe, entspannt zu sein und sich fließend zu bewegen.

Es geht los

Bevor Sie den Einschaltknopf drücken, erlauben Sie mir bitte, dass ich Sie an die *äußerst wichtigen* Sicherheitsregeln erinnere. (Anmerkung des Übersetzers: An dieser Stelle empfiehlt der Autor das englische Wort SAFER, deutsch „sicherer", auf ein Stück Pappe oder Sperrholz zu schreiben. Dessen Buchstaben setzt er mit Sicherheitsregeln in Beziehung und rät, dieses Schild deutlich sichtbar über Ihrer Drechselbank anzubringen. Wir wählen stattdessen den Spruch „Vor dem SCHADEN klug sein", damit Sie sich von den groß geschriebenen Buchstaben des Wortes SCHADEN an die folgenden Regeln erinnern lassen).

SCH **Schusslinie:** Halten Sie sich aus der Schusslinie!

A **Augenschutz:** Tragen Sie grundsätzlich eine Schutzbrille oder einen anderen Augenschutz.

D **Drehzahl:** Ist sie der Größe des Holzrohlings angepasst?

E **Einmal durchdrehen:** Drehen Sie das Stück mit der Hand durch, um sicher zu gehen, dass es frei rotieren kann.

N **Niemals lose Klemmstellen:** Sind alle Klemmhebel festgezogen?

Bedenken Sie: Sicherheit ist oberstes Gebot.

Bild 6.6 Halten von oben

Die Schrupprröhre

Schalten Sie die Drechselbank ein und halten Sie das Werkzeug, wie ich es beschrieben habe. Der erste Schnitt beginnt etwa 50 mm entfernt von einer der Stirnflächen des Stücks; für diese Übung beginnen Sie bitte am rechten Stückende. (Für den Abstand von der Stirnfläche gibt es zwei wichtige Gründe; siehe S. 62.)

Die Technik

Das Werkzeug muss auf der Auflage aufliegen, *bevor* es mit dem Holz in Berührung kommt (Gesetz 2, S. 46). Kippen Sie das Heft so weit ab, dass das Werkzeug *nicht* schneidet (der sichere Ansetzwinkel; Bild 5.3a), aber mit der Rückenkante der Fase das Holz berührt.

Erinnern Sie sich an den Vergleich mit der Autokupplung, wie ein sanftes Anschneiden durch „Finden der Fase" erreicht wird (Gesetz 3, S. 47)? Zur Auffrischung Ihres Gedächtnisses: Das gelingt Ihnen, indem Sie das Werkzeug auf Ihren Körper zu bewegen und gleichzeitig das Heftende anheben. Es beginnt jetzt zu schneiden, wobei die Spandicke (jetzt wollen wir auf keinen Fall viel Holz in einem Durchgang abheben) davon bestimmt wird, wie weit das Heftende angehoben wird. (Schauen Sie sich nochmals die Bilder 5.2a, 5.3a und 5.3b in Kapitel 5 über die Gesetze des Drechselns an.)

Schwenken Sie jetzt das Werkzeug um etwa 15° in die beabsichtigte Vorschubrichtung (in unserem Falle also nach rechts) und rollen Sie es leicht in dieselbe Richtung. Durch diese Schwenkung entsteht eine schälende Wirkung und es ist sehr wichtig, den Schwenkwinkel über dem gesamten Vorschubweg beizubehalten, um einen zur Drehachse parallelen Schnitt zu erzielen. Am besten erreichen Sie das durch Bewegung des ganzen Körpers und nicht der Hände und Arme.

Beginnen Sie die nachfolgenden Schnitte hinter der erhabenen Stelle, die Sie erzeugt haben, und halten Sie das Werkzeug so, dass die Späne von der Schneidenmitte abgehoben werden, nämlich dort wo die Röhre unmittelbar aufliegt. Versäumen Sie nicht, über das Ende des Stücks hinaus zu drechseln, damit keine Fläche „gegen die Faser"entsteht (Bild 6.7).

Wenn das Ende des Stücks erreicht ist, heben Sie das Werkzeug *nicht* von der Auflage ab, um es zum Anfangspunkt des nächsten Schnitts zu führen. Es könnte sonst passieren, dass das Werkzeug das Holz berührt, bevor es auf der Auflage abgestützt wird (Verletzung von Gesetz 2). Die Folge wäre ein Einziehen des Werkzeugs ins Holz.

Ziehen Sie die Röhre leicht zurück in Richtung auf Ihren Körper und schieben Sie sie auf der Auflage zurück zum gewünschten Anfangspunkt. Hier haben wir auch den Grund, warum die Auflage beim Schruppen in keinem geringeren Abstand als 6 mm zum Kantel positioniert werden sollte.

Wenn Sie einige Erfahrung erworben haben, werden Sie mit dem Gehör feststellen, wenn das Holz rund gedrechselt ist. Sie können das rotierende Holz auch unbesorgt mit den Fingern abtasten (Bild 6.8), aber keinesfalls in der Nähe der Auflage, sondern oben. Berühren Sie *niemals, bei keinem Arbeitsgang*, das rotierende Holz an der Ihnen zugekehrten Seite; Ihre Finger könnten zwischen Holz und Auflage geraten und übel zugerichtet werden.

Sobald Sie eine Stelle in etwa 75 mm Abstand vom linken Werkstückende erreicht haben, kehren Sie das Verfahren um und drechseln Sie in Richtung Spindelstock, bis eine auf ihrer ganzen Länge zylindrische Walze erzeugt ist. Bild 6.9 zeigt die Reihenfolge der Schnitte.

Lassen Sie den Spalt zwischen Holz und Auflage nicht allzu groß werden. Sobald das Stück rund gedrechselt ist, halten Sie die Bank an und schieben Sie die Auflage nach innen, sodass wie zuvor ein Spalt von etwa 6 mm gebildet wird.

Damit Sie das Prinzip der aufliegenden Fase korrekt einhalten, empfehle ich Ihnen, hin und wieder Ihre hintere Hand abzusenken und „den Wagen mit der Kupplung zu halten", also die Fase zu finden und dann den Schnitt durch vorsichtiges Anheben der hinteren Hand weiterzuführen.

Bild 6.7 Schneiden beginnt hinter dem höchsten Punkt.

Bild 6.8 Tasten auf Rundheit hinten am Werkstück

Bild 6.9 Schnittfolge an vierkantigem Holz

Die meisten Anfänger üben nicht genügend Kraft in Vorschubrichtung auf das Werkzeug aus, wahrscheinlich weil sie fürchten, dass es ins Holz gezogen wird. Sobald sie fühlen, dass dies durch die Werkzeugfase verhindert wird, wagen sie sich, die notwendige, *mäßige* Kraft in Vorschubrichtung aufzubringen.

Ich empfehle Ihnen diese erste Übung an drei oder vier Stücken zu wiederholen, die jedesmal zu einer Walze mit etwa 25 mm Durchmesser gedrechselt werden.

Abstützen des Werkstücks

Wenn Sie den Durchmesser des Stücks auf merklich unter 25 mm herunterdrechseln, werden Sie bemerken, dass es beginnt, peitschende Bewegungen begleitet von einem spezifischen Geräusch auszuführen. Dieses Problem tritt beim Langholzdrechseln häufig auf und das Peitschen wird umso stärker, je geringer der Durchmesser wird.

Das Stück muss deshalb stabilisiert werden, was auch dem Anfänger mit der vorderen Hand bei Stücken bis etwa 450 mm Länge nicht weiter schwer fällt. Die Finger dieser Hand umfassen das rotierende Holz und der Daumen, der auf dem Werkzeug aufliegt, sorgt dafür, dass dieses in Kontakt mit der Auflage bleibt. Achten Sie aber darauf, dass sich alle Finger der vorderen Hand auf ein und derselben Seite der Schneidkante befinden (Bild 6.10).

Die hintere Hand wird so angesetzt, dass sie die Röhre in der Gleichgewichtsstellung hält, d. h. ziemlich weit vorn am Heft in der Nähe der Zwinge. Üben Sie einen gleichmäßigen stabilisierenden Druck aus, der bei dünnen Werkstücken auch nur sehr gering sein darf.

Übermäßiger Kraftaufwand kann zu starker Erwärmung der Finger führen (und in Extremfällen zur Bildung von Rauch). Lassen Sie in einem solchen Fall einfach los und nehmen Sie irgendetwas in die Hand, was die Wärme aufnimmt: vielleicht ein Stück Leder oder eine Handvoll Späne.

Beachten Sie unbedingt, dass dieses Verfahren aber nur angewendet werden darf, *nachdem* das Stück rund gedrechselt worden ist, *niemals* an einem Vierkant.

Lünetten

Es gibt eine Reihe industriell oder selbst gefertigter Lünetten, die für lange, schlanke Stücke benutzt werden können; sie sind auf den Seiten 119 und 120 beschrieben.

Weitere Verwendungsfälle

Eigentlich ist die Schrupppröhre falsch benannt, denn sie kann für viele andere Zwecke verwendet werden. In geübten Händen und mit einer scharf geschliffenen Schneide können mit der Schrupppröhre sehr feine Schnitte ausgeführt und eine Oberflächengüte erreicht werden, die der mit dem Meißel erzielten gleichwertig ist. Der Lernende kann seine Fertigkeiten beim Einsatz der Schrupppröhre vervollkommnen, indem er regelmäßig bearbeitet:

Kehlen Wichtig ist natürlich, sich zu vergegenwärtigen, dass mit keiner Röhre eine Auskehlung erzeugt werden kann, deren Radius kleiner als der Radius der Röhre ist. Es können deshalb mit der Schrupppröhre nur ziemlich flache Kehlen oder Ausrundungen gedrechselt werden.

Bild 6.10 Verhindern des Schwingens durch Stabilisieren

Wölbungen Weil die Schruppröhre mit quadratischem Querschnitt geschliffen ist, können auch nur gestreckte Wölbungen gefertigt werden.

Übung

Drechseln Sie Ihr Kantholz zur Walze. Teilen Sie es bei laufender Spindel mit Lineal und Bleistift in Abschnitte von 50 mm Länge ein. Achten Sie darauf, dass die Auflage beim Markieren nahe am Stück sitzt.

Ziel dieser Übung ist das Drechseln von Kehlen und Wölbungen abwechselnd in den einzelnen Abschnitten. Beginnen Sie mit einer Kehle, indem Sie die im rechten Winkel zur Drehachse gehaltene Röhre etwa in der Mitte eines Abschnitts ansetzen und in leicht schaufelnder Weise ins Holz drücken. Verbreitern Sie nach und nach die Kehle bis an die Bleistiftmarkierungen durch Schneiden von beiden Seiten aus nach innen, wobei Sie genau in Abschnittsmitte stoppen. Schneiden Sie nicht „aufwärts", also gegen die Faser (Gesetz 5, S. 52). Arbeiten Sie alle Kehlen fertig (Bild 6.11).

Nun zu den Wölbungen. Eine Wölbung ist exakt das Gegenteil zur Kehle und so muss auch das Werkzeug in genau entgegengesetzter Weise, jedoch wiederum leicht abrollend gehandhabt werden. Beginnen Sie den Schnitt dicht am Rand eines zylindrischen Abschnitts und drehen Sie es leicht in Richtung der Kehle.

Bild 6.11 Formen von Kehlen mit der Schruppröhre

Für den Übergang zwischen Wölbung und Kehle sind abschließende Schnitte erforderlich, bei denen das Werkzeug zuerst abrollend und dann leicht schaufelnd angesetzt wird (Bild 6.12).

So können Sie verhindern, dass Ihnen die abgehobenen Späne ins Gesicht fliegen (Bild 6.13). Strecken Sie die Finger der vorderen Hand so aus, dass sie die Späne ablenken, während der Daumen weiter das Werkzeug auf die Auflage drückt. **Sie können das auch anders erreichen, aber vergessen Sie nie, einen Augenschutz zu tragen.**

Zu Beginn habe ich gefordert, den Schruppschnitt etwa 50 mm entfernt vom Ende des Stücks zu beginnen. Das ist im Interesse Ihrer Sicherheit. Wenn nämlich in der Nähe der Stückenden im Holzinneren Risse oder Mark vorhanden sind, springen leicht größere Teile vom Stück ab. Wenn Sie in 50 mm Abstand vom Stückende beginnen und auf dieses zu arbeiten, ist die mögliche Länge der abspringenden Splitter auf 50 mm begrenzt. Zusätzlich trifft das Werkzeug auf weniger Widerstand, weil Folgeschnitte leicht abwärts (mit der Faser) gerichtet sind.

Schärfen

Die Schruppröhre sollte mit gleichmäßigem Querschnitt und einem Keilwinkel von etwa 45° geschliffen werden. Das Schärfen unter Verwendung einer Schleifvorrichtung ist in Kapitel 4 „Das Schärfen der Werkzeuge" erläutert.

Abstechstahl

Nachdem Sie ein gewisses Maß an Geschick mit der Schrupppröhre gewonnen haben, wenden wir uns dem Abstechstahl zu, dem Werkzeug, das ich bei meinen täglichen Langholzarbeiten auf jeden Fall am zweithäufigsten verwende. Aus meiner Arbeitsfolge, die ich Ihnen auf S. 55 angegeben habe, ersehen Sie, dass der Abstechstahl häufiger für Schritt 3 als für das Abstechen selbst eingesetzt wird.

Er kann außerdem für einige weitere Aufgaben verwendet werden. Schließlich ist der 6 mm breite gerade Abstechstahl, den ich als Bestandteil Ihres ersten Werkzeugsatzes empfohlen habe, eigentlich ein Meißel, und ein Meißel kann viele verschiedene Funktionen erfüllen.

Bild 6.12 Formen von Wölbungen mit der Schrupppröhre

Bild 6.13 Schützen des Gesichts gegen wegfliegende Späne

Die übliche Technik: Halten mit beiden Händen

Wie alle schneidenden Werkzeuge sollte auch der Abstechstahl wenn irgend möglich mit aufliegender Fase angesetzt werden (Gesetz 3, S. 47).

Sie werden allerdings feststellen, dass der Stahl eher die Seitenflächen der gewünschten Nut zerfasert, als dass er ins Holz eindringt. Dieses Zerfasern ist bei weichem Holz und grobfaserigen Hölzern stärker ausgeprägt (Bild 6.14).

Verschlimmert wird das Problem noch, wenn das Werkzeug nicht absolut gerade, sondern mit einer leichten Wölbung geschliffen ist. Einige Drechsler schleifen aus diesem Grunde die Schneide ganz bewusst leicht hohl, damit zuerst die Schneidenecken das Holz ritzen und ein Zerfasern vermieden wird.

Ich ziehe es vor, meine Abstechstähle genau gerade zu schleifen, weil sie sonst ihre Vielseitigkeit einbüßen.

Das Problem kann nämlich auch dadurch überwunden werden, dass der Stahl *zu Anfang* horizontal, also schabend angesetzt wird, wobei er gerade so tief eindringt, dass er nur die ersten Fasern durchtrennt (Bild 6.15).

Arbeiten Sie aber *nicht* etwa in dieser schabenden Weise weiter. Die schleifende Wirkung des Holzes stumpft auch das schärfste Werkzeug rasch ab und unverhältnismäßig hohe Kräfte müssen aufgebracht werden, um es nach vorn zu treiben. Senken Sie statt dessen das Heft und „suchen Sie die Fase". Der Schnitt beginnt dann und wird durch Anheben der hinteren Hand fortgesetzt, bis der gewünschte Durchmesser erreicht ist.

Technik: Halten mit einer Hand

Wenn Sie unter Verwendung eines Messschiebers oder eines anderen Messgeräts auf Maß drechseln wollen, müssen Sie notgedrungen den Abstechstahl mit nur einer Hand halten.

In diesem Fall halte ich das Werkzeug ziemlich weit vorn am Heft mit dem Daumen und den Fingern etwa in Höhe der Zwinge. Zwecks größerer Stabilität und besserer Kontrolle ruht das Heft auf Handgelenk und Unterarm. Schnitte auf Maß sollten Sie so führen, dass Sie das Werkzeug anfangs mit beiden Händen halten und dann, wenn Sie sich dem gewünschten Durchmesser nähern, mit der vorderen Hand das Messgerät oder den Taster ergreifen.

Bild 6.14 Ausfransen bei Beginn des Schnitts mit aufliegender Fase

haben, legen Sie den Messschieber auf den Tisch und ziehen das Werkzeug mit beiden Händen auf derselben Ebene zurück, auf der Sie den Schnitt beendet haben. Ziehen Sie es nicht nach oben aus der Nut heraus; Sie würden es von der Auflage abheben, und es könnte in eine Seitenfläche der Nut eingezogen werden mit unschönen Rillen als Folge.

5. Achten Sie darauf, dass Sie das Werkzeug beim Abstechen oder Einstechen (auf Durchmesser drechseln) mit seiner Seitenkante exakt auf die Auflage drücken. Weil es auf der gesamten Breite arbeitet, muss auch die gesamte Breite gestützt werden (Gesetz 4).

Abstechen

Ein typisches Arbeitsbeispiel für das Abstechen zeigt Bild 6.17. Gedrechselt wurde ein Uhrenaufsatz in einem Schraubenfutter und die Arbeit ist so weit gediehen, dass an der Spindelstockseite abgestochen werden muss. Sie erkennen, wie das Teil mit der linken Hand locker gehalten wird, damit es beim Abstechen nicht herunterfällt. Kurz vor dem Ende des

Bild 6.15 Verhindern des Ausreißens durch horizontales Ansetzen

Führen Sie den Schnitt wie zuvor zu Ende, indem Sie lediglich die hintere Hand anheben (Bild 6.16).

Vorsichtsmaßregeln

1. Der gerade Abstechstahl muss in rechtem Winkel zur Drehachse des Stücks gehalten werden, sonst klemmt das Werkzeug rasch.
2. Selbst wenn das Werkzeug genau rechtwinklig geführt wird, ist es ratsam, nicht tiefer als etwa 13 mm zu drechseln, das Werkzeug dann zurückzuziehen und die Nut auf der Abfallseite ein wenig zu erweitern.
3. Wenn Sie einen Messschieber verwenden, um auf Maß zu drechseln, halten Sie das Messgerät keinesfalls an den spitzen Zungen; Sie könnten sich erheblich verletzen, wenn das Gerät mitgerissen wird oder klemmt.
4. Wenn Sie die gewünschte Tiefe erreicht

Bild 6.16 Einstechen auf Maß unter Verwendung des Messschiebers bei Ein-Hand-Werkzeughaltung

Abstechschnitts darf nur noch ganz leichter Druck auf das Werkzeug ausgeübt werden.

Andere Verwendungszwecke

Die Vielseitigkeit des Abstechstahls ermöglicht die folgenden Arbeitsoperationen:

Anstellschnitt

Ein Abstechwerkzeug, das im rechten Winkel ins Holz eindringt, schneidet genau quer zur Faser und die erzeugte Schulter, Ausrundung oder Vertiefung ist dementsprechend rau. Dem kann mit einem Anstellschnitt abgeholfen werden. Der Stahl wird ganz leicht in Vorschubrichtung gekippt, sodass die vordere Schneidenecke sanft unter die Fasern gleitet, wenn sie in den beiden Richtungen entlang der Fasern bewegt wird. Die Rauheit wandelt sich in eine erwünschte Glätte (Bild 6.18).

Bild 6.17 Auffangen eines Uhrenaufsatzes kurz vor dem Abstechen

Rundstäbe

Der gerade Abstechstahl ist ganz besonders nützlich für das Ausformen enger Wölbungen (Rundstäbe). Es folgt, wie es gemacht wird; das Drechseln von Rundstäben ist eine sinnvolle Übung, um Erfahrungen auch für die schon beschriebenen Arbeiten mit dem Abstechstahl zu gewinnen.

Richten Sie ein Stück Kiefer wie zuvor zu und drechseln Sie es rund. Markieren Sie bei laufender Drechselbank mit Lineal und Bleistift abwechselnd 19 mm und 13 mm lange Abschnitte. Die 19 mm breiten Abschnitte sind für die Platten (Vertiefungen), die 13 mm breiten Abschnitte für unsere Rundstäbe gedacht. Drechseln Sie auf jeweils beiden Seiten der Rundstababschnitte auf eine Tiefe von etwa 6 mm; messen Sie mit der Schieblehre. Entfernen Sie den Abfall zwischen diesen Maßschnitten, indem Sie das Werkzeug mit *beiden* Händen halten. Die Oberfläche der Vertiefungen wird ziemlich rau sein; glätten Sie sie deshalb mit dem beschriebenen Anstellschnitt (Bild 6.18).

Zum Drechseln der Rundstäbe wird das Werkzeug in rechtem Winkel und mit aufliegender Fase angesetzt. Schwenken Sie jetzt die rechte Schneidenspitze des Werkzeugs unter die Faser in einem Abstand von etwa 3 mm vom rechten Rand des Rundstabs. Dann heben Sie das Werkzeugheft an *und* bewegen es gleichmäßig „rollend", wobei immer nur die in Bewegungsrichtung weisende Schneidenspitze in Kontakt mit dem Holz sein darf. Wiederholen Sie das, bis die Mitte des Rundstabs erreicht ist. Dann wird die linke Seite in umgekehrter Weise gedrechselt (Bild 6.19).

Um wohlgeformte Rundstäbe erfolgreich drechseln zu können, müssen Ihre Bewegungen gleichmäßig, ruhig und unverkrampft sein. Versuchen Sie nicht zu viel Holz in einem Durchgang abzuheben. Wir beginnen deshalb auch in der Nähe des Rundstabrands. Für ein Einziehen des Werkzeugs ins Holz ist der häufigste Grund der, dass die nacheilende Schneidenecke mit dem Werkstück in Berührung gekommen ist (wobei Sie nämlich den unabgestützten Teil des Werkzeugs angesetzt haben – Gesetz 4 verletzt!). Das dürfte nicht passieren, wenn Sie das Werkzeug beim Anheben des Hefts drehend bewegen.

Bild 6.18 Anstellschnitt mit dem Abstechstahl

Bild 6.19 Rollende Bewegung zum Drechseln eines Rundstabs mit dem Abstechstahl

Bild 6.20 Schleifen des Abstechstahls mithilfe der Schleifvorrichtung

Schärfen

Wie in Kapitel 4 ausgeführt, wird der Abstechstahl gerade mit einem Keilwinkel von 25° auf beiden Seiten angeschliffen. Mit der Schleifvorrichtung ist das Schärfen des Abstechstahls unproblematisch. Befestigen Sie die einstellbare Auflage der Vorrichtung wie beschrieben, legen Sie das Werkzeug mit seiner Kantenfläche auf und schleifen Sie mit vorsichtigem Druck in Richtung Schneidenspitze. Drehen Sie es dann um und wiederholen Sie den Vorgang. Das Ergebnis sollte ein präzise geschliffenes Werkzeug sein (Bild 6.20).

Die eigentlichen Formwerkzeuge

Vereinfacht gibt es bei jedem Drechselerzeugnis lediglich *drei* Grundformen (plus ihre Kombinationen), und zwar Geraden, Vertiefungen und Wölbungen (siehe aber das Bild unten).

Wiederum vereinfacht ausgedrückt sind für das Langholzdrechseln dieser Werkstückformen lediglich *vier* Werkzeugformen erforderlich. Mit zwei Werkzeugformen haben wir uns bereits beschäftigt, nämlich der Schruppröhre und dem Abstechstahl. Die verbleibenden zwei Formen nenne ich die eigentlichen Formwerkzeuge: die Meißel und die Formröhren.

Bevor wir uns nun diesen beiden Werkzeugen zuwenden, ist es ratsam, dass wir uns kurz mit den häufigeren Formelementen und Profilen befassen, die an den üblichen gedrechselten Produkten zu finden sind.

Terminologie: Formelemente und Profile

Viele der Elemente sind aus der klassischen griechischen und römischen Architektur abgeleitet und stellen schwingende Kurven (Schlangenlinien), konkave Formen (Kehlen oder Vertiefungen) oder konvexe Formen (Wölbungen oder Rundungen) dar. Sehr häufig werden sie durch schmale Bünde (Stäbe) oder V-förmige Kerben voneinander getrennt. Bild 6.21 zeigt ein typisches Langdrechselteil, bei dem einige der traditionellen Formen realisiert sind.

Die Formröhre

Das im Anschluss an das Schruppen und das Drechseln auf Maß am häufigsten verwendete Werkzeug ist die Formröhre. Warum Formröhren in den Maßen 3 mm bis 19 mm gefertigt werden, liegt einfach daran, dass kein Werkzeug eine Vertiefung mit einem kleineren als seinem eigenen Radius herauszuarbeiten vermag. Eine längere Vertiefung mit großem Radius kann mit einer schmalen Röhre gedrechselt werden, indem mehrere Schnitte ausgeführt werden, aber es ist umgekehrt nicht möglich, sehr enge Vertiefungen mit einem großen Werkzeug zu drechseln.

Allerdings ändert sich dadurch an dem Prinzip überhaupt nichts, dass mit jeder beliebigen Werkzeuggröße (und eben auch mit der von mir empfohlenen 10 mm breiten Formröhre) die Fertigkeiten für den Einsatz der anderen Größen erworben werden können.

Geübte Hände vermögen mit Formröhren beinahe jedes Profil zu erzeugen und sie produzieren darüber hinaus eine erstklassige Oberflächengüten. Beispielsweise kann das Werkstück von Bild 6.21 mit Formröhren vollständig fertigbearbeitet werden. (Selbstverständlich wäre es zweckmäßiger, mit der Schrupppröhre vorzuschruppen, mit dem Abstechstahl auf Maß zu drechseln und die Stäbe und Übergänge mit einem Meißel nachzuarbeiten, was aber an der Tatsache nichts ändert, dass diese Arbeitsgänge sämtlich mit Formröhren ausgeführt werden könnten.)

Fingernagelprofil – Warum?

Sämtliche Autoritäten in Sachen Holzbearbeitung fordern, dass die Schneide einer Formröhre mit einem Nasen- oder „Fingernagelprofil" zu schleifen ist. Warum?

Das geschieht nicht etwa, wie manche meinen, um mit waagerecht angesetzter Formröhre Kehlen drechseln und Hohlkörper *schabend* bearbeiten zu können. Im Gegenteil – es käme zum Herausreißen von Fasern besonders an den Begrenzungen der Kehle und das Werkzeug könnte leicht ins Holz eingerissen werden. Der Grund ist der, dass die Schneidenecken des im Querschnitt runden Werkzeugs, das mit fortschreitendem Bearbeitungsvorgang auf seiner ganzen Breite arbeitet, nicht abgestützt sind, das Werkzeug gekippt wird und sich dadurch leicht verfängt. Das ist umso wahrscheinlicher, je breiter es ist.

Warum nun ein Fingernagelprofil angeschliffen werden soll, ist vielleicht einfacher zu verstehen, wenn wir uns vorstellen, was ohne ein solches Profil passiert. Stellen wir uns also vor, das Werkzeug wäre mit gleichmäßig dickem Querschnitt oder mit nur leichter Nase geschliffen. Wir wissen, dass schneidende Werkzeuge mit aufliegender Fase angesetzt werden müssen (Gesetz 3); aus den oben angeführten Gründen können Sie es aber nicht auf seinem Rücken auflegen. Es muss genau mit der Schneide angesetzt werden, wobei die Nut mit der Mitte der zu drechselnden Kehle fluchten muss.

Für das Ausarbeiten einer Kehle ist eine drehende, schaufelnde Bewegung gekoppelt mit einer nach vorn

Bild 6.21 Traditionelle Formelemente des Drechselns

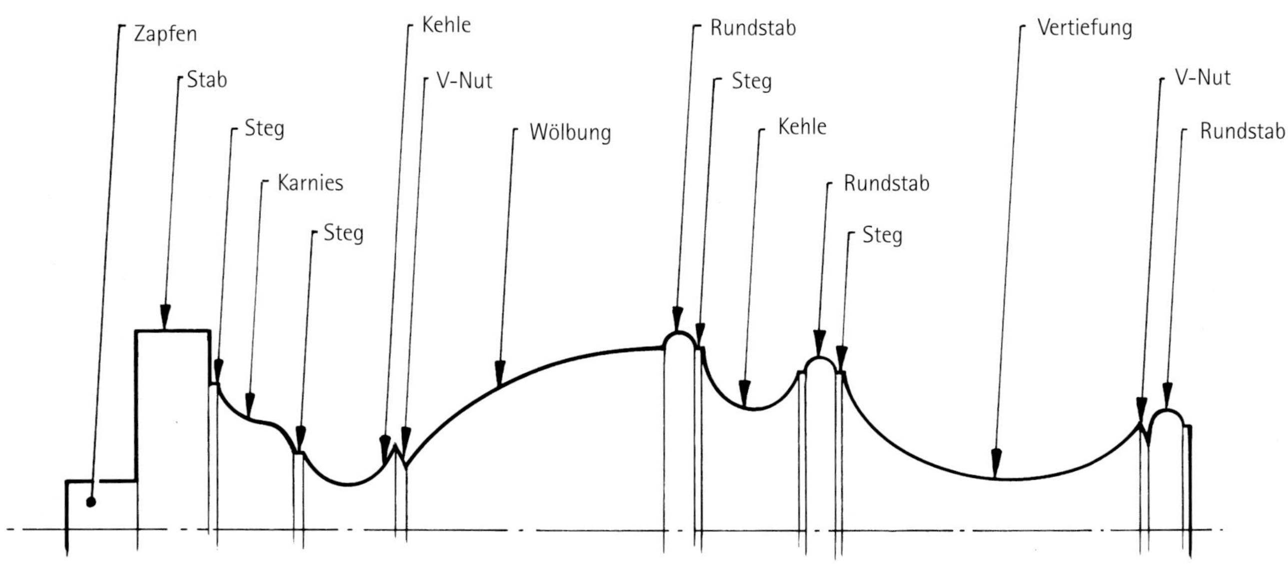

gerichteten Kraft erforderlich. Wenn Sie überhaupt in der Lage wären, den Schnitt zu beginnen und ausreichend Kraft zum Verdrehen des Werkzeugs aufzubringen, würden Sie fast sofort Holz mit einem unabgestützten Schneidenteil schneiden (Gesetz 4). Das Werkzeug würde sich nach kurzer Zeit unter der Wirkung der nach unten gerichteten Kräfte im Holz verfangen.

Es ist außerdem sehr wichtig, dass das Fingernagelprofil gleichmäßig gekrümmt ist. Hervorstehende Stellen könnten leicht dazu führen, dass der Schnitt blockiert wird.

Das Anschleifen

Wie kann nun der Formröhre das gewünschte Profil gegeben werden? Dies ist in der Tat nicht einfach, selbst unter Verwendung der Schleifvorrichtung, aber mit etwas Übung werden Sie die Anfangsschwierigkeiten rasch überwinden.

Bestimmen Sie den richtigen Winkel der Auflage der Schleifvorrichtung, wie in Kapitel 4 beschrieben (er sollte etwa 35° betragen). Um ein fließendes, gerundetes Profil zu erhalten, muss das Heft von der einen zur anderen Seite gerollt werden. Legen Sie das Werkzeug mit einer seiner Seiten auf die Auflageplatte der Vorrichtung auf und zwar unter einem Winkel von etwa 25°. (Je größer Sie diesen Winkel wählen, desto wahrscheinlicher ist es, dass Sie ein unerwünscht spitzes Profil erzeugen.)

Wenn Sie das Werkzeug langsam in Richtung Rücken rollen, schwenken Sie das Heft auf einem gleichmäßigen Bogen, sodass es genau mit der Seitenfläche der Schleifscheibe fluchtet, wenn die Mitte des Werkzeugs geschliffen wird. Setzen Sie die Roll- und die Schwenkbewegung nach der anderen Seite fort, bis Sie wieder 25° erreicht haben, wobei das Werkzeug auch so weit gerollt sein müsste, dass es auf seiner anderen Seitenfläche aufliegt. Wiederholen Sie das alles, bis Sie die gewünschte Schärfe erreicht haben. Jetzt wird auch deutlich, warum die Auflageplatte der Schleifvorrichtung so breit sein musste.

Dieses Vorgehen scheint viel schwieriger als es wirklich ist; Bild 6.22 führt es im Detail vor.

Technik: Drechseln von Kehlen

Wählen Sie eine Formröhre einer Breite, die zur Weite der zu drechselnden Kehle passt. Sehr enge Kehlen können durch ein paar „schaufelnde" Schnitte von den beiden Seiten fertig bearbeitet werden, die ersten Schnitte bei weiten Kehlen müssen an einer der beiden Begrenzungen geführt und die Kehle dann durch aufeinander folgende Schnitte erweitert werden.

Nehmen Sie ein Stück Nadelholz mit der Grundfläche 65 mm x 65 mm und etwa 280 mm lang. Schruppen Sie es rund und markieren Sie (bei laufender Bank und mit angestellter Auflage) mit Bleistift und Lineal Abschnitte einer Breite von abwechselnd 32 mm und 19 mm. Die 19 mm breiten Abschnitte sind für die Kehlen gedacht, die breiteren Abschnitte sollen zum Üben erhabener Formen und V-Kerben dienen.

Setzen Sie die Formröhre so an, dass sie deutlich auf einer ihrer Seiten ruht und die Nut auf die Mitte der vorgesehenen Kehle weist. Um das „Gesetz des Schneidens" einzuhalten, wird das Heft nach unten gehalten und die Fase aufgelegt; die ersten Schnitte sollten im rechten Winkel zum Stück stattfinden.

Dieser Moment des Eindringens ins Holz ist kritisch. Wenn Sie die Röhre nicht ausreichend *fest* halten, tendiert sie dazu, nach der Seite abzurutschen und zwar stets in Richtung Fase, was zu Riefenbildung auf dem Stück führt. Dieses ärgerliche seitliche Abrutschen kommt dadurch zustande, dass sich die Fase nirgends abstützen kann, solange der Schnitt nicht eingesetzt hat. Das Problem kann in unterschiedlicher Weise gemeistert werden:

1. Durch Schneiden kleiner V-Nuten mit dem schrägen Meißel oder Abstechstahl an den Begrenzungen der Kehlen (bei weiten Kehlen sind mehrere Schnitte erforderlich). Die schmalen Einschnitte stützen die Fase sofort ab und verhindern das Abrutschen (Bild 6.23). Die Kehlen können jetzt mit „normaler Werkzeughaltung" gedrechselt werden, d. h. mit dem Daumen oben und den Fingern darunter (Bild 6.24).
2. Durch geringes Verändern der Haltung der vorderen Hand, indem nämlich der Daumen als eine Art Anschlag auf die Werkzeugauflage gepresst wird. Dadurch wird verhindert, dass das Werkzeug in Richtung Spindelstock abrutscht (Bild 6.25). Zur Verhinderung des Abrutschens in Richtung Reitstock wird der Daumen ganz über das Werkzeug gelegt, sodass er einen Anschlag auf der anderen Seite der Werkzeugauflage bildet (Bild 6.26).
3. Erinnern Sie sich, wie der Abstechstahl angesetzt wurde, um sauber anzuschneiden und das Holz nicht zu zerfasern (siehe S. 63)? Das kann ähnlich auch mit der Formröhre gemacht werden, damit der Anschnittpunkt präzise eingehalten werden kann. Richten Sie die Fase des Werkzeugs auf die *zu erzielende* Form bei dem betreffenden Schnitt aus (für die letzten Operationen bei einer gut ausgeformten Kehle bedeutet dies, dass das Heft nach vorn gekippt wird in Richtung auf die Mitte der Kehle). Achten Sie darauf, dass die Röhre fast waagerecht und auf ihrer Seitenkante aufliegt. Drücken Sie nun das Werkzeug mit der Spitze nach vorn ins Holz (Bild 6.27). Das ist eine der wenigen Gelegenheiten, für die ich die Spitze der Formröhre benutze.

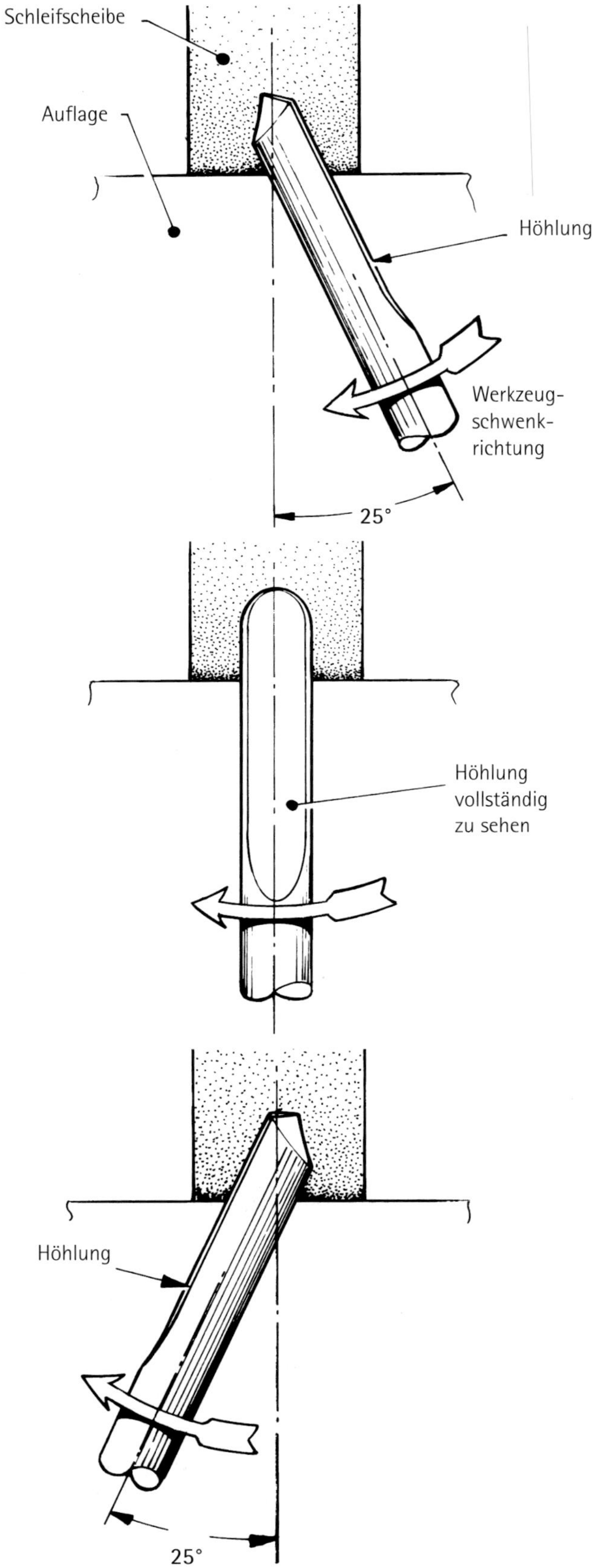

Bild 6.22 Vorgehensweise beim Schleifen der Formröhre

Stellung 1: Formröhre auf der rechten Seite
Stellung 2: Formröhre auf dem Rücken
Stellung 3: Formröhre auf der linken Seite

Sofort nach dem Anschnitt verlassen Sie diese Schabestellung, indem Sie das Heft absenken, und fahren mit aufliegender Fase fort, wobei Sie die Röhre rollend und schwenkend jeweils bis zum Grund der Kehle bewegen. Drechseln Sie niemals über die Mitte der Kehle hinaus, denn sonst schneiden Sie nicht nur gegen die Faser, sondern verwenden auch noch einen ungestützten Teil des Werkzeugs, was zum Verhaken führen kann.

Meine Verfahrensweise

Ich selbst wende keines der beschriebenen Verfahren an. Ich setze vielmehr das Werkzeug mit der Seitenkante an, wobei ich das Heft so halte, dass die Fase aufliegt, und kippe es dann nach oben, nach vorn und *mit Kraftaufwendung* ins Holz. Es ist dafür eine Menge Übung und Sicherheit nötig. In Bild 6.24 sehen Sie, wie der erste Schnitt geführt wird.

Bild 6.28a zeigt den Beginn des Drechselns der Kehle, die Bilder 6.28b und c die erforderlichen Roll- und Schwenkbewegungen, geführt von beiden Seiten der Kehle aus. Bei diesem Vorgehen werden die Späne dort abgehoben, wo es sein muss, nämlich unter der Werkzeugspitze in leicht schälender Weise.

Ich schlage Ihnen vor, alle beschriebenen Verfahren auszuprobieren und sich für dasjenige zu entscheiden, das *Ihnen* zusagt. Nehmen Sie zum Üben eine 10 mm breite Formröhre und vollenden Sie das Stück damit. Nachdem alle Kehlen gedrechselt worden sind, sind die V-Nuten an der Reihe.

Bild 6.23 Eindrechseln von V-Kerben mit dem Meißel, um Abrutschen zu verhindern

Bild 6.24 Normale Werkzeughaltung der Formröhre

Bild 6.25 Haltungskorrektur 1, um Abrutschen nach links zu verhindern

Bild 6.26 Haltungskorrektur 2, um Abrutschen nach rechts zu verhindern

Bild 6.27 Horizontales Einschneiden mit der Röhre verhindert ebenfalls Abrutschen.

V-Nuten

Setzen Sie das Werkzeug mit aufliegender Fase und um einen Winkel von etwa 25° nach der Seite geneigt an. Die Formröhre liegt senkrecht zur Werkstückachse und Sie möchten an der Begrenzung einer Kehle mit dem Schneiden beginnen. Das Heft wird bis etwa zur Horizontalen angehoben und es wird die eine Flanke der V-Kerbe gedrechselt. Wiederholen Sie diesen Arbeitsschritt (Werkzeugnut in die andere Richtung weisend) von der anderen Seite aus, bis die Kerbe gedrechselt ist. Um einen scharfen Nutgrund zu erreichen, ziehen Sie die Röhre zurück und verwenden wieder die Werkzeugspitze; sonst schneidet das Werkzeug eine Riefe in die andere Flanke der V-Kerbe.

Drechseln Sie jetzt die restlichen V-Kerben in das Stück (Bild 6.29).

Drechseln von Rundstäben

Der Rundstab ist das genaue Gegenprofil der Kehle, woraus folgt, dass für den Rundstab genau die entgegengesetzte Vorgehensweise erforderlich ist. Wiederum wird das Werkzeug mit aufliegender Fase angesetzt, diesmal jedoch mit dem Rücken. Bevor Sie weiter arbeiten, prägen Sie sich Folgendes ein (Bild 6.30):

1. Um die rechte Seite eines Rundstabs zu drechseln, muss die Formröhre nach rechts gerollt, angehoben und geschwenkt werden, damit die Späne unter der Werkzeugspitze abgehoben werden. Leider ist in

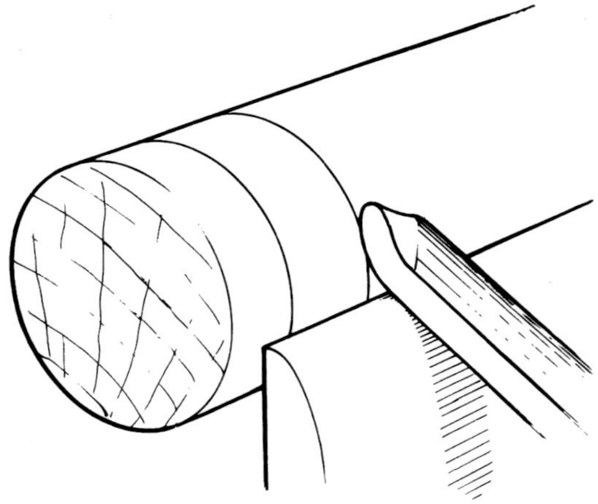

Bild 6.28a Anfangsstellung der Röhre beim Drechseln einer Kehle

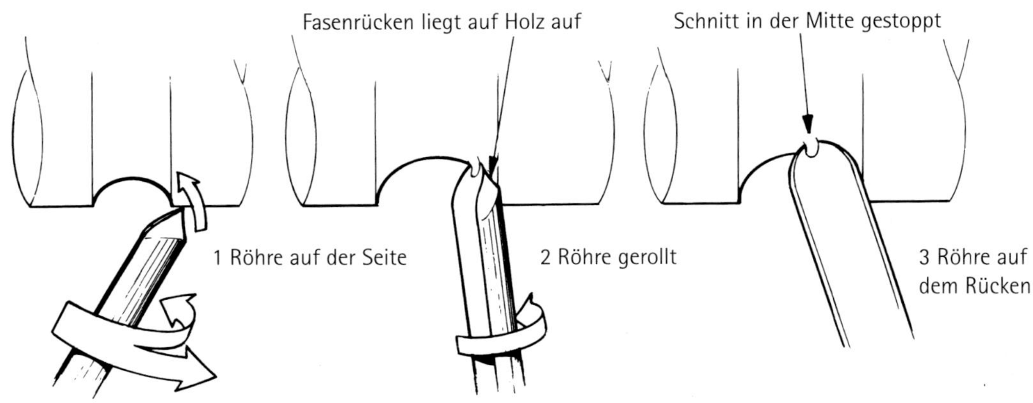

Bild 6.28b Bewegung der Röhre – rechte Seite der Kehle

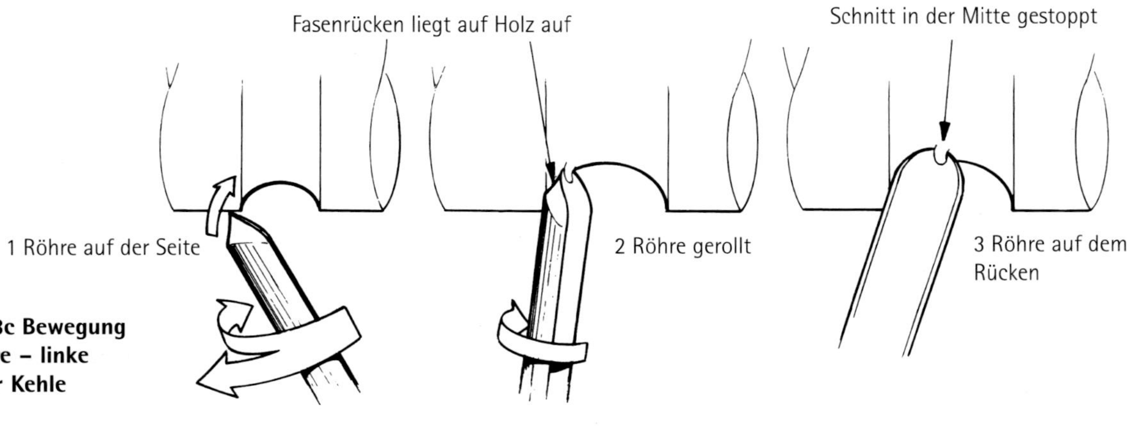

Bild 6.28c Bewegung der Röhre – linke Seite der Kehle

dieser Kombination von Bewegungen ein Schwenken nach rechts wider die Natur und Sie müssen es bewusst erzwingen.

2. Um die linke Seite zu drechseln, muss das Werkzeug lediglich in der entgegengesetzten Richtung gedreht und geschwenkt werden. Wird das Heft in der falschen Richtung geschwenkt, erhält die Rundung eine unerwünschte Erhebung in der Mitte.

Bei breiteren Rundstäben oder größeren gewölbten Formen muss zusätzlich zu den drei schon beschriebenen Bewegungen außerdem noch *längsbewegt* werden. Ich schlage Ihnen vor, zuerst alle rechten Rundstabseiten zu drechseln, um einen Bewegungsrhythmus zu finden, und dann alle linken. Heben Sie in einem Durchgang nicht zu viel Holz ab und führen Sie die Bewegungen langsam, gleichmäßig und zwanglos aus.

Das Formen ausgewogener Wölbungen ist nicht einfach, weil Sie drei oder sogar vier Bewegungen zu synchronisieren haben. Wenn Sie auch nur mit einer dieser Bewegung „außer Takt" geraten, bekommen Sie die erwünschte stetig fließende Form nicht zustande. Ausdauer und Geduld wirken hierbei Wunder; versuchen Sie es also beharrlich immer wieder. In Bild 6.31 sehen Sie das fertige Erzeugnis.

Bild 6.32 zeigt die Stellung der Formröhre (als Querschnitt) in Bezug auf die zu drechselnde Form und die Richtung der Faser. Denken Sie daran, dass der Span vom *unterstützten* Teil des Werkzeugs abgehoben werden muss (Gesetz 4). Korrektes Schneiden kann nur erreicht werden, wenn die Röhre mit aufliegender Fase angesetzt wird (Gesetz 3). Wenn Sie sich nochmals Bild 6.28 anschauen, erkennen Sie, dass der Span nicht von der Werkzeugspitze abgehoben werden darf (das wäre eine schabende Bearbeitung), sondern von einer der seitlichen Schneidenflächen je nachdem, an welcher Seite der Wölbung mit dem Schnitt begonnen wurde. Bild 6.33 führt vor, wie die Werkzeugfase auf das zu formende Profil ausgerichtet wird und welche Schwenkbewegungen ausgeführt werden müssen.

Weitere Aufgaben mit der Formröhre erläutere ich auf den Seiten 79 bis 81.

Bild 6.29 Formen einer V-Kerbe mit der Langholzröhre

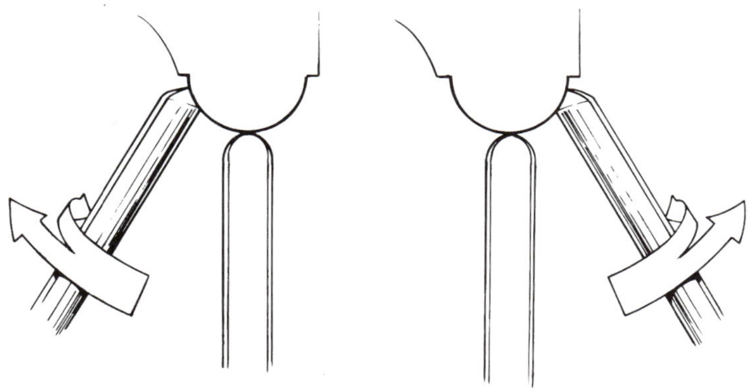

Bild 6.30 Drechseln eines Rundstabs mit einer Langholzröhre

Bild 6.31 Das fertige Übungsstück unmittelbar nach dem Drechseln

Bild 6.32 Beispiele für rollende Bewegungen der Formröhre beim Schneiden verschiedener Profile. Das Schneiden verläuft am sichersten, wenn die Späne unmittelbar unter der Röhrenspitze abfließen.

Die Grenzen der Formröhre werden beim Versuch sichtbar, scharfkantige Übergänge zu erzeugen, wo gewölbte Formen und Kerben aufeinander treffen, und außerdem beim Schneiden von schmalen Platten. Der Zugang zu diesen „Engstellen" des Profils ist am besten mit unserem vierten Werkzeug zu schaffen, das allerdings mehr Probleme als die anderen zu bereiten scheint – mit dem Meißel.

Der Meißel

In der Tat ist der Meißel für *einige* Arbeiten konkurrenzlos (dazu später). Er ist aber auch das Werkzeug, das jeden Fehler ohne Nachsicht bestraft, und mangelnde Fertigkeit und fehlerhafte Technik können höchst unerwünschte, sehr schmerzhafte „Eindrücke" sowohl auf dem Holz wie auch im Gedächtnis hinterlassen. Es ist verständlich, dass aufeinanderfolgende erfolglose Versuche mit dem Meißel die „Berührungsängste" wachsen lassen, der Meißel immer verkrampfter gehalten wird und immer heftiger reißt. Vermutlich wird er jetzt in die hinterste Ecke der Werkstatt verbannt, wo er dann verstaubt.

Ich habe eine Menge Leute ausgebildet und kann in aller Aufrichtigkeit behaupten, dass ich mit Ausnahme von zwei oder drei niemanden dabei hatte, der nicht gelernt hätte, mit dem Meißel ordentlich umzugehen. Die weni-

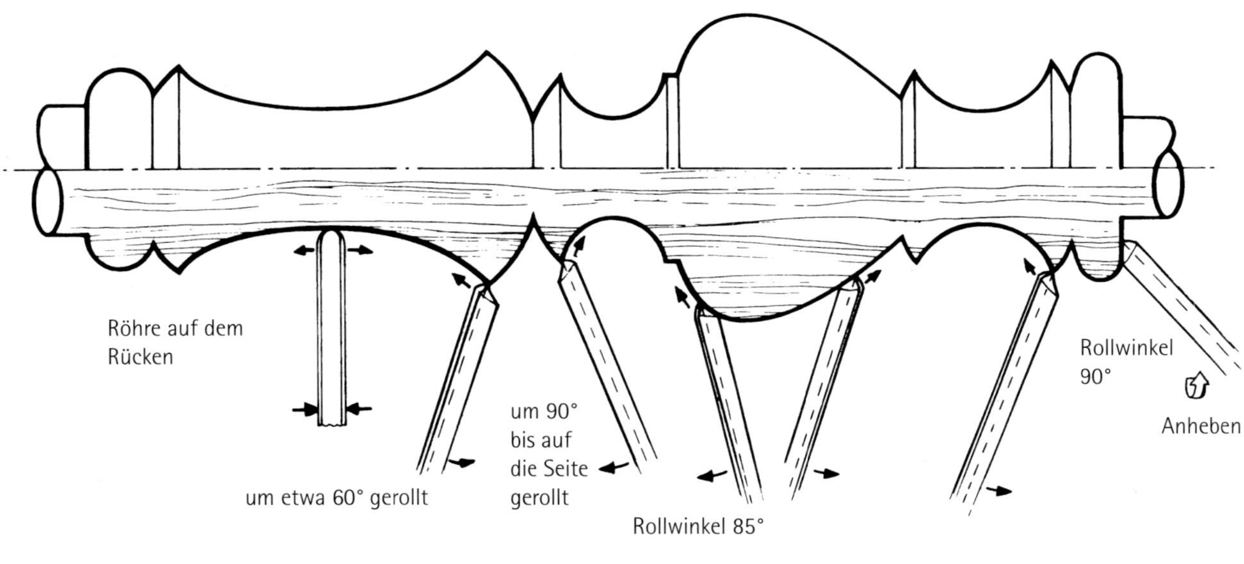

Bild 6.33 Die Fase soll mit dem gewünschten Profil fluchten und das Heft in den angegebenen Richtungen geschwenkt werden.

gen, die es am Ende doch nicht mitbekommen haben, waren einfach nicht in der Lage, nach den zahlreichen Misserfolgen ihre innere Verspannung zu lösen.

Zur Ermutigung: Der Meißel ist nicht derart wichtig, wie es Sie manche Drechsler glauben machen wollen. Vielseitig anwendbar ist er tatsächlich, aber nicht so vielseitig wie die Formröhre. Er hinterlässt eine vorzügliche Oberfläche, aber das leistet die Formröhre auch. Für den Anfänger am bedeutsamsten ist jedoch, dass viele Operationen mit der Formröhre viel sicherer auszuführen sind.

Wirklich unübertroffen ist der Meißel beim Drechseln gerader und schwach profilierter Walzen, kaum verzichtbar aber ist er (ich denke an den 13 mm breiten Meißel) beim Fertigbearbeiten von schmalen Platten, engen Profilstellen und Übergängen.

Der Meißel kann auf zweierlei Weise eingesetzt werden:

1. die lange Schneide für das Schlichten und für gerade Schnitte;
2. sowohl die lange als auch die kurze Schneidenecke für gestreckte Wölbungen, V-Kerben und Zapfen sowie der 13-mm-Meißel zum Schneiden enger Formdetails und Übergänge, wie oben erwähnt.

Gerade Schnitte und Schlichtschnitte

Es ist wichtig, nicht nur zu wissen, *wie* der Meißel angesetzt wird, sondern auch zu verstehen *warum*. Gleichgültig welche Art Meißel verwendet wird – Stemmeisen, Stechbeitel oder Drechslermeißel –, das Abheben eines Spans von einem runden Stück gelingt am besten mit dem mittleren Abschnitt der Schneide. Mit den Schneidenecken lässt sich kein Span abheben, sondern allenfalls das Holz „polieren".

Das wollen wir jetzt an einem rundgedrechselten Stück ausprobieren, das in die Drechselbank eingespannt ist. Halten Sie die Bank an und entfernen Sie die Werkzeugauflage. Wenn Sie jetzt den Meißel auf das Stück legen, werden Sie erkennen, dass Sie mit der Schneidenmitte nur auf eine einzige Weise einen Span abheben können, nämlich wenn Sie den Meißel unter einem Winkel von etwa 25° zur beabsichtigten Vorschubrichtung ansetzen. Durch Veränderung dieses Winkels können Sie nun bestimmen, an welcher Stelle der Schneide der Span abgehoben wird.

Bringen Sie die Werkzeugauflage wieder an und setzen Sie das Werkzeug bei nach wie vor ausgeschalteter Drechselbank unter etwa demselben Winkel an, wobei Sie es flach auf die Auflage legen. Sie erkennen sofort, dass diese Position des Meißels es nicht erlaubt, den mittleren Abschnitt der Schneide wie gewollt zum Eingriff zu bringen. Wie Sie auch immer den Ansatzwinkel verändern (bei flach auf der Auflage liegendem Werkzeug!), eine Möglichkeit, die Schneidenmitte ins Holz eingreifen zu lassen, ergibt sich ausschließlich dann, wenn *die gesamte Schneidenbreite* das Stück berührt. Die einzige Schneidmöglichkeit bei einem derart angesetzten Meißel wäre ein breiter Abstech- oder ein Schälschnitt, die wir jedoch beide nicht haben wollen.

Um tatsächlich mit der Schneidenmitte einen Span abheben zu können, ist es erforderlich, das Werkzeug so zu kippen, dass die (lange) Meißelspitze das Holz nicht mehr berührt. Das bedeutet, dass der Meißelabschnitt in der Nähe der Spitze nicht abgestützt ist. Wenn Sie es zulassen, dass dieser Abschnitt mit rotierendem Holz in Berührung kommt, wird der Meißel sofort ins Holz hineingerissen.

Ich rate Ihnen, die geschilderten Versuche und Ansatzvariationen bei *stillstehender* Drechselspindel auszuführen; damit Sie jedoch das richtige Gefühl für die Verhältnisse bekommen, wäre es sehr nützlich, wenn jemand die Spindel von Hand langsam durchdreht.

Über das Verstehen dieser eher theoretischen Erörterungen hinaus ist eine weitere Voraussetzung für gekonnten Umgang mit diesem Werkzeug das Wissen um den für Ihre Drechselaufgabe geeigneten Meißeltyp. Ohne Zweifel ist der anwenderfreundlichste Meißel, der derzeit für Schlichtarbeiten und gerade Schnitte zu haben ist, der zuerst von Sorby eingeführte Typ mit ovalem Querschnitt.

Einige andere Werkzeughersteller haben die rechtwinkligen Kanten des Meißelquerschnitts beibehalten. Da aber Werkzeugstahl entschieden härter als der Stahl der Werkzeugauflage ist, bleibt es nicht aus, dass die Auflage durch die Meißelkanten beschädigt wird mit der unangenehmen Folge, dass der Meißel während der Vorschubbewegung ruckt.

Mit dem ovalen Querschnitt arbeitet es sich prächtig, und er erleichtert es sehr, sich das so schwer zu definierende „Gefühl für das Werkzeug" anzueignen. Der Querschnitt ist so geformt, dass der Meißel beim Kippen nach der Seite stets unter dem optimalen Winkel aufliegt. Bei einigen anderen Ausführungen kann der Meißel leicht zu weit gekippt werden, sodass der Fasenkontakt und die Werkzeugkontrolle verloren gehen.

Drechseln Sie Ihre Walze hinunter auf einen Durchmesser von etwa 40 mm. Bei den ersten Versuchen ist es günstig, die Auflage höher als die Drehachse einzustellen. Setzen Sie das Werkzeug wie beschrieben an: unter 25° und gekippt in Richtung Vorderkante. Achten Sie auf nach unten geneigtes Heft, erfühlen Sie das Holz und beginnen Sie langsam mit der Vorschubbewegung und dem Anheben (in eben dieser Reihenfolge!), bis ein Span erscheint. Wie bei allen schneidenden Werkzeugen wird die Spandicke durch Anheben und Absenken der hinteren Hand bestimmt. Helfen Sie sich, den Winkel konstant zu halten, indem Sie sich vorstellen, entlang parallel verlaufender Bahngleise zu schneiden (Bild 6.34).

Wiederholen Sie diesen Arbeitsgang, wobei Sie mit Ihrem „dritten Auge" darauf achten, dass die gefährliche Schnei-

Bild 6.34 Planschneiden auf „Gleisen"

Bild 6.35 Die Späne entstehen im mittleren Abschnitt der Rückenkante.

Bild 6.36 Die äußerste Spitze des Meißels wird für einen angestellten Schnitt an einer rechtwinkligen Schulter benutzt.

denspitze keinen Kontakt mit dem Holz bekommt (Bild 6.35).

Mit zunehmender Sicherheit können Sie den Ansatzwinkel verändern, hüten Sie sich aber davor, den gefährlichen Teil der Werkzeugschneide in Kontakt mit dem Stück zu bringen. Üben Sie auch das Drechseln eines Kegels, wobei Sie vom größeren zum kleineren Durchmesser arbeiten, und arbeiten Sie sich an eine mit dem Abstechstahl gedrechselte Platte heran.

Wenn Sie sich der Platte nähern, müssen Sie den Ansatzwinkel ändern, sodass die stumpfe Ecke des Meißels unter dem Holz eingreift, was das Heranarbeiten an den fast rechtwinkligen Übergang erleichtert (Bild 6.36). Wenn Sie das versäumen, beschädigt der Meißel die Plattenschulter.

Wer insbesondere davor zurückschreckt, den Meißel für gerade Schnitte einzusetzen, kann versichert sein, dass sich das Werkzeug *praktisch nicht* verfangen kann, wenn die stumpfe Ecke im Anstellschnitt (schälend) angesetzt wird, weil dann auf jeden Fall ein abgestützter Teil der Werkzeugschneide zum Eingriff kommt. Der einzige Nachteil dieser Verfahrensweise besteht darin, dass Sie nur einen feinen Span abheben können, weil Sie bei größerer Spandicke keine Vorschubbewegung mehr zustande bekommen (Sie „blockieren den Schnitt").

Vorschub in der entgegengesetzten Richtung erreichen Sie entweder mit derselben Haltung der Hände (wobei Sie natürlich seitlich stehen müssen) oder nach Wechsel der Handhaltung linkshändig. Versuchen Sie beides – mit beiden Händen gleich geschickt zu sein, ist für einen handwerklich Ambitionierten sehr viel wert.

Abstützen des Werkstücks

Wie beim Einsatz der Schruppröhre behandelt, muss ein langes, schlankes Werkstück stabilisiert werden. Das geschieht bei der Verwendung des Meißels auf genau dieselbe Weise wie bei der Röhre.

Vorsichtsmaßregeln

1. Versuchen Sie nicht, den Längsschnitt außerhalb des Werkstücks zu beginnen. Die Fase ist „in freier Luft" schwer zu finden. (Erfahrene Drechsler tun das allerdings ständig, haben aber genug Übung mit den sichereren Methoden hinter sich, die ich Ihnen zum Erwerb des richtigen Gefühls fürs Drechseln empfohlen habe.)
2. Achten Sie bei der Suche nach der Fase darauf, dass Sie das Werkzeug zuerst in Längsrichtung bewegen, bevor Sie es für den Eingriff anheben. Die Werkzeugführung wird dadurch leichter und sicherer.

Formdrechseln

Meißel, insbesondere der 13-mm-Meißel, können für viele Aufgaben wie das Drechseln gewölbter Formen, das Schneiden von Kerben, Anstellschnitte und das Schlichten von gewölbten und hohlen Formen eingesetzt werden. Wie erwähnt, können einige dieser Profilformen genauso gut mit der Formröhre erzeugt werden, aber Meisterschaft mit dem Meißel haben Sie erst erreicht, wenn Sie diese Formen mit ihm zu erzeugen vermögen.

Kerben

Kerben können gewollter Bestandteil eines Profils oder Hilfsformelement für Wölbungen und Kanteln sein. Kanteln (vierkantige Stückenden) kommen übrigens bei Spindelarbeiten, wie Tisch- und Stuhlbeinen, Geländerpfosten und Balustern, häufig vor.

Zentrieren Sie ein Stück mit dem Maßen 50 mm x 50 mm genau und spannen Sie es zwischen Spitzen. Mithilfe eines Schreinerwinkels zeichnen Sie mit dem Bleistift paarweise Linien mit etwa 6 mm Abstand darauf, wobei Sie zwischen den Linienpaaren jeweils 50 mm Abstand lassen.

Fertigen von Kanteln

Nach dem Anreißen des Holzes drechseln Sie mit der Meißelspitze zuerst V-Kerben und entwickeln dann die gerundeten Schultern der Kanteln. Legen Sie den Meißel mit der Schmalseite bei nur leicht nach unten geneigtem Heft auf und setzen Sie ihn rechtwinklig zur Drehachse an. Richten Sie die Meißelspitze auf die rechte Markierung und drücken Sie das Heft nach vorn und leicht nach oben. Versuchen Sie nicht, den Meißel zu tief einzudrücken. Ziehen Sie ihn zurück und weiten Sie die V-Kerbe durch Schneiden auf beiden Seiten, wobei Sie ihn so neigen, dass die Spitze auf die Mitte der Kerbe zielt. Der Radius wird von der linken Markierung aus geformt, indem Sie das Werkzeug beim Anheben in Richtung des vorgesehenen runden Abschnitts auf der rechten Seite leicht rollen (Bild 6.37).

Das Holz rechts vom Kantel kann jetzt rund gedrechselt werden. Denken Sie daran, die Schrupppröhre zu rollen, bis sie auf ihrer linken Seitenkante ruht, um leichter bis an den vierkantigen Abschnitt herandrechseln zu können und ein Verklemmen des Werkzeugs durch Berühren der Seitenfläche des Vierkants mit einem nicht abgestützten Teil des Werkzeugs zu vermeiden (Bild 6.38).

Vorsichtsmaßregeln

1. Versuchen Sie nicht, mit einem anderen Teil der Schneide als mit der äußersten Spitze zu schneiden (unterstützter Teil); das Werkzeug würde sich *mit absoluter Sicherheit* verfangen. Beim Formen einer tiefen Kerbe oder eines gerundeten Vierkantabschnitts ist es ratsam, die Schneide des Meißels ganz gering von der Schulter weg zu kippen, um ein Reißen zu vermeiden.
2. Wenn das Werkzeug zu springen beginnt, zeigt dies, dass die Rückenkante der Fase die schneidende Spitze wegdrängt. Ziehen Sie das Werkzeug zurück und setzen Sie es durch Anheben des Hefts ein wenig flacher an.

Drechseln rechtwinkliger Schultern

Vierkante werden oft mit rechtwinkliger Schulter vorgesehen, was etwas schwerer zu realisieren ist als eine gerundete Schulter. Wie bei allen schneidenden Werkzeugen muss die Fase (oder der Keilwinkel) mit der beabsichtigten Form oder dem Schnitt fluchten. Wenn dieser Grundsatz auf das Formen einer rechtwinkligen Schulter angewandt

Bild 6.37 Der Meißel wird zur Formung einer gerundeten Kantel ganz auf die Seite gerollt.

Bild 6.38 Die Schrupppröhre wird zum Schneiden an eine Kantel heran ganz auf die rechte Seite gerollt.

werden soll, muss bei den letzten Schnitten der Keilwinkel, *nicht* das Werkzeug in rechtem Winkel zum Werkstück stehen. Ich beginne gewöhnlich, indem ich eine Kerbe drechsle, um den Eindringwiderstand für das Werkzeug zu vermindern, bevor ich schlichte.

Vergessen Sie beim Schneiden oder Sauberdrechseln rechtwinkliger, insbesondere hoher Schultern nicht, den Meißel geringfügig von der gerade bearbeiteten Seitenfläche weg zu schwenken, damit er nicht reißt. Machen Sie nur ganz leichte Schnitte. Der Versuch, zu viel Holz abzuheben, führt zur Überhitzung des Werkzeugs und der Schnitt wird blockiert (Bild 6.39).

Bild 6.39 Drechseln einer rechtwinkligen Kantel – Keilwinkel (nicht das Werkzeug) rechtwinklig zum Holz

Formen von Wölbungen

Zur Übung markieren Sie an Ihrem rund gedrechselten Stück unterschiedlich breite Abschnitte (zwischen 13 mm und 32 mm) und drechseln Sie mit der Meißelspitze V-Kerben ein, deren Tiefe proportional zur Breite der zu drechselnden Wölbung ist (Bild 6.40).

Bild 6.40 Drechseln einer Kerbe mit der Meißelspitze

Die Wölbungen formen Sie entweder mit der Spitze oder der stumpfen Ecke des Meißels. Die Verwendung der Spitze ist sicherer, meiner Ansicht nach aber nicht so gut wie die Verwendung der stumpfen Ecke, weil nur sehr wenig Fase aufliegt, was die Erzeugung einer ausgewogenen Form erschwert. Ein zusätzlicher Vorzug der stumpfen Ecke ist der, dass die Oberfläche ein besseres Aussehen erhält, weil die aufliegende Fase ein leichtes Verbrennen bewirkt. Probieren Sie beide Verfahren und wenden Sie das an, das Ihnen mehr zusagt.

Bild 6.41 Formen eines Rundstabs mit der Meißelspitze

Ohnehin müssen Sie die Gesetze des Drechselns einhalten. Setzen Sie vor allem das Werkzeug mit aufliegender Fase an (denken Sie an die Fahrzeugkupplung). Der Schnitt wird begonnen durch leichtes Kippen des Meißels in Schnittrichtung und gleichzeitiges Anheben. Ob nun Spitze oder stumpfe Ecke schneidet, die hintere Hand muss die Geschwindigkeit der rollenden und hebenden Bewegung steuern, und Daumen und Finger der vorderen Hand drücken die Fase auf das Holz. Die Schneidenspitze - und nur diese - hat Eingriff ins Holz. In Bild 6.41 wird eine Wölbung mit der Meißelspitze, in Bild 6.42 mit dem stumpfen Ecke des Meißels geformt.

Bild 6.42 Formen eines Rundstabs mit der Rückenkante

Wie mit der Formröhre können schmale Rundstäbe durch einige wenige Rollbewegun-

Bild 6.43 Schleifen des Meißels mit der Schleifvorrichtung von O'Donnell

gen fertig gedrechselt werden. Bei weiteren Wölbungen müssen die ersten Schnitte, damit sie nicht blockieren, näher an den Kerben ausgeführt werden.

Schärfen des Meißels

Mit unserer Schleifvorrichtung sind Meißel der üblichen Formen sehr leicht präzis zu schleifen. Nach dem Bestimmen des richtigen Winkels wird das Werkzeug mit der Seitenkante parallel zur Seitenfläche der Schleifscheibe flach auf der Auflageplatte aufliegend gegen die Scheibe geführt. Durch seitliche Bewegungen wird die gesamte Breite der Scheibe ausgenutzt (Bild 6.43). Etwas schwieriger ist es mit dem ovalen Meißel, weil er zum Kippen neigt. Mit ein wenig Übung kann aber auch er mittig gehalten und präzis geschliffen werden.

Das Schraubenfutter

Bei einigen Verfahren des Langholzdrechselns wird, wie bereits in Kapitel 3 erwähnt, das Stück nicht ständig durch den Reitstock abgestützt. Ein Beispiel ist das Drechseln von Hohlware, wie Eierbecher, Stielbecher, verzierte Dosen usw. (die Faser verläuft bei diesen Gegenständen nach wie vor in Bettlängsrichtung), wo der Reitstock die Bearbeitung der Hohlform selbstverständlich behindern würde.

Eine Holzschraube sitzt in Hirnholz bei weitem nicht so fest wie in Langholz. Das gilt erst recht für weiches Holz und es muss unbedingt dafür gesorgt werden, dass sich das Stück nicht auf der Schraube des Futters lockert. Sollte das eintreten, können Sie es sofort wegwerfen und von neuem beginnen.

Ich schildere Ihnen jetzt die beiden Verfahrensweisen, die ich benutze und mit denen ich Stielbecher aus Kiefer bis zu einer Länge von 250 mm allein auf dem Schraubenfutter drechsle.

Erstes Verfahren

Suchen Sie die Stückmitte und bohren Sie ein dem Schraubenmaß entsprechendes Loch. Ich habe als Bohreinrichtung einen alten Schraubendreher mit einem stellbaren Zangenfutter ausgerüstet, in das ich den passenden Bohrer einsetze (Bild 6.44). Sie können aber genauso gut die Ständerbohrmaschine oder eine Bohrwinde nehmen. Befestigen Sie das Stück auf der Schraube, schieben Sie den Reitstock an das andere Stückende und drechseln Sie es mit der Schrupppröhre rund.

Mit einem Abstechstahl stechen Sie im Abstand von etwa 3 mm von der Reitstockseite ab. Neigen Sie das Werkzeug ein wenig nach innen, damit eine leicht konkave Stirnfläche entsteht. Zuletzt müssen Sie den Reitstock entfernen (Bild 6.45).

Mit der Spitze eines Meißels drechseln Sie eine kleine Vertiefung in die Stirnflächenmitte (*Ankörnen*), was das genaue Ansetzen des Bohrers für das Schraubenfutterloch erleichtert (Bild 6.46). Bohren Sie dieses Loch durch Eindrücken des Bohrers bis in die gewünschte Tiefe bei laufender Spindel (Bild 6.47). Das ist auch ohne Werkzeugauflage gefahrlos möglich. Sie könnten den Bohrer auch mit einer Zange halten oder in ein im Reitstock aufgenommenes Backenfutter spannen.

Bild 6.44 Für die Befestigung auf dem Schraubenfutter vorbereitetes Stück

Bild 6.45 Hinterschneiden des freien Endes mit dem Abstechstahl

Bild 6.46 Anreißen der Querschnittmitte mit dem Meißel

Halten Sie die Bank an und drehen Sie das Stück um. Die leicht hohl gedrechselte Stirnfläche sorgt dafür, dass das fest auf das Futter aufgeschraubte Stück nicht kippt. Es ergibt sich der bestmögliche, sichere Sitz, den Sie mit einer gesägten Fläche schwerlich erreichen könnten. Schrauben Sie das Stück nicht zu fest aufs Futter, damit Sie das im Holz entstehende Gewinde nicht beschädigen.

Zweites Verfahren

Wenn ein Schraubenloch am späteren freien Ende nicht akzeptabel ist, kann zunächst zwischen Spitzen gedrechselt werden (Bild 6.48). Beim Abstechen an der Reitstockseite wird der Stahl gestoppt, kurz bevor er die Reitstockspitze erreicht hat. Der verbleibende Butzen hilft uns, die Stirnmitte zu finden, und kann dann entfernt werden. Nach dem Bohren der Futterschraubenbohrung wird das gewendete Stück auf das Futter aufgeschraubt. (Auf Bild 6.62 auf S. 83 wird dasselbe Verfahren angewendet.)

Es ist normal, dass das Stück nach dem Wenden nicht mehr ganz zentrisch läuft. Heben Sie deshalb zuerst mit der Schruppröhre einen ganz leichten Span ab, damit das Stück wieder zentriert wird.

Beachten Sie bitte, dass sich bei diesem Befestigungsverfahren Erfolg nur mit Geduld, sorgfältiger Arbeit und *leichten* Schnitten mit *scharfen* Werkzeugen einstellt. Jedes im rechten Winkel ans Stück, insbesondere am unabgestützten Ende, angesetzte Werkzeug übt eine beträchtliche Hebelwirkung auf die Befestigung aus. Das wird noch verschlimmert, wenn ein Werkzeug nicht mit aufliegender Fase, sondern schabend arbeitet, weil dann der Abtragwiderstand merklich höher ist.

Bild 6.47 (unten) Zentrierbohrung vor dem Umspannen

Bild 6.48 Vorbereitung des Holzes für Verfahren 2

Hohldrechseln und Bearbeiten von Hirnseiten

Befestigen Sie ein Stück Nadelholz (65 mm x 65 mm, etwa 125 mm lang) nach einem der beiden beschriebenen „Wende"verfahren auf dem Schraubenfutter. Nach dem Runddrechseln stellen Sie die Werkzeugauflage ganz leicht schräg an die freie Hirnseite an. Mit einer seitlich angesetzten 10-mm-Formröhre führen Sie bei parallel zur Hirnseite ausgerichteten Fase eine Anzahl von feinen, im Bogen geführten Schnitten vom Umfang ins Zentrum. Der Span sollte *unterhalb* der Werkzeugspitze abfließen und es sollte sich eigentlich eine ausgesprochen hohe Oberflächengüte auf dem Hirnholz einstellen (Bild 6.49).

Bevor wir uns für eines der verschiedenen Verfahren des Hohldrechselns entscheiden, sollten wir uns an Gesetz 5 erinnern, das verlangt, stets mit der Faser zu drechseln. Auf Bild 6.50 erkennen Sie, dass die Richtung der Faser sowohl auf der Außen- als auch auf der Innenseite des Hohlkörpers zweimal wechselt. Beachten Sie außerdem, dass die Faser außen *genau entgegengesetzt* zur Faser innen verläuft.

Die Regel für diese Art von gedrechselten Artikeln lautet also, dass das Schneiden mit der Faser auf der *Innenseite* bedeutet, *vom kleinen zum großen Durchmesser* zu drechseln. Auf der Außenseite ist es genau umgekehrt; hier muss *vom großen zum kleinen Durchmesser* gedrechselt werden. Es ist sehr zu empfehlen, sich - wenn irgend möglich - an dieses Gesetz zu halten, insbesondere bei Schlichtschnitten, weil sonst keine befriedigende Oberfläche entsteht.

Hohldrechseln durch Schaben

Eine Höhlung kann gänzlich mit dem Schaber ausgearbeitet werden, und ich missbillige ihre Verwendung für solche Operationen überhaupt nicht, denn sie arbeiten in Hirnholz sehr ordentlich, wenn sie scharf sind. Obwohl nicht so produktiv, was die Spanabnahme anbelangt, wie das weiter unten beschriebene Verfahren, ist die Technik leicht zu erlernen, solange das für Schaber geltende Gesetz eingehalten wird.

Das lautete: „Schaber müssen stets satt auf der Werkzeugauflage aufliegen und „schleppend" arbeiten." Sonst kann es zu kräftigem Verhaken des Schabers führen und ein im Schraubenfutter gehaltenes Stück kann sich lösen.

Damit die Schneide in Höhe der Drehachse des Stücks angreift, muss die Höhe der Werkzeugauflage korrekt eingestellt werden, um Gesetz 6 zu befolgen. Nehmen Sie Ihren 19 mm breiten gerundeten Schaber mit dem entsprechend dem Vorschlag in Kapitel 4 angeschliffenen Profil. Beginnen Sie mit dem Drechseln in der Mitte der Hirnfläche und erweitern Sie die Höhlung allmählich, bis Sie bei der gewünschten Tiefe und Profilierung angelangt sind (in unserem Beispiel ein einfaches Eierbecherprofil). Denken Sie daran, die letzten Schnitte von der Mitte zum Rand hin zu führen, damit Sie mit der Faser arbeiten (Bilder 6.51 und 6.52).

Hohldrechseln mit der Röhre

Meisterschaft im Einsatz einer schmalen Formröhre für das Hohldrechseln sollte ein jeder Drechsler anstreben. Das ist nicht nur bei weitem das schnellste Verfahren, sondern es kann darüber hinaus noch mit einem Schaber in wenigen Durchgängen die bestmögliche Oberfläche erzielt werden.

Sie können übrigens die Röhre (in diesem Falle eine 10 mm breite Formröhre) vorteilhafterweise gleichzeitig als Gerät zur Bestimmung der Tiefe der Höhlung benutzen.

Bild 6.49 Plandrechseln des Hirns in feinen Bogenschnitten mit der Langholz-Formröhre

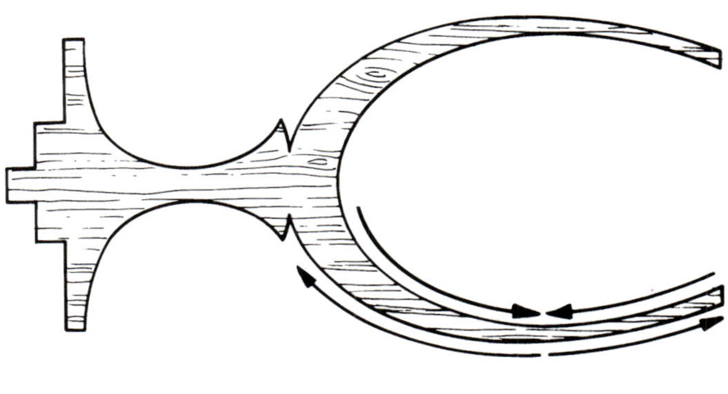

Bild 6.50 Ein bauchiger Stielbecher. Die Pfeile zeigen die Richtung des Schneidens mit der Faser.

Bild 6.51 **Hohldrechseln mit dem 19 mm breiten Schaber**

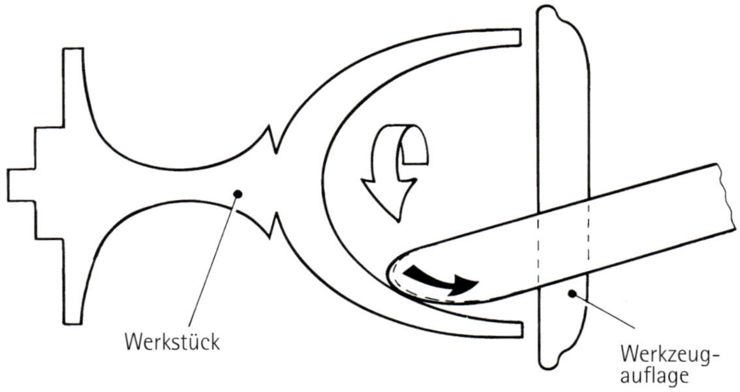

Bild 6.52 Die Hohldrechseloperation mit dem 19 mm breiten, balligen Schaber im Detail

Ich klebe zu diesem Zweck an der gewünschten Tiefe ein Stück Abdeckband in die Innenseite der Röhre. Die Werkzeugauflage muss wieder quer zur Stirnfläche des Stücks stehen und ihre Höhe so eingestellt sein, dass die Werkzeugspitze mit der Mitte der Stirnfläche fluchtet. Die Röhre können Sie nun wie einen Löffelbohrer einsetzen, indem Sie sie fast auf der Seite liegend mit der Höhlung auf Sie zu gerichtet ansetzen („10 nach 7", wenn wir uns das Zifferblatt einer Uhr vorstellen). Die Röhre wird kraftvoll in das rotierende Holz gedrückt und seitlich hin und her bewegt, damit sie ungehindert bis in die gewünschte Tiefe eindringt (Bild 6.53).

Nachdem die Solltiefe erreicht ist, wird die Innenseite ausgedrechselt. Es gibt dafür drei Verfahren; ich schildere Ihnen dasjenige, das ich für das einfachste und sicherste halte.

Stellen Sie die Werkzeugauflage etwa 6 mm tiefer als die Stirnflächenmitte ein und setzen Sie die Röhre an wie eben zur Festlegung der Tiefe beschrieben. Lassen Sie die Vorderkante der Röhre an der linken Seite der Bohrung ins Holz eingreifen und schwenken Sie das Werkzeug nach außen und auf Sie zu. Bei dichtem Laubholz werden hübsche Späne erzeugt; ärgern Sie sich aber nicht, wenn Sie bei Nadelholz lediglich „Schnitzel" produzieren (Bild 6.54).

Um ein weich fließendes Innenprofil zustande zu bekommen, muss auch das Werkzeugheft auf einer weich fließenden Bogenlinie bewegt werden. Nach einer Anzahl fließender, schwingender Schnitte sollte deshalb eine glatte, stetige Kurve entstanden sein, deren eventuelle Welligkeit Sie mit ein paar leichten Schnitten mit dem gerundeten Schaber beseitigen können.

Es ist günstig, beim Ausdrechseln einer Höhlung eine Röhre mit sehr viel kürzeren Fase zu verwenden, z. B. 60° anstelle der normalen 35°. Dadurch können engere Krümmungen bei permanent aufliegender Fase gearbeitet werden.

Bild 6.53 (unten links) Bohren auf Tiefe mit der klebebandmarkierten Röhre

Bild 6.54 (unten) Zum Vollenden der Höhlung wird die Röhre von der Mitte zum Rand hin geschwenkt

PROJEKT

Herstellen eines Stielbechers

Nachdem Sie das Hohldrechseln geübt und hoffentlich eine gewisse Fertigkeit erworben haben, könnten Sie jetzt Ihren ersten Stielbecher herstellen.

Gestaltung

Für den ersten Versuch sollte der Stielbecher nicht zu lang und nicht zu schlank sein, um keine unnötigen Schwierigkeiten zu provozieren. Bild 6.55 präsentiert ein einigermaßen einfaches Profil sowie maßliche Einzelheiten.

Wahl des Holzes

Es kann ein beliebiges feinfasriges Hartholz gewählt werden, wie etwa Bergahorn, Hainbuche, Rotbuche oder Walnuss. Für die folgenden Bilder wurde aus fotografischen Gründen Kiefer gewählt.

Bild 6.55 Profil und Maße des Stielbechers

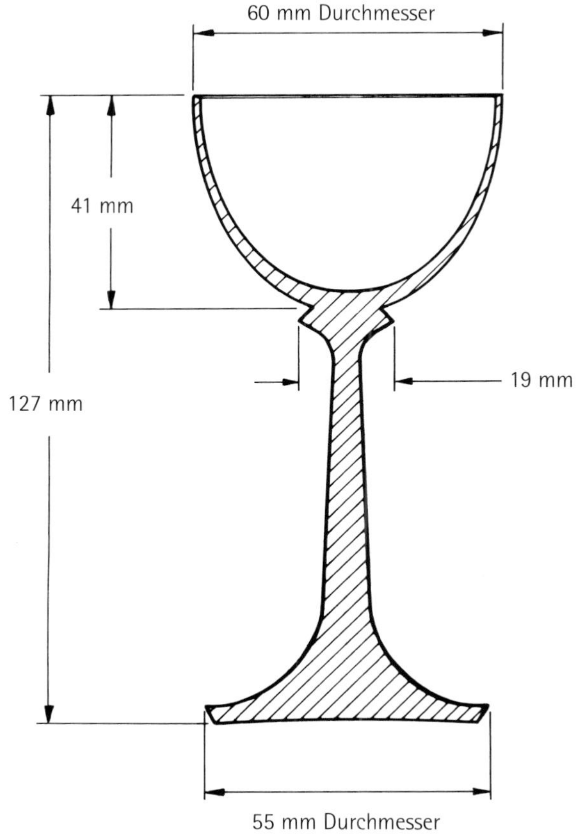

Ablauf

Befestigen Sie das Stück nach dem zuvor beschriebenen „Wendeverfahren 2" auf dem Schraubenfutter (Bild 6.49) und stechen Sie es plan.

Bestimmen Sie mit der 10-mm-Formröhre die gewünschte Tiefe der Becherinnenseite, indem Sie an der entsprechende Stelle der Werkzeugnut ein Stück Abdeckband kleben. Drechseln Sie die Innenseite aus wie oben beschrieben. Wenn Sie wollen, können Sie sich aus dicker Pappe oder dünnem Sperrholz eine Schablone anfertigen, mit der Sie sich das Erzeugen der Innenkontur erleichtern können. (Halten Sie die Bank zu Ihrer Sicherheit an, wenn Sie die Kontur mit der Schablone prüfen.) Kleine Erhebungen, die die Röhre hinterlassen hat, können mit dem gerundeten Schaber entfernt werden. Schleifen und polieren Sie die Innenseite, wie in Kapitel 9 beschrieben.

Markieren Sie nun die erreichte Tiefe der Höhlung plus 3 mm auf der Außenseite des Bechers. Stechen Sie mit einem Abstechstahl bis auf 19 mm Tiefe ein; messen Sie mit dem Tastzirkel (siehe Bild 6.16). Stechen Sie zwei weitere Schnitte im Abfallholz links vom ersten Schnitt ein; dadurch kann die Formröhre in einem glatten Bogen bis zum Grund des Becherkörpers geführt werden. Es kann jetzt die Gesamtlänge des Stielbechers festgelegt werden, indem in der Nähe der Unterfläche flach eingestochen wird (Bild 6.56).

Profilieren Sie die Außenseite des Bechers. Das kann vollständig mit der 10 mm breiten Formröhre geschehen. Im Prinzip schneiden wir ein gestrecktes Halbrundstabprofil und die Formröhre wird zu Beginn mit der Rückseite bei aufliegender Fase angesetzt. Mit fortschreitendem Schnitt wird das Heft allmählich nach links geschwenkt und das Werkzeug gleichzeitig zur Seite gerollt, wenn es den Boden des Bechers erreicht. Bemühen Sie sich um eine gleichmäßige Wanddicke; evtl. müssen Sie die Bank öfter anhalten und die Wanddicke mit einem Tastzirkel prüfen. Der V-Querschnitt am Übergang vom Becher zum Stiel ist mit der Spitze des Meißels leicht zu drechseln.

Wenn Sie mit dem Profil zufrieden sind, schleifen und polieren Sie es, bevor Sie den Stiel ausarbeiten. In Bild 6.57 hat der Stielbecher dieses Stadium erreicht.

Um die Stabilität zu erhöhen und das Vertrauen in die Bearbeitungstechnik zu stärken, kann das Innere des Bechers mit weichem Seidenpapier ausgefüllt und mit dem herangefahrenen Reitstock ein leichter Druck ausgeübt werden. Allerdings ist dafür eine mitlaufende Reitstockspitze unverzichtbar.

Bild 6.56 Stielbecher – Bearbeitungsstufe Innenform fertig, außen auf Maß eingestochen

Bild 6.57 Außenform des Bechers fertig

Bild 6.58 Schlichten des Stiels mit Fingerstabilisierung, um Flattern zu vermeiden

Bild 6.59 Abstechen. Die Finger fangen das Stück auf.

Bild 6.60 Ein fertiger Stielbecher aus Nussbaum-Holz

Jetzt kann das Profil der Grundfläche und des Stiels mit der Formröhre gedrechselt werden, und zwar stets mit der Faser, wie wir wissen. Die Röhre muss meistenteils auf dem Rücken aufgelegt und auf die Seite geschwenkt werden, sobald der Übergang eines Schnitts mit dem zuvor in Gegenrichtung geführten Schnitt erreicht wird. Wenn der Stiel allmählich seinen endgültigen Durchmesser erreicht und der Reitstock nicht zur Abstützung herangefahren ist, kann es erforderlich sein, den Stiel mit der Hand zu stützen (siehe Bild 6.10), um ein Flattern des Werkstücks zu unterbinden. Sobald Sie mit dem Profil zufrieden sind, schleifen und polieren Sie. Bild 6.58 zeigt, wie der Stiel beim Glattdrechseln mit dem Finger gestützt wird.

Mit einem frisch geschärften Abstechstahl stechen Sie den Stielbecher ab, wobei Sie darauf achten, dass die Standfläche so eben wie möglich wird (Bild 6.59). Mithilfe einer mit Schleifpapier beklebten Scheibe, die Sie in einem Backenfutter klemmen, kann die Unterfläche gesäubert werden. Wenn Sie nun noch einen Tropfen Politur auftragen, ist das Projekt vollendet. Einen fertigen Stielbecher aus Walnuss zeigt Bild 6.60.

PROJEKT

Hölzerne Frucht

Das Schraubenfutter ist ein sehr nützliches Teil der Drechselausstattung und es kann beispielsweise sehr gut für die Anfertigung hölzerner Früchte eingesetzt werden.

Apfel

Mir gefällt es, wenn die Stiele von Äpfeln und Birnen unter einem Winkel aus der Frucht ragen, was sich allerdings auf die Art und Weise der Einspannung ins Futter auswirkt. Bei meinem Verfahren muss der Rohling etwas länger sein als normalerweise erforderlich, aber das wird durch das natürlichere Aussehen der Frucht aufgewogen. Es wird ein Vierkant mit den Maßen 76 mm x 76 mm x 102 mm lang benötigt.

Wahl der Holzart

Exotische Laubhölzer können erstaunliche Maserungen bieten, sich aber für manche Drechsler wegen ihres Preises verbieten. Einheimische Heckengehölze und Gartenbäume können genauso aufregende Maserungen haben und Eibe, Goldregen, Kirsche und Pflaume (oder Zwetschge) sind ebenfalls vorzüglich geeignet, wie auch versporte Hölzer, z. B. Rotbuche. Für die Bilderfolge und die fertigen Früchte habe ich Nordamerikanisches Tulpenholz verwendet.

Ablauf

Spannen Sie das Stück zwischen Spitzen und bereiten Sie es für die Aufnahme im Schraubenfutter nach unserem zweiten Verfahren vor. Drechseln Sie es durch leichte Schnitte mit der Schrupppröhre herunter auf einen Durchmesser von etwa 70 mm. Jetzt kann das Formen des Profils mit einer 10-mm-Formröhre am freien Ende (dem Ende mit dem Stiel) beginnen. Für den gerundeten Abschnitt ist eine schwenkende Bewegung erforderlich, die zur Formung des Unterschnitts in ein schwingendes Schaufeln übergeht. In einem Abstand von 70 mm vom freien Ende stechen Sie mit einem Abstechstahl bis auf Ansatz mit einem Durchmesser von angenähert 19 mm ein. Jetzt kann das Profil bis hinab auf den Ansatz mit demselben Werkzeug fertig gedrechselt werden.

Vor dem Spannen in umgekehrter Richtung ist das bislang erzeugte Profil zu schleifen und zu polieren und außerdem eine Bohrung von 3 mm Durchmesser für den Stiel einzubringen. Halten Sie die Drechselbank an und bohren Sie dieses Loch etwa 13 mm tief unter einem Winkel von etwa 15°. Bild 6.61 zeigt den Bohrvorgang, Bild 6.62 das bis jetzt erzeugte Profil.

Für die Unterseite (das Ende mit der Blüte) muss zuerst ein kurzes Stück vierkantiges weiches Holz (80 mm x

Bild 6.61 Bohren des Lochs für den Stiel unter einem leichten Winkel zur Achse

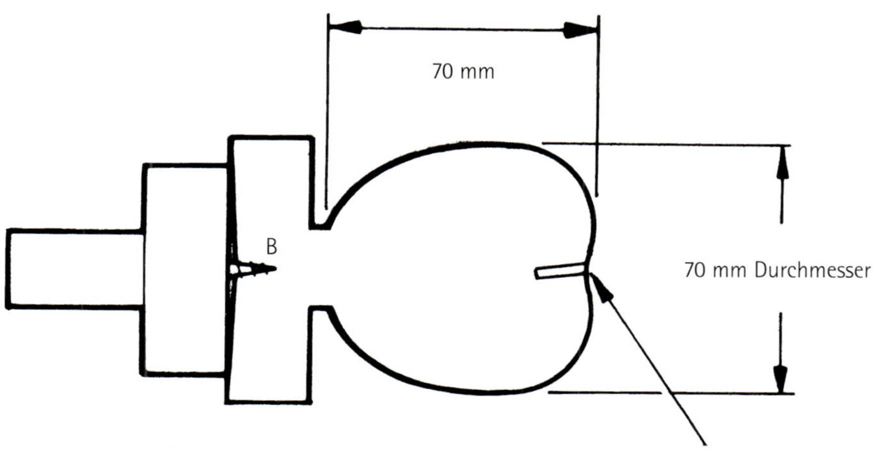

Bild 6.62 Profil und Maße des Apfels

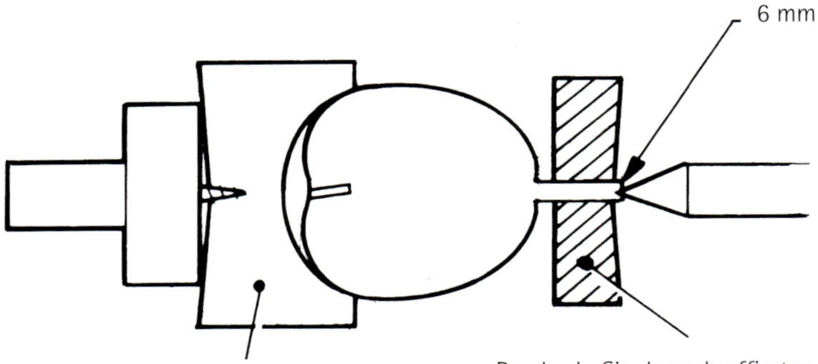

Bild 6.63 Der Apfel für das Bearbeiten der „Blütenseite" umgespannt

Bild 6.64 Schlichten der „Blütenseite" bei weggeschobenem Reitstock

80 mm) auf dem Schraubenfutter befestigt werden, in das Sie eine halbkugelförmige Höhlung zur Aufnahme des Stielendes des Apfels mit leichtem Klemmsitz eindrechseln. Oder Sie verwenden eines der üblichen Spundfutter. Die mitlaufende Reitstockspitze drücken Sie in das nun sichtbare Futterschraubenloch, wobei ein leichter Druck zur Erhaltung von Stabilität und Rundlauf aufgebracht werden darf. Wenn notwendig, kleiden Sie das gedrechselte Holzfutter mit weichem Seidenpapier aus, damit die bereits polierten Flächen der Frucht nicht beschädigt werden.

Drechseln Sie nun den Abfall weg bis auf einen Durchmesser von 6 mm, um Platz für eine 6-mm-Formröhre zu schaffen, mit der Sie das Profil schlichten (Bild 6.63). Den allerletzten Butzen können Sie bei zurückgezogenem Reitstock mit sehr leichten, gefühlvollen Schnitten wegdrechseln (Bild 6.64). Das Blütenende darf nicht über die Rundung des Apfels vorstehen, weil er sonst nicht stabil abgelegt werden kann. Jetzt können Sie den Rest schleifen und polieren.

Ich raue die Blüte mit dem Meißel ein wenig auf und schwärze sie mit einem Kohlestift. Dafür können Sie auch einen erhitzten Feuerhaken oder einen heißen Lötkolben nehmen.

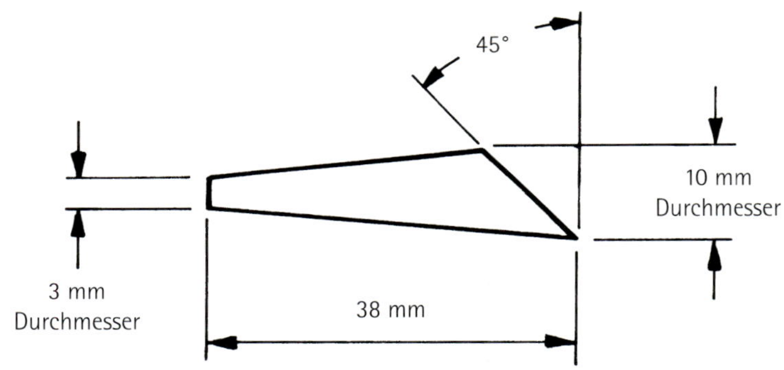

Bild 6.65 Profil und Maße eines üblichen Stiels

Der Stiel

Ich nehme einen Vierkantstab mit den Maßen 10 mm x 10 mm, 125 mm lang, und drechsle ihn zwischen Spitzen rund. Dann spanne ich das Stück in das im Spindeldorn befestigte Backenfutter. Mit dem Reitstock kann leichter Druck ausgeübt werden, wenn der Stiel (beginnend an der Reitstockseite) geformt, geschliffen, poliert und abgestochen wird. Abschließend wird das äußere Stielende winklig geschliffen. Aus dem Vierkantstab kann ich auf diese Weise drei Stiele drechseln. Im Bild 6.65 sehen Sie die Maße eines solchen Stiels. Der Stiel wird zum Schluss in den Grundkörper des Apfels geklebt.

Birne

Auf Bild 6.62 erkennen Sie, dass der größte Durchmesser des Apfels gleich seiner Höhe ist, was mir gut proportioniert erscheint. Analog meine ich, dass die Länge der Birne den größten Durchmesser um etwa 25 mm übertreffen sollte. Entsprechend ist ein Vierkantstück mit den Maßen 76 mm x 76 mm, 120 mm lang, erforderlich, um eine Birne mit diesen Maßen arbeiten zu können.

Bild 6.66 **Maße der Birne und Profil**

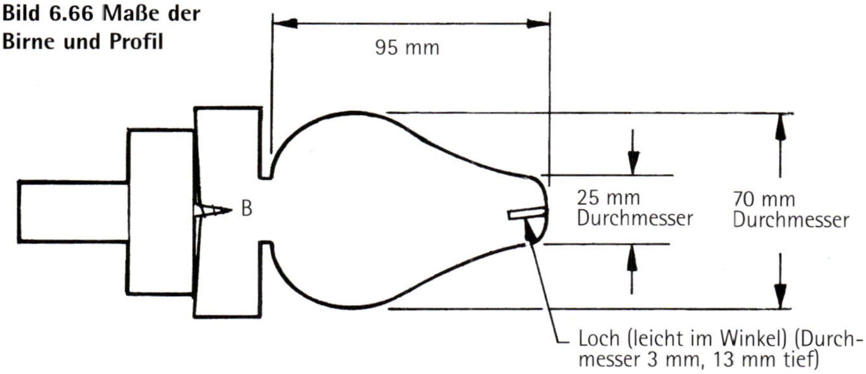

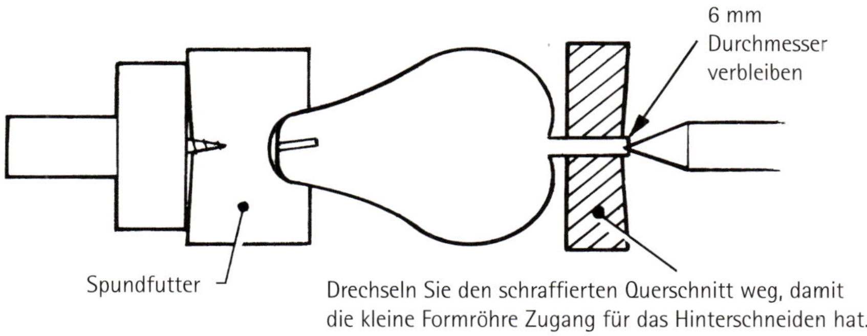

Bild 6.67 Schlichten des Profils bei umgespannter Birne

Ablauf

Holzart, Ablauf und Techniken sind dieselben wie beim Apfel. Unterschiedlich sind nur das Profil und die Gesamtlänge (Bild 6.66). Wieder muss ein Spundfutter aus Nadelholz zur Aufnahme des Stielendes der Birne angefertigt werden (Durchmesser diesmal etwa 25 mm, Bild 6.67). Für den Stiel kann dieselbe Form wie beim Apfel gewählt werden.

Bild 6.68 Einige fertig gearbeitete und polierte Früchte

ZUSAMMENFASSUNG

1. Häufiges Üben mit den vier Hauptwerkzeugen an den drei Grund-Formelementen führt zu raschem Lernfortschritt.
2. Für den Neuling im Drechselhandwerk ist der 25 mm breite Meißel mit ovalem Querschnitt beim Drechseln gerader Walzen und gestreckter Formen unentbehrlich.
3. Beim Drechseln von Wölbungen wird die Formröhre auf dem Rücken liegend angesetzt und zur Seite gerollt.
4. Beim Drechseln von Kerben wird die Formröhre auf der Seite liegend angesetzt und in Richtung Rücken gerollt.
5. Der 13 mm breite Meißel ist für das Schneiden scharfer Übergänge und schmaler Platten sowie für allgemeine Säuberungsarbeiten unentbehrlich.
6. Es ist ein Grundprinzip des Drechselns, die Werkzeugfase (den Keilwinkel) parallel zur zu drechselnden Form anzusetzen.
7. Das Anfertigen kleiner Hohlformen im Schraubenfutter oder Spundfutter sollte häufig geübt werden.
8. Die Herstellung einfach geformter Gegenstände wie Äpfel und Birnen hilft Ihnen, Vertrauen in Ihre Fertigkeiten zu gewinnen und das Drechseln ausgewogener, fließender Formen zu üben.

Kapitel 7
Querholzdrechseln

Es wird Ihnen, verehrter Leser, nicht entgangen sein, dass ich mich in den bisherigen Kapiteln bemüht habe, Ihnen nahe zu bringen, wie gefährlich das Drechseln von Stücken mit großem Durchmesser sein kann, wenn Ihnen die Grundlagen und die Gesetze des Drechselns nicht vollkommen vertraut sind.

Die Vertrautheit ebenso wie die Entwicklung von Fertigkeiten und Sicherheit bei der Anwendung der verschiedenen Techniken erreichen Sie am besten und sichersten durch Langdrechseln von Stücken mit kleinen Querschnitten. Sie sollten sich einige Wochen konzentriert solchen Arbeiten widmen, bevor Sie sich dem Drechseln beispielsweise einer Schale zuwenden.

Andererseits können Sie den Lehrgang eines professionellen Drechslers besuchen und werden vermutlich bereits am zweiten Tag (in manchen Kursen sogar am ersten) eine Schüssel mittlerer Größe drechseln. Der entscheidende Unterschied ist natürlich der, dass in dem Lehrgang der Meister hinter Ihnen steht, jeden Ihrer Handgriffe überwacht und im Gefahrenfall die Führung des Werkzeugs übernimmt, damit nichts passiert. Hinweise zur Wahl eines Lehrgangs gebe ich auf S. 171.

Faserrichtung und Holzvorbereitung

Beim Langholzdrechseln verläuft die Faser parallel zur Achse der Drechselbank. Beim Querholzdrechseln verläuft die Faser normalerweise entlang der Oberfläche der Scheibe oder des Schüsselrohlings, was zur Folge hat, dass zweimal je Umdrehung Querholz auftritt.

Die Schwierigkeiten beim Bearbeiten von Querholz mit dem Handhobel kennen Sie. Wenn Sie mit dem Eisen an den Werkstückrand gelangen, splittert das Holz aus, weil die Randfasern nicht abgestützt sind. Je dicker der Span, desto mehr Holz splittert ab (Bild 7.1). Um das Absplittern zu vermeiden, wird entweder der Rand leicht angefast und nur ein ganz schwacher Span abgehoben (Bild 7.2) oder Sie hobeln von den Rändern des Stücks aus in Richtung Mitte (Bild 7.3). Ähnlich müssen Sie beim Drechseln vorgehen, um an den Rändern scheibenförmiger Werkstücke diesem Problem zu begegnen.

Eines der Gesetze des Drechselns fordert, wenn irgend möglich mit der Faser zu schneiden. Beim Langdrechseln heißt das stets in Richtung auf die Achse des eingespannten Werkstücks, also „abwärts" (Bild 7.4). Beim Querdrechseln bedeutet „abwärts" in Bezug auf das in der Drechselbank befestigte Holz keineswegs, dass von selbst ständig mit der Faser geschnitten wird.

Bild 7.5 zeigt ein Stück, das mittels Schraubenfutter in der Drechselbank befestigt ist. Von der Bankvorderseite aus gesehen, bedeutet „abwärts" offensichtlich von der Futterseite in Richtung auf die freie Werkstückfläche. Nehmen Sie das Stück aus der Bank und legen es flach auf den Tisch, wie in Bild 7.6, hat sich „abwärts" auf einmal gewandelt und bedeutet „vom kleineren zum größeren Durchmesser". Es ergibt sich also die Frage: „Was heißt denn nun bei scheibenförmigen Werkstücken Schneiden mit der Faser?" Die Antwort lautet:

- Schneiden mit der Faser wird auf der *Außenseite* einer Schale oder einer Wölbung durch Arbeiten vom *kleineren* zum *größeren* Durchmesser erreicht.
- Schneiden mit der Faser wird auf der *Innenseite* einer Schale oder einer Höhlung genau umgekehrt durch

Bild 7.1 Schneiden auf die unabgestützte Kante führt zum Absplittern.

Bild 7.2 Eine kleine Fase und ein leichter Span verhindern das Absplittern.

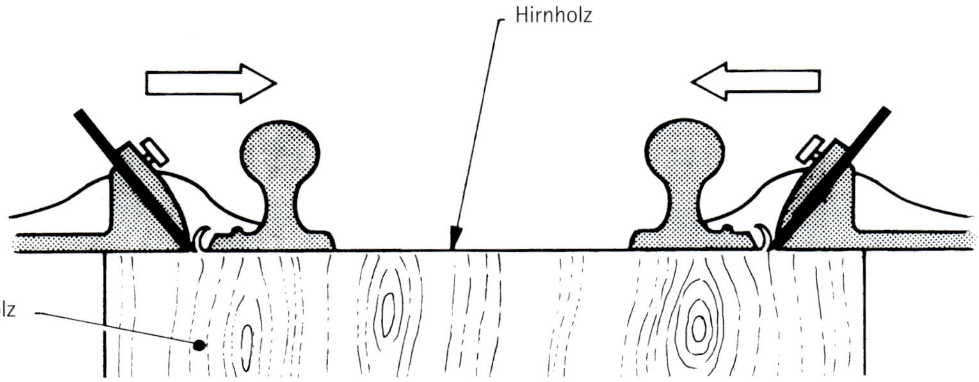

Bild 7.3 Schneiden von beiden Seiten aus auf die Mitte zu verhindert das Absplittern ebenfalls.

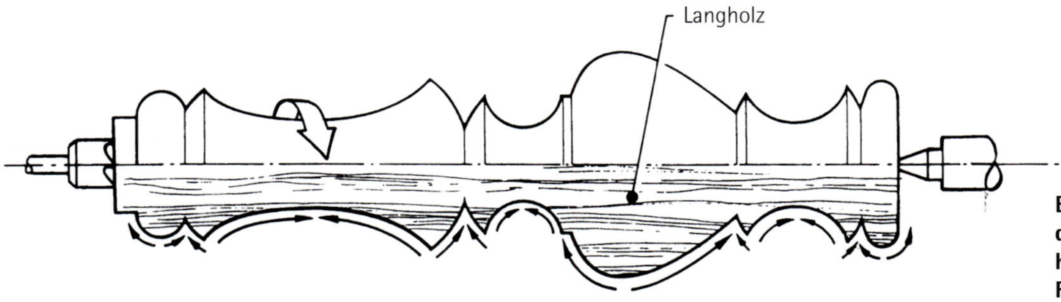

Bild 7.4 Langholzdrechseln: „Abwärts" heißt immer „mit der Faser".

Arbeiten vom *größeren* zum *kleineren* Durchmesser erreicht.

Auf einer Schale mit einfachen, traditionellen Formen ist das leicht zu erkennen und zu beachten, beim Drechseln einer bauchigen Schüssel aber ändert sich die Faserrichtung auf der Innen- und auf der Außenseite je zweimal (Bild 7.7).

Als Nächstes müssen wir uns die Frage stellen, ob die Kernseite oben oder unten liegen soll. Beim Trocknen schwindet Holz stets vom Kern weg, sodass sich diese Seite wölbt. Wenn das Holz des fertigen Produkts arbeitet, würde sich also z. B. der Boden einer Schale wölben, wenn er die Kernseite ist. Die Schale stände auf einer ebenen Fläche nicht mehr stabil und würde sich drehen oder kippen (Bild 7.8). Schalen werden deshalb üblicherweise so ausgeführt, dass die Kernseite oben liegt (Bild 7.9).

Einige heutige Schalendrechsler negieren dieses Prinzip entweder wegen der Beliebtheit von Schalen mit „Naturrand" oder wenn zwischen Kern und Splint ein deutlicher Farbkontrast besteht. Solche Eigenheiten können bei der Gestaltung natürlich nur berücksichtigt werden, indem auf die Einhaltung dieses Prinzips verzichtet wird. Schwierigkeiten mit

Bild 7.5 Drechseln einer Scheibe: Schneiden in Pfeilrichtung ist „abwärts", wenn das Stück in der Bank eingespannt ist, bedeutet aber Schneiden *gegen* die Faser.

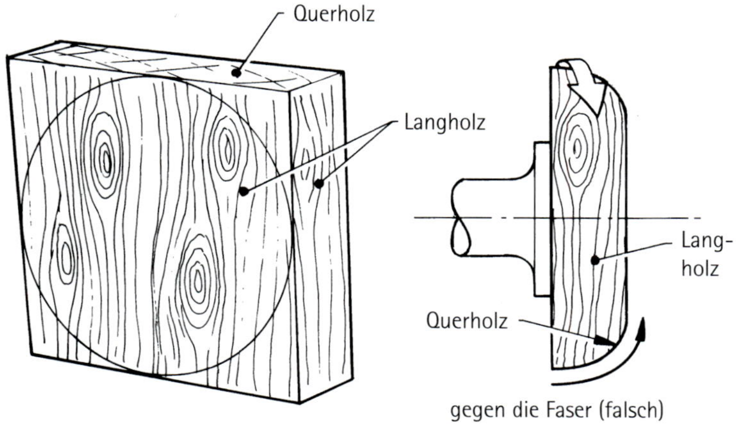

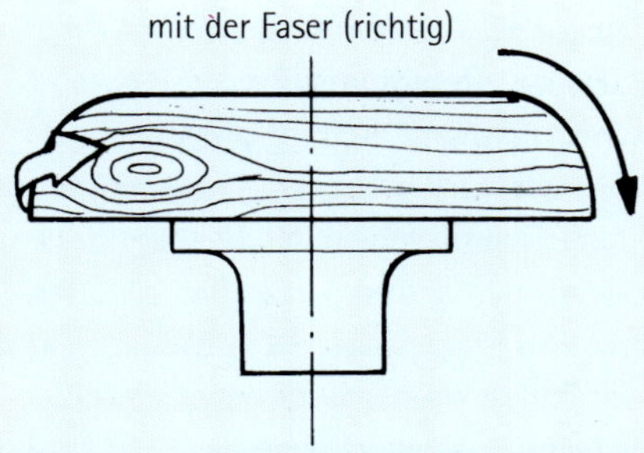

Bild 7.6 Das Stück ist von der Drechselbank abgenommen und liegt auf dem Tisch. Schneiden in Pfeilrichtung bedeutet jetzt *mit* der Faser.

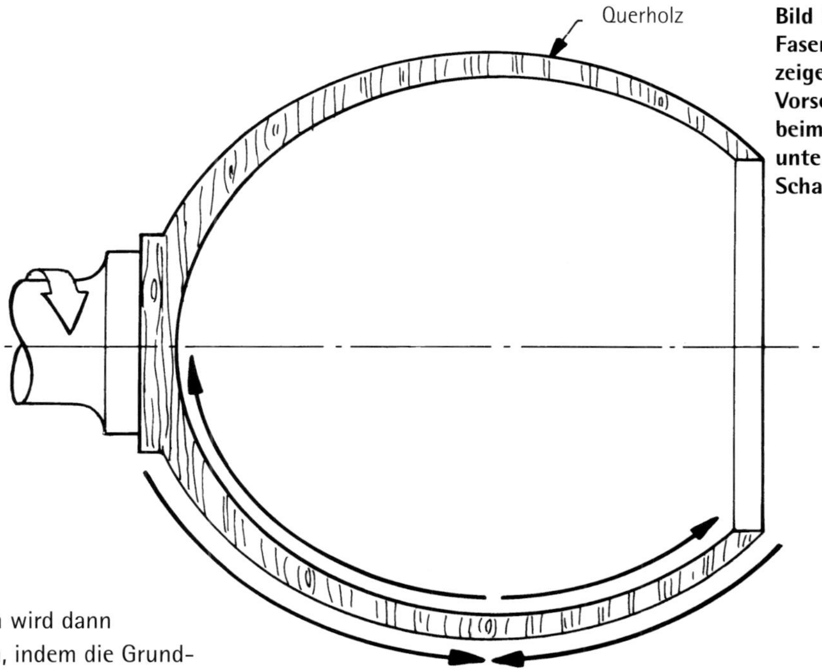

Bild 7.7 Richtung der Fasern. Die Pfeile zeigen die richtigen Vorschubrichtungen beim Drechseln einer unterschnittenen Schale an.

gewölbten Schalenböden wird dann aus dem Wege gegangen, indem die Grundfläche leicht konkav gearbeitet wird (Bild 7.10).

Grün- oder Nassdrechseln

Das ist keineswegs eine neue Erfindung, denn die „Stuhlflicker" der Chiltern Hills – Sie erinnern sich (S. 11) – stellten alle ihre Stuhlteile aus grünem Holz her. Wenn sich das Holz dann beim Trocknen verformte, wurden die Verbindungen günstigerweise sogar fester, weil die Zapfen einen ovalen Querschnitt annahmen. Diese Art zu drechseln ist wiederbelebt worden, insbesondere beim Schalendrechseln. Hier einige Vorteile des Grün- oder Nassdrechselns:

- Grünes Holz ist beträchtlich billiger als getrocknetes.
- Grünes Holz lässt sich leichter schneiden als trockenes Holz.
- Die Werkzeuge bleiben länger scharf.
- Die Trocknungszeit wird wesentlich verkürzt, wenn das nasse Holz auf eine Wanddicke von etwa 20 mm herunter gedrechselt wird. Eine folgende Freilufttrocknung dürfte nicht mehr als sechs Monate in Anspruch nehmen, was noch auf den halben Zeitraum verkürzt werden kann, wenn die Stücke in Regalen mit künstlicher Belüftung gelagert werden. (Es ist üblich und sogar empfehlenswert, die vorgedrechselten Rohlinge zur Vermeidung ungleichmäßigen Trocknens, einer Ursache für Risse, mit Wachs zu behandeln.)

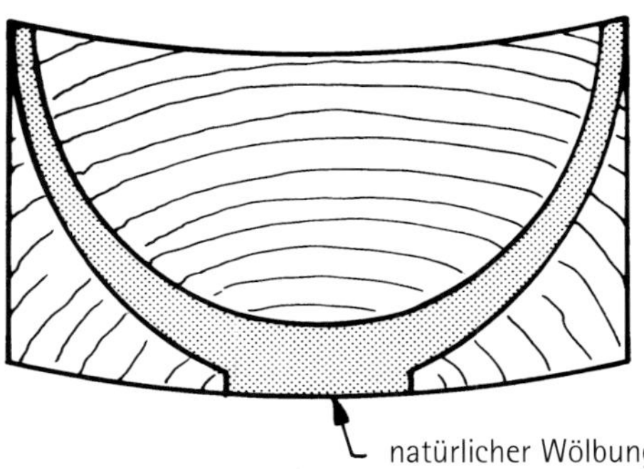

Bild 7.8 Wenn der Schalenboden zum Kern gerichtet ist, führt Schwinden zur Wölbung der Unterfläche und zu unsicherem Stand.

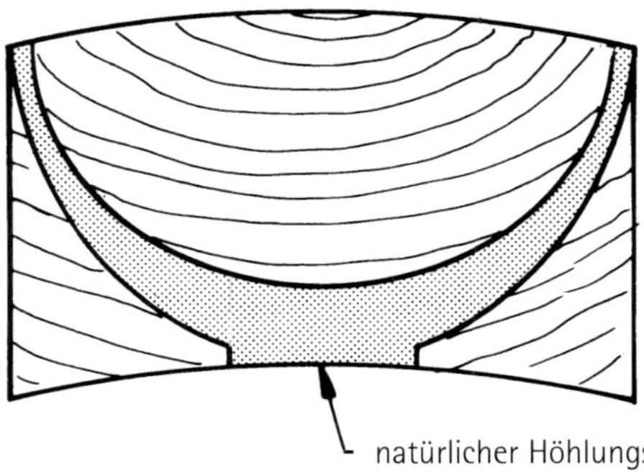

Bild 7.9 Ist der Schalenrand zum Kern gerichtet, führt Schwinden zu einer hohlen Unterfläche, was sich auf den Stand günstig auswirkt.

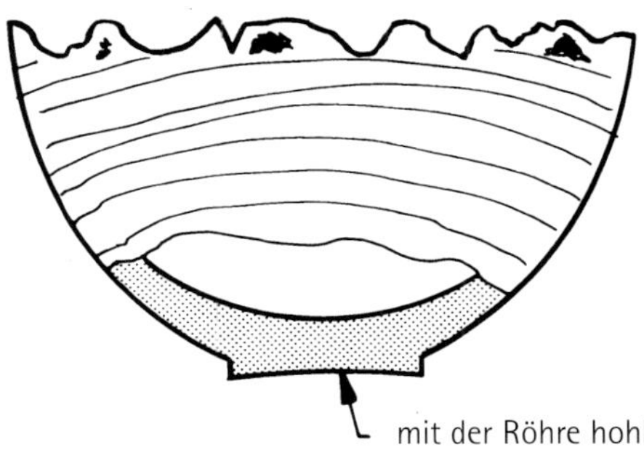

Bild 7.10 Bei Schalen mit waldkantigem Rand wird diese Regel durchbrochen; aus Stabilitätsgründen muss die Unterfläche bewusst hohl gedrechselt werden.

Befestigungsverfahren

Auf der Planscheibe allein

Üblicherweise wurde eine Planscheibe an einen vorbereiteten Rohling geschraubt und an der Drechselbank befestigt. Ohne Umspannen wurde das Stück auf der Planscheibe fertig gedrechselt. Hauptsächliche Nachteile dieser Verfahrensweise waren:

- Die Schraubenlöcher in der Bodenfläche bleiben sichtbar, auch wenn sie mit Stopfen verschlossen oder Tuch abgedeckt werden.
- Der Boden der Schale muss wegen der Schrauben mindestens 13 mm Dicke haben. Das ist einfach zu dick und lässt die Schale plump und unelegant wirken.

Kombinations- oder Mehrzweckfutter

Diese Futter wurden in Kapitel 2 erwähnt. Ich finde, dass für den Erwerb der Grundfertigkeiten diese technisch aufwändigen Futter nicht unbedingt gebraucht werden, dass sie aber erheblich zur Beschleunigung und Vereinfachung vieler Tätigkeiten beitragen. Die Futter spannen innen oder außen und können mithilfe der verschiedenen Zusatzeinrichtungen in Schrauben- oder Stiftfutter umgewandelt werden.

Planscheibe (oder Schraubenfutter) in Kombination mit einem selbst angefertigten Hohl- oder Spundfutter

Das ist das Verfahren, mit dem ich ausgebildet worden bin. Die Planscheibe oder das Schraubenfutter werden für die Befestigung zu Beginn der Arbeiten verwendet. Nachdem die äußere Form fertig gedrechselt worden ist, wird die Schale gewendet und durch ein Hohlfutter (auch Spundfutter genannt) angetrieben, das seinerseits auf einer Planscheibe oder einem Schraubenfutter befestigt wird. Das Hohlfutter stellen Sie sich selbst aus einem Stück Abfallholz her. Dieses Verfahren vermeidet nicht nur unschöne Schraubenlöcher in der Grundfläche, sondern verschafft einem außerdem die Freude, ein Vorhaben auf einer mit Sorgfalt selbst angefertigten Vorrichtung ausgeführt zu haben.

Werkzeuge für das Schalendrechseln

Die Querholz-Formröhre

Ihr Werkzeugsatz, wie ich ihn für den Neuling empfohlen habe, enthält auch eine 10 mm breite Querholz-Formröhre. Mit diesem Werkzeug sind Sie in der Lage, Hohlkörper mit Maßen bis etwa 250 mm Durchmesser und 75 mm Tiefe komplett zu formen. Für größere Schüsseln (deren Anfertigung einem Anfänger nicht zu empfehlen ist) ist die schwerere Version mit 13 mm Breite günstiger. In diesem Zusammenhang ist es wichtig zu wissen, dass die Breite der Querholz-Formröhre auf der *Innenseite* der Werkzeugnut gemessen wird; eine 10 mm breite Röhre wird demnach aus Rundmaterial mit 13 mm Durchmesser und eine 13 mm breite Röhre aus Rundmaterial mit 16 mm Durchmesser hergestellt.

Einige Drechsler, mich eingeschlossen, verwenden für Planscheibenarbeiten aller Art die flacheren Langholz-Formröhren, insbesondere für Schlichtarbeiten und für das Formen dekorativer Einzelheiten. Dem Neuling sei jedoch trotzdem empfohlen, bei der Querholz-Formröhre (deren tiefer U-Querschnitt die Führung des Werkzeugs bei diesen Arbeiten sehr erleichtert) und bei Schabern zu bleiben. Schrupprөhren dürfen auf der Planscheibe *nicht* verwendet werden; ihr Einsatzgebiet beschränkt sich auf das Langdrechseln. Einige Plandrechsler verwenden sie dennoch, was aber für den Neuling wirklich *gefährlich* ist.

Das an die Querholz-Formröhre angeschliffene Profil

Es war üblich, diese Röhren mit gleichmäßiger Dicke über dem Querschnitt zu schleifen, und einige Werkzeughersteller tun das noch heute. Drechsler, die sich auf die Anfertigung von Schalen spezialisiert haben, besitzen mehrere Querholz-Formröhren mit unterschiedlichen Schliffprofilen wie einem Querschnitt gleicher Dicke, einem Fingernagelprofil und einer überlangen Fase (bis 25 mm von der Werkzeugspitze). Damit erreichen sie die jeweils größtmögliche Arbeitsgeschwindigkeit und Effektivität. Der Anfänger, der nur ein Werkzeug sein Eigen nennt, benötigt ein gutes allgemein verwendbares Profil.

Nach meiner Ansicht ist eine leichte Wölbung der Schneidkante das günstigste und vielseitigste Profil, mit dem sich das Werkzeug leicht führen und wirkungsvoll einsetzen lässt. Zum Schärfen des Werkzeugs stellen Sie zuerst die Auflagefläche der Schleifvorrichtung auf den richtigen Winkel ein (etwa 55°; siehe S. 38–42). Dann halten Sie das Werkzeug auf einer Seitenfläche beginnend gegen die Schleifscheibe und rollen es in einem Zuge auf die andere Seitenfläche. Dieser Rollbewegung sollte ein leichtes Schwenken überlagert werden, um die leichte Rundung des

Profils zu erzeugen. Setzen Sie das Schleifen fort (und denken sie daran, die Röhre mit nur geringem Kraftaufwand an die Scheibe zu drücken), bis die gewünschte Schärfe erreicht ist. Bild 7.11 zeigt das vorgeschlagene Profil.

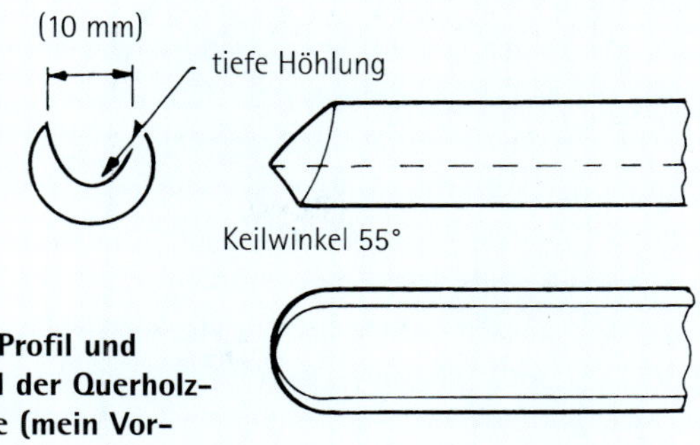

Bild 7.11 Profil und Keilwinkel der Querholz-Formröhre (mein Vorschlag)

Schaber oder auch Schlicht- oder Flachstähle

Schaber gibt es mit allen möglichen Formen und Querschnitten und ich besitze sicher doppelt so viele Schaber wie schneidende Werkzeuge – ein verblüffendes Eingeständnis seitens eines Lehrers, der unaufhörlich den Einsatz schneidender Werkzeuge propagiert. Meine Querholzarbeiten sind aber zu einem großen Anteil die Sockel säulenförmiger Stücke, die mit einer Vielzahl verschiedener Profile gewünscht werden, für die ich meine Schaber zugerichtet habe. Diese Werkzeuge setze ich erst ein, *nachdem* ich möglichst viel Holz mit Röhren abgedrechselt habe. Die Einsparung an Anreiß- und Bearbeitungszeit ist beachtlich.

Bild 7.12 Auswahl von Formschabern, die sowohl für Lang- als auch für Querdrechselarbeit eingesetzt werden können.

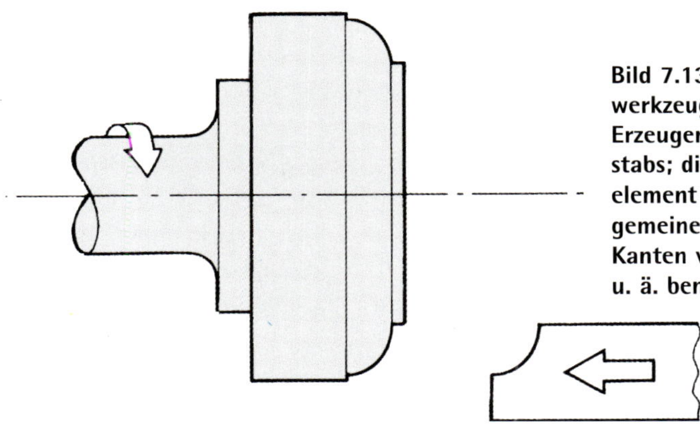

Bild 7.13 Das Formwerkzeug beim Erzeugen eines Eierstabs; dieses Formelement wird im Allgemeinen an den Kanten von Sockeln u. ä. benutzt.

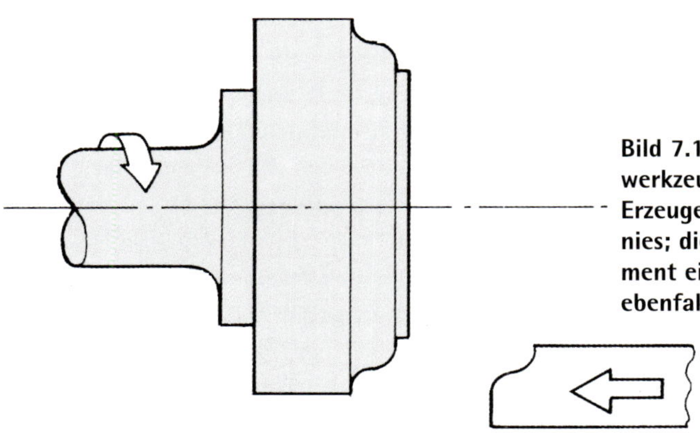

Bild 7.14 Das Formwerkzeug beim Erzeugen eines Karnies; dieses Formelement eignet sich ebenfalls für Sockel.

Offensichtlich können Schaber für zwei gänzlich unterschiedliche Aufgaben herangezogen werden:

Als formende Werkzeuge

Dem Werkzeug wird ein Profil angeschliffen, welches das exakte Gegenstück zu dem Profil des anzufertigenden Sockels oder der Scheibe ist, und es wird direkt ins Werkstück gedrückt. Modellbauer wenden dieses Formungsverfahren in großem Umfang nicht nur auf der Planscheibe, sondern auch zwischen Spitzen an, wo es eher auf Genauigkeit als auf eine hohe Oberflächengüte ankommt. Die Bilder 7.12, 7.13 und 7.14 zeigen Beispiele für diese Profile.

Als formverbessernde Werkzeuge

Dass direkt mit der Röhre eine befriedigende Oberfläche erzielt wird, ist in vielen Fällen ziemlich unwahrscheinlich. Unter der Wirkung der Röhre neigen die Flächen mit Hirnholz, insbesondere die ungestützten Fasern, zum

Aufrichten. Das passiert in gewissem Ausmaß selbst bei den schärfsten Röhren in den geschicktesten Händen. Das Aufrichten der Faserenden ist bei grobporigen Hölzern wie Ulme und Eiche stärker ausgeprägt und bei ungeschickter Arbeit mit stumpfem Werkzeug können sich die Fasern bis zu einer Höhe von 5 oder 6 mm aufrichten. Ein scharfes Werkzeug ist also nirgends dringlicher erforderlich als hier.

Sehr scharfe Schaber verbessern häufig die Oberfläche des Querholzes. Oft wird behauptet, dass für den Gebrauch des Schabers weiter *kein Geschick* erforderlich sei. Das bestreite ich energisch! Ich gebe zu, dass für schneidende Werkzeuge wesentlich mehr Fertigkeiten vonnöten sind, aber zu behaupten, dass Schaben kein Geschick erfordere, ist Unsinn. Im Falle der „formenden Schaber" beginnt das schon beim Profilieren des Werkzeugs am Schleifstein. Wie bei jedem anderen Werkzeug muss erst ein „Gefühl fürs Werkzeug" erworben sein, um bestmögliche Resultate zu erzielen, und das gilt viel mehr noch, wenn Schaber zur Verbesserung von Profilen Einsatz finden sollen.

Die abgehobene Holzmenge ist direkt proportional der Kraft, mit der Sie das Werkzeug nach vorn drücken. Beim „Verbessern" darf nur wenig Kraft aufgewandt werden und der Schaber muss in Bewegung bleiben. Späne, nicht Staub müssen von der Schneide abfließen außer vielleicht bei den ungeeignetsten Hölzern. Ist das nicht der Fall, so ist der Schaber stumpf. Schaber, die nicht extrem scharf sind, wirken sich übrigens nachteiliger auf Querholz aus als stumpfe Röhren, und diese ungünstige Wirkung ist oft durch kein Schleifen zu beheben.

Ihr für den Anfang empfohlener Werkzeugsatz enthält drei Schaber, was sich auch für eine gewisse Zeit als ausreichend erweisen dürfte. Wenn Sie allerdings ein spezielles Profil erzeugen wollen, können Sie sich die entsprechende Form an ein ausgedientes Stemmeisen schleifen.

Schärfen

Aus Gründen, die in Kapitel 4 ausgiebig dargelegt wurden, werden Schaber stets mit einem Winkel von 80° geschliffen. Stellen Sie die Auflage der Schleifvorrichtung entsprechend ein und drücken Sie das Werkzeug nur leicht an die Scheibe. Schleifen eines geraden Flachschabers bedeutet weiter nichts, als das Werkzeug parallel zur Schleifscheibenfläche zu bewegen. Wie beim Schlichthobel ist es günstig, die Schneidenecken leicht zu runden, damit sie keine Riefen im Holz bilden. Die runden Schaber müssen natürlich im Bogen bewegt werden, damit sie ihre gewünschte Form beibehalten. Wieder erweist es sich als nützlich, dass die Auflage der Schleifvorrichtung nicht zu klein ausgeführt wurde.

Mit wachsender Fertigkeit und Sicherheit kann der vorgeschlagene Schleifwinkel von 80° gestreckt werden. Einige Querholzdrechsler schleifen 45° an, um die Anwendung einer „**Scherschaben**" genannten Technik zu erleichtern. Für Anfänger taugt diese allerdings nicht und Sie sollten die Finger davon lassen, bis Sie einigermaßen kompetent in der Anwendung der traditionellen Schabertechniken sind, wie sie in Kapitel 5 (S. 52–53) beschrieben worden sind.

Gleichgültig welchen Winkel Sie anschleifen – stets entsteht an der Schneide ein **Grat**. Vielleicht haben Sie die theoretische Auseinandersetzungen verfolgt, ob dieser Grat zu entfernen oder zu belassen sei. Mein Ratschlag, basierend auf meinen Erfahrungen, lautet, ihn zu belassen *außer* beim Einsatz des Schabers für Querholzarbeiten wie Stielbecher, Behältnisse usw. sowie an dichten exotischen Holzarten. Bei diesen Hölzern kann der Grat nämlich viel zu aggressiv wirken und die Werkzeugführung erheblich erschweren.

Der Grat eines frisch geschliffenen Werkzeugs kann mit dem Ölstein oder durch Abziehen auf einem Stück feinem Sandpapier entfernt werden.

PROJEKT

Drechseln Ihrer ersten Schale

Obwohl ganze Bücher dieser Art zu drechseln gewidmet wurden, möchte ich Ihnen dennoch vorschlagen, bis zum Erwerb wirklich gründlicher Kompetenz hinsichtlich der Grundtechniken die Finger von den häufig ziemlich *gefährlichen* Arbeitsweisen dieser Spezialisten zu lassen. Es ist eine unbestreitbare Tatsache, dass das Drechseln umso gefährlicher sein kann, je dünner die Wand, je größer die Schale, je weniger ausgewuchtet das Stück mit Naturkante oder je tiefer die Höhlung ist.

Dieses Buch wendet sich an den bislang nicht oder weniger erfahrenen Drechsler und ich rate deshalb, dass er sich auf die offenen, fließenden Profile konzentriert, mit deren Ausformung eine verlässliche und sichere Technik und, vielleicht noch wichtiger, genügend Selbstsicherheit erworben werden kann. Je weiter sich die Außenkontur einer U-Form nähert (Bild 7.15), desto schwieriger wird das Hohldrechseln. Und noch viel schwieriger ist das Ausformen solch hinterschnittener Profile wie in Bild 7.16, an die Sie sich vorläufig überhaupt nicht heranwagen sollten.

Mit ein wenig Vorbedacht vermögen Sie Schalen und Platten herzustellen, die sowohl ihrer Aufgabe gerecht werden als auch gut anzusehen sind, selbst wenn ihre Gestalt auf einfachen, fließenden Profilformen beruht. Bild 7.17 präsentiert eine unter diesen Prämissen gestaltete Schale, Bild 7.52 eine Platte; ich beschreibe jetzt, wie sie beide gearbeitet werden.

Bild 7.15 Ein für den Anfänger schwieriges Profil

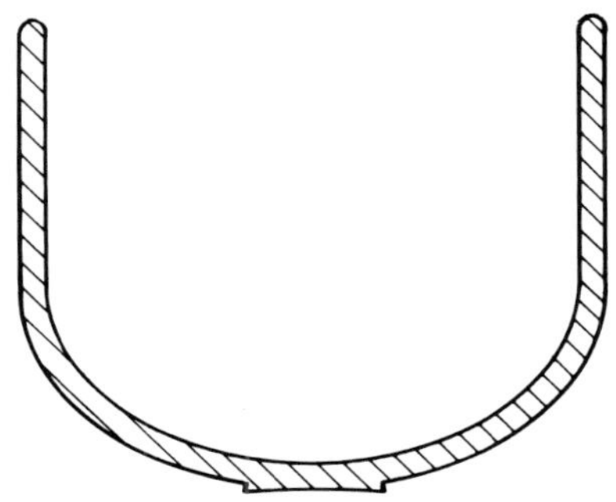

Bild 7.16 Ein für den Anfänger noch schwierigeres Profil

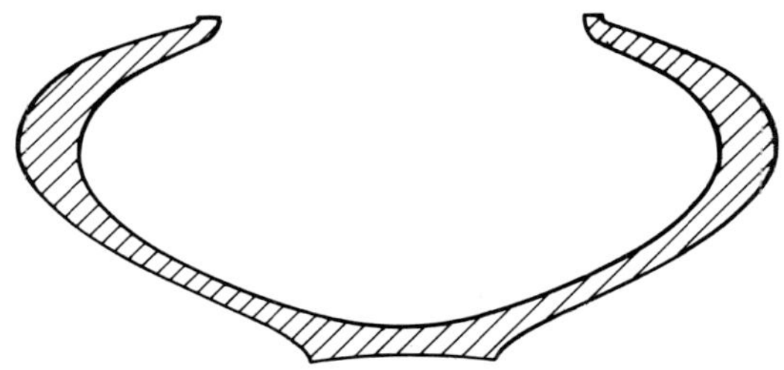

Ihre erste Schale

Unterdrücken Sie Ihren Ehrgeiz und beginnen Sie mit einem mittelgroßen Rohling mit einem Durchmesser von 230 mm und einer Höhe von 76 mm. Die Gestaltung dieser ersten Schale ist auch dadurch beeinflusst, dass ich Ihnen das Hohlfutter vorführen will, das ich auf S. 90 angedeutet habe. Das erfordert die Formung eines Sockels mit 51 mm Durchmesser am Boden der Schale und gestattet Drechslern, die nur über Planscheibe und Schraubenfutter verfügen, die Schale ohne bleibend sichtbare Spannspuren (Schraubenbohrungen) zu verfertigen.

Die Wanddicke ist großzügig bemessen, und in Bild 7.17 erkennen Sie, dass der Rand leicht gerundet und außerdem auf der Innenseite hinterschnitten ist, sodass das Innenprofil mit einer hübschen Kante beginnt.

Wahl der Holzart

Geeignet ist jedes einheimische Hartholz, wie Ulme, Esche, Rotbuche oder Kirsche. Falls erhältlich, ist Bergahorn wahrscheinlich die Holzart, mit der Sie Ihre drechslerischen Fertigkeiten am günstigsten entwickeln können. Bergahorn ist ein homogenes, schönes Holzmittlerer Dichte und gut zu bearbeiten. Außerdem ist es verhältnismäßig preiswert. Ich selbst habe für die Fotofolge nordamerikanisches Tulpenholz verwendet, ebenso für die fertige Schale auf S. 104.

Arbeitsablauf

Das Verfahren der Befestigung und der Aufnahme des gewendeten Stücks im Futter habe ich in den Bildern 7.18 veranschaulicht. Achten Sie darauf, dass das Schraubenfutter am Rohling exakt zentriert ist – sonst entstehen unnötigerweise Schwingungen – und befestigen Sie das Futter mit dem Holz in der Drechselbank. Sie hatten übrigens auch darauf zu achten, dass die auf dem Schraubenfutter auflie-

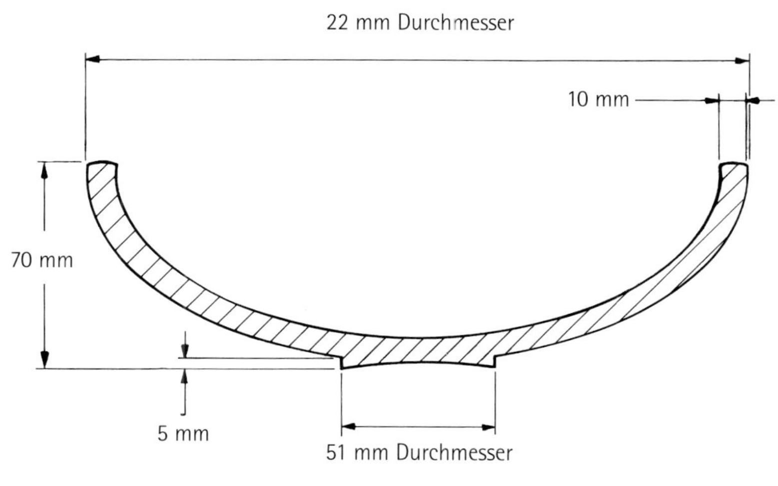

Bild 7.17 Ein einfaches, offenes Schalenprofil, das sich für den Anfänger eignet

gende Fläche des Holzes gut plangehobelt ist, damit das Stück nicht auf dem Futter wackelt.

Stellen Sie eine Spindeldrehzahl von 750 bis 1000 U/min ein und positionieren Sie die Werkzeugauflage entlang der Seitenkante des Stücks, denn die erste Aufgabe besteht darin, es genau rund zu drechseln.

Weil es im Interesse Ihrer persönlichen Sicherheit ohne jeden Abstrich wichtig ist, dass das Werkzeug beim Drechseln von Teilen mit großem Durchmesser den Kontakt mit der Auflage nicht verliert, empfehle ich Ihnen die Handhaltung „über dem Werkzeug" (wie ich sie selbst ebenfalls zum größten Teil anwende). Diese Haltungsart, veranschaulicht und erläutert im vorigen Kapitel (S. 57), sorgt dafür, dass das Werkzeug durch das Gewicht des Handtellers und der Finger der vorderen Hand auf die Auflage gedrückt wird. Dennoch reicht auch hier die übliche entspannte Haltung der Hand aus.

Der Ansatz des Werkzeugs

Denken Sie daran: Die Röhre ist ein schneidendes Werkzeug und es müssen alle dafür geltenden Gesetze befolgt werden. Vergessen Sie auch nicht, das Werkstück vor dem Einschalten der Drechselbank von Hand durchzudrehen. Wenn Sie die Bank einschalten, werden auch bei sorgfältigstem Zentrieren Schwingungen auftreten. Halten Sie die Röhre mit stark nach unten geneigtem Heft (das ist der sichere Ansatzwinkel) gegen das rotierende Holz und führen Sie sie, *ohne dass sie schneidet,* an der Schmalseite des Stücks entlang, um sich in den Vorgang einzufühlen. Beim Schneiden werden Sie dann in gewissem Ausmaß Stöße spüren, solange das Stück noch nicht völlig rund gedrechselt ist; lassen Sie sich dadurch nicht verunsichern. Führen Sie den Schnitt in Ruhe weiter, indem Sie das Heft langsam nach oben kippen, bis ein feiner Span erscheint. Die besten Ergebnisse erzielen Sie, wenn die Röhre auf der Seite aufliegt mit der Höhlung in Vorschubrichtung und leicht in derselben Richtung angewinkelt.

Nachdem Sie „die Fase gefunden" haben, ist es vollkommen sicher, am freien Ende des Stücks zu beginnen und die Röhre an der gesamten Schmalseite entlang zu führen. Bewegen Sie die Röhre von links nach rechts und wieder zurück und heben Sie nur einen

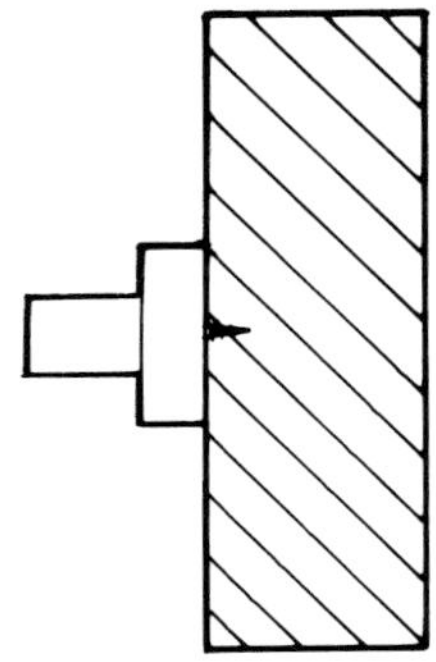

Bild 7.18a Befestigen Sie den Schalenrohling auf dem Schraubenfutter oder auf der Planscheibe und überdrechseln Sie Quer- und Schmalfläche mit der Querholzröhre (Breite 10 mm).

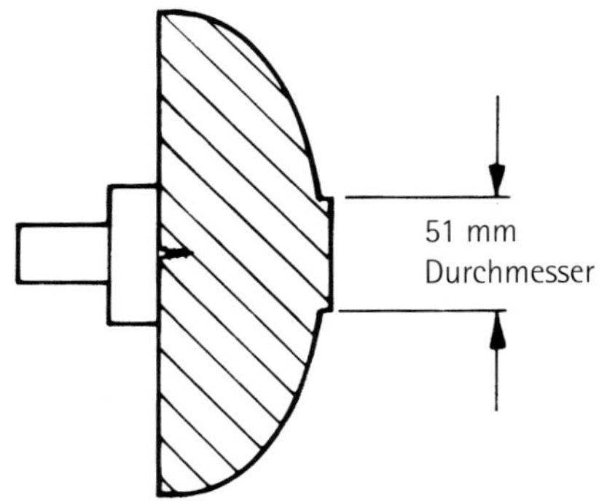

Bild 7.18b Formen Sie den Sockel mit dem Abstechstahl. Formen, schleifen und behandeln Sie die Außenseite der Schale. Die Schmalseite des Sockels muss unbedingt rechtwinklig gearbeitet werden. Nehmen Sie jetzt das Stück vom Futter oder von der Planscheibe.

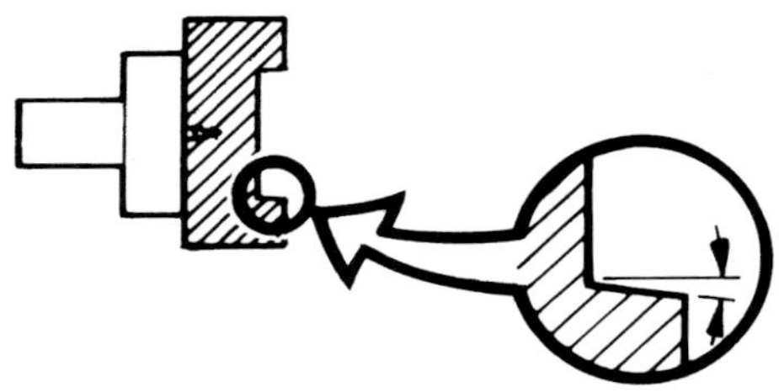

Bild 7.18c Befestigen Sie ein Stück Abfallholz (125 mm x 38 mm) auf dem Futter und überdrechseln Sie sowohl die Quer- als auch die Schmalfläche. Reißen Sie mit dem Stechzirkel den Umfang des Sockels auf der Hirnfläche an und drechseln Sie die Vertiefung mit Abstechstahl und Meißel ein. Formen Sie einen schwachen Kegel, wie im Bild gezeigt.

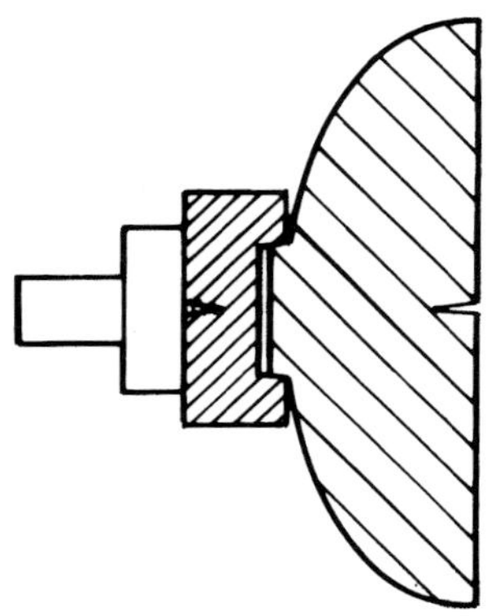

Bild 7.18d Es ist ein passgenauer Sitz erforderlich. Wenn er erreicht ist, überdrechseln Sie die Querschnitt-Fläche und arbeiten Sie die Höhlung mit der Röhre ein. Beginnen Sie in der Nähe der Mitte und drechseln Sie immer weiter in Richtung Rand.

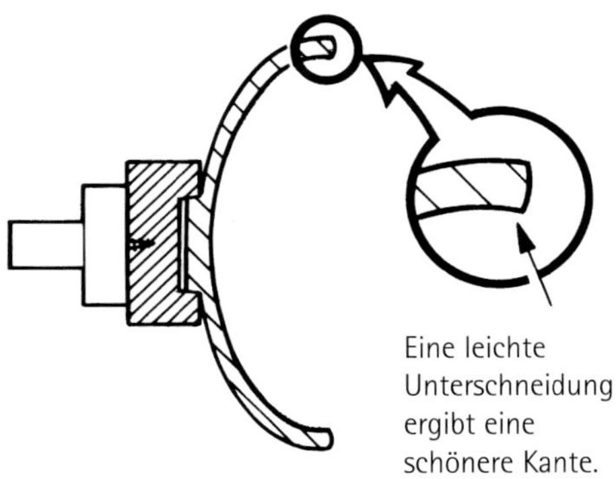

Bild 7.18e Verbessern Sie die Innenfläche mit dem gewölbten Schaber, schleifen und behandeln Sie sie dann. Die Schale wird durch einen leichten Schlag mit dem Handballen vom Futter abgenommen.

Bild 7.19 Überdrechseln der Schmalfläche des Rohlings mit der Querholzröhre

leichten Span ab, um Absplittern der nicht gestützten Fasern an den Werkstückkanten zu vermeiden. (Bei Sockeln oder Scheiben, die genau rechtwinklige Kanten erhalten sollen, müsste das Werkzeug von beiden Stirnflächen aus zur Mitte zu bewegt werden, um Absplitterungen zu vermeiden, oder die Kanten müssten angefast werden; siehe die Bilder 7.2 und 7.3 auf S. 87–88).

Bei korrektem Ansatz und richtigem Winkel des Werkzeugs müssten die Späne von der Schneide *unter der Mittelachse* ablaufen, d. h. wo das Werkzeug optimal abgestützt ist. Durch seine Winkelstellung und die leicht gerundete Schneidenecke wird der schälende Eingriff unterstützt und das Aufrichten der Faserenden minimiert (Bild 7.19).

Halten Sie die Bank an und stellen Sie die Werkzeugauflage quer vor die Scheibe, wobei Sie ihre Höhe so einstellen, dass das Werkzeug bei leichter Aufwärtsneigung in der Mitte der Scheibe angreift. Die Scheibenfläche kann nach zwei Verfahren überdrechselt werden:

1. Ziehen Sie die Röhre bei leicht nach unten geneigtem Heft und auf der Seite liegend (Höhlung auf Sie zu gerichtet) in einem glatten Schnitt von der Scheibenmitte nach außen. In dieser Weise können sehr ebene und genaue Flächen erzeugt werden, insbesondere wenn das Werkzeug von unten gehalten und der Zeigefinger gegen die parallel zur Scheibe eingestellte Auflage gedrückt wird. Falls nicht die Fase sehr kurz ist, greift das Werkzeug teils schabend, teils schneidend, aber das soll Ihnen gleichgültig sein – Hauptsache, die Oberfläche ist in Ordnung! (Bild 7.20)

Bild 7.20 Überdrechseln der Querschnittfläche von der Mitte zum Rand (Verfahren 1).

2. Wieder mit abwärts geneigtem Heft beginnen Sie den Schnitt außen und führen ihn in Richtung Scheibenmitte. Die Fase muss mit der angestrebten ebenen Fläche in einer Linie liegen und der Schnitt auf einem flachen Bogen bei ununterbrochen aufliegender Fase geführt werden. Den flachen Bogen erreichen Sie, indem Sie beim Vorwärtsdrücken des Werkzeugs in Richtung Mitte gleichzeitig das Heft nach oben kippen (Bild 7.21). Diese Verfahrensweise ist vielleicht ein wenig schwieriger als die vorige. Bei beiden Verfahren übrigens müssen gewöhnlich kleine Erhebungen oder eine geringe Welligkeit mit einem Schlichtstahl entfernt werden.

Für eine Schale ist dieses Plandrechseln eigentlich gar nicht nötig, denn das meiste Holz wird später weggeschnitten, aber es ist eine nützliche Übung, falls einmal eine ebene Fläche erzeugt werden soll, wie beispielsweise für die Platte einen kleinen Beistelltischs.

Jetzt können der Boden und der Sockel gearbeitet werden. Bei den Maßen unserer Schale gestattet es uns ein Sockeldurchmesser von etwa 50 mm, der Schalenwand ein angenehm fließendes Profil zu verleihen. Markieren Sie mit dem Bleistift diesen Durchmesser bei laufender Maschine und stechen Sie mit dem Abstechstahl, Heft leicht abwärts geneigt, bis auf eine Tiefe von etwa 5 mm ein. Machen Sie noch ein paar Schnitte auf der Abfallseite und entfernen Sie dann den Rest mit der Querholz-Formröhre (Bild 7.22).

Um der Außenwand der Schale eine schön fließende Kurve zu geben, beginnen Sie den Schnitt an der ebenen Fläche, die Sie gerade

Bild 7.21 Überdrechseln der Querschnittfläche vom Rand zur Mitte (Verfahren 2).

Bild 7.22 Formen des Sockels mit dem Abstechstahl

gedrechselt haben. Denken Sie daran, den Schnitt (möglichst) vom kleineren zum größeren Durchmesser zu führen, das Werkzeug auf die Seite gerollt, die Nut in Schnittrichtung. Das Werkzeug muss entlang der sich entwickelnden Kurve geführt werden, und wenn Sie dicht genug an der Maschine stehen, können Sie sehen, ob die Fase hinter der Schnittstelle aufliegt und die Schneide abstützt. Wenn Sie das Heft zu rasch schwenken, geht die Unterstützung durch die Fase verloren, das Werkzeug hakt ein und schlägt zurück. Der Schaden ist beträchtlich (Bild 7.23).

Die Wandfläche in unmittelbarer Nähe des Sockels kann mit der Röhre nur bearbeitet werden, indem auf die Einhaltung der Regel „vom kleineren zum größeren Durchmesser" verzichtet wird. Deshalb müssen hier von außen nach innen so leichte Schnitte geführt werden, dass kein allzu großer Schaden entsteht (Bild 7.24).

Bild 7.25 gibt die Reihenfolge der Schnitte an und zeigt, wie die Fase auf die Außenwand der Schale ausgerichtet wird. Bild 7.26 zeigt, wie das Werkzeugheft geschwenkt werden muss, wenn der Schnitt vom Sockel zum Rand hin fortschreitet.

Ihre ersten Bemühungen mit der Röhre werden wahrscheinlich nicht die erstrebten schön geschwungenen Kurven entstehen lassen und Sie werden in der Tat einige Übung brauchen, um sich die Technik anzueignen. Verzweifeln Sie nicht. Der Flachschaber in Ihrem Werkzeugsatz hilft Ihnen, die Dinge in Ordnung zu bringen. Stellen Sie die Höhe der Auflage so ein, dass der Schaber exakt in der Mitte oder ganz wenig darunter angreift. Sollten Aussplitterungen vorhanden sein, dringt der Schaber nicht etwa tiefer ins Holz ein, wodurch die Schadstellen noch vergrößert

Bild 7.23 Entwickeln des Außenprofils mit der Querholzröhre

Bild 7.24 Drechseln in Gegenrichtung bis an den Sockel. Beachten Sie, dass die Werkzeugauflage ganz nah an die Schale herangerückt worden ist, um die Hebelwirkung auf das Werkzeug zu verringern.

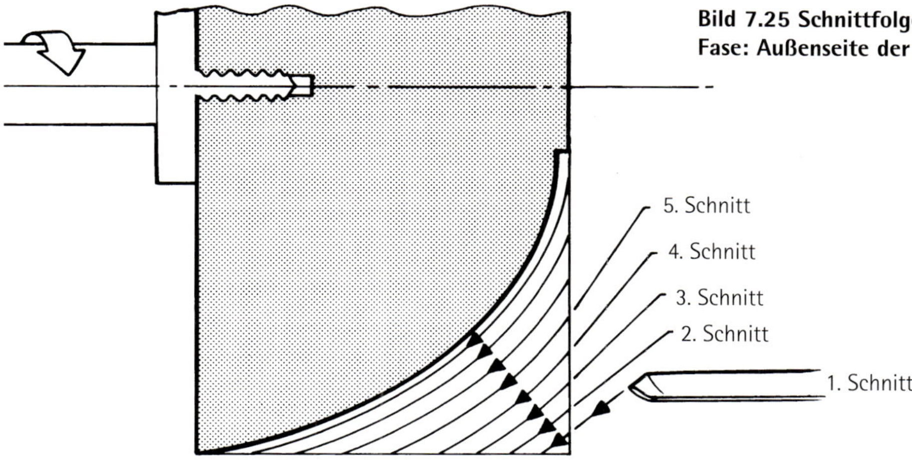

Bild 7.25 Schnittfolge und Ausrichten der Fase: Außenseite der Schale

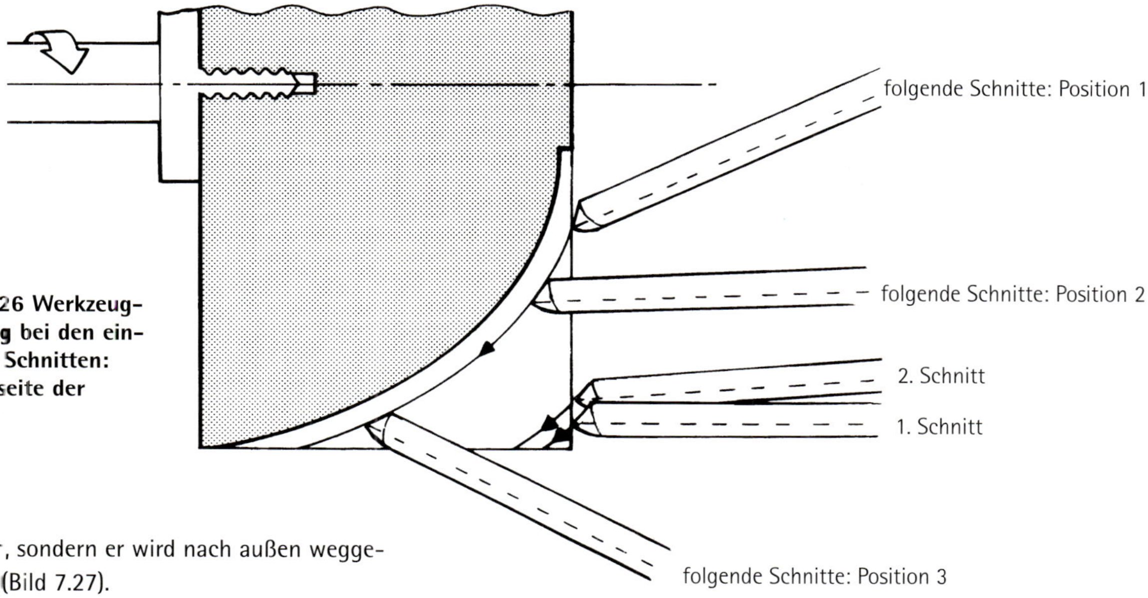

Bild 7.26 Werkzeugstellung bei den einzelnen Schnitten: Außenseite der Schale

würden, sondern er wird nach außen weggedrückt (Bild 7.27).

Legen Sie den Schaber exakt eben auf die Auflage und neigen Sie ihn leicht nach unten (schleppender Eingriff). Für säubernde Schnitte, wie auf der Schalenaußenwand, lege ich meine Finger oben auf das Werkzeug, klemme das Heft mit meinem Körper ein und lasse die Schneide durch meine Körperbewegung eine fließende Kurve beschreiben. Mit ein paar Durchgängen jeweils von innen nach außen wird eine wellenfreie Oberfläche erreicht (Bild 7.28).

Jetzt muss der Sockel noch fertig gestellt werden, indem seine Grundfläche schwach konkav gedrechselt wird. Auch das kann mit dem Flachschaber geschehen, wobei Sie wiederum erkennen werden, dass die Schneidenecken beim Schärfen deshalb leicht gerundet worden sind, damit keine Riefen entstehen. Wenn Sie meinen, die Grundfläche könnte ein

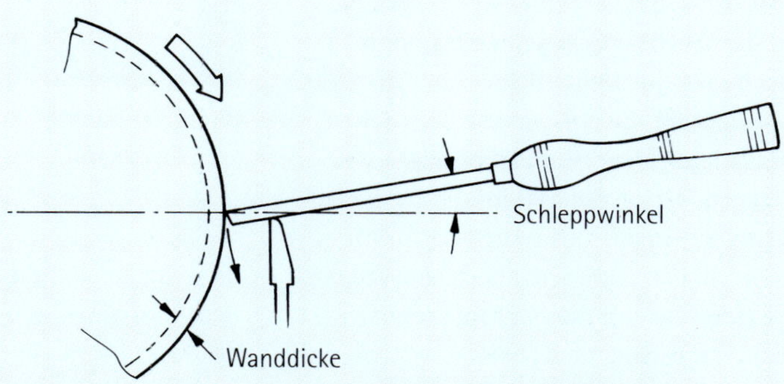

Bild 7.27 Schaben: Außenseite der Schale. (1) Der Schaber muss schleppend angesetzt werden und flach auf der Werkzeugauflage aufliegen (Gesetz 6). (2) Stellen Sie die Höhe der Werkzeugauflage so ein, dass der Schaber in Höhe oder leicht *unterhalb* der Achse schneidet: (3) Wenn sich das Werkzeug verfängt (reißt), wird die Schneide nach unten vom Holz weg gerissen.

Bild 7.28 Glätten mit dem 25 mm breiten rechtwinkligen Schaber

Bild 7.29 Einstechen verzierender Kerben in den Sockel mit dem Meißel

Bild 7.30 Exaktes Ausformen des Sockelfalzes mit dem Meißel

wenig verziert werden, nehmen Sie den Meißel (13 mm) und stechen Sie mit der Spitze, Meißel auf der Seitenkante aufgelegt, ein paar flache Kerben ein (Bild 7.29).

Die Seitenkanten des Sockels sollten genau rechtwinklig sein, um Probleme beim Spannen auf dem Spundfutter zu vermeiden. Die abschließenden Schnitte führe ich deshalb normalerweise mit der Spitze des kleinen geraden Meißels, flach aufgelegt und fast wie ein Schaber angesetzt, aus – gelegentlich sind Schneidwerkzeuge recht wirksam als Schaber zu gebrauchen (Bild 7.30).

Halten Sie die Bank an und prüfen Sie das Produkt. Sie können sich außerordentlich glücklich schätzen, wenn keinerlei raue Stellen auf Hirnholz vorhanden sind. Diese Stellen können Sie auf verschiedene Weise verbessern. Eine Möglichkeit ist das Schleifen mit der Maschine, was viele Schalendrechsler auch tatsächlich tun. Eine andere Möglichkeit besteht darin, das Hirnholz mit Öl, Versiegelung oder Wachs vollsaugen zu lassen (je nachdem, was Sie sich als Oberflächenbehandlung vorgestellt haben), was die störrischen Faserenden auf dem Hirnholz erweicht.

Nehmen wir an, Sie hätten sich für Danish Oil entschieden, das sich in der Tat für die meisten Schalen eignet, dann können Sie die Fasern ebenfalls mit diesem Mittel erweichen. Tragen Sie mit einem Läppchen eine großzügig bemessene Menge Öl auf und lassen Sie es einige Minuten einziehen. Nehmen Sie einen frisch geschärften Schaber und heben Sie ein paar leichte Schnitte von der Schalenwand ab, wobei Sie von der Mitte zum Rand hin arbeiten. Ich wäre sehr überrascht, wenn sich durch diese Behandlung die Oberfläche nicht entscheidend verbessern ließe. Beachten Sie aber bei diesem Verfahren stets, dass das zum Aufquellen der Fasern verwendete Mittel mit dem Mittel für die Oberflächenbehandlung verträglich sein muss.

Jetzt können Sie die Außenwand der Schale schleifen und das gewählte Oberflächenbehandlungsmittel auftragen. Einzelheiten zum Schleifen mit der Maschine oder von Hand, zum Polieren und zur Oberflächenbehandlung werden in Kapitel 9 genannt. Die fertige Außenwand der Schale ist in Bild 7.31 zu sehen.

Bild 7.31 Die Außenseite der Schale ist fertig gedrechselt und kann geschliffen werden.

Bevor Sie die Schale umdrehen, um die Innenseite auszuarbeiten, ist es sinnvoll, zuerst die mögliche Tiefe der Höhlung zu ermitteln, damit Sie nicht aus purer Begeisterung über die so prächtig davonfliegenden Späne durch den Boden hindurch schneiden.

Ein einfaches, aber wirksames Werkzeug ist das folgende: Schneiden Sie eine Leiste (Kantenlänge etwa 25 mm × 50 mm) mit einer Länge etwas größer als der Durchmesser der Schale zu. Bohren Sie in der Mitte ein Loch, in das Sie ein Stück Rundstab stramm eindrücken, und bestimmen Sie die Tiefe, indem Sie den Stab mit dem Hammer bis zur Stellung wie in Bild 7.32 eintreiben. Das Maß kann nun auf die Röhre übertragen werden, wo Sie es mit einem Stück Klebeband markieren können.

Bild 7.32 Der Eigenbau-Tiefenmesser

Der nächste Schritt besteht darin, das halbfertige Teil vom Schraubenfutter abzunehmen und dafür auf dem Futter eine Holzscheibe zu befestigen, aus der wir unser Hohlfutter fertigen wollen. Ein Abfallstück Weichholz wie Linde, Erle oder Kiefer (125 mm × 50 mm) ist beispielsweise gut geeignet. Überdrechseln Sie zuerst die Schmalseite und die Stirnfläche mit der Röhre und dem Schaber. Nehmen Sie das Maß der Grundfläche der Schale in den Tastzirkel (Bild 7.34) und übertragen Sie es auf das in der Drechselbank eingespannte Holz. Arbeiten Sie mit Vorsicht und lassen Sie *nur einen Schenkel* des Tastzirkels (den Schenkel um 9 Uhr auf einem angenommenen Zifferblatt) das rotierende Holz berühren.

Für Anfänger ist das recht schwierig und Sie können sich beim Ansetzen des Tastzirkels helfen, wenn Sie zuvor mit dem Bleistift bei laufender Spindel einige konzentrische Ringe auf die Holzfläche zeichnen. Sie können dann

Bild 7.33 Auf die Röhre als Tiefenmaß aufgeklebtes Abdeckband

Bild 7.34 Bestimmen des Sockeldurchmessers mit dem Stechzirkel

Bild 7.35 Anreißen des Sockelumfangs auf dem zukünftigen Spundfutter

Bild 7.36 Einformen der Vertiefung in das Spundfutter mit dem Abstechstahl

Bild 7.37 Formen eines schwachen Kegels im Spundfutter

Bild 7.38 Prüfen des Sitzes

recht gut erkennen, wo der Tastzirkel zum Einritzen der Futterkontur angesetzt werden muss (Bild 7.35).

Viele Drechsler messen den *Radius* des Sockels und stellen den Tastzirkel auf dieses Maß ein. Mit einer Ahle stechen Sie die Mitte des Stücks an, setzen einen Schenkel des auf der Werkzeugauflage aufgelegten Zirkels in diese Körnung und ritzen mit dem anderen den gewünschten Kreis ein.

Gleichgültig, welches Verfahren Sie vorziehen – neigen Sie den Zirkel leicht nach unten und drücken Sie beide Schenkel fest auf die Auflage, sonst riskieren Sie, dass er Holz ausreißt.

Jetzt drechseln Sie mit dem Abstechstahl in ein paar Durchgängen eine Höhlung mit etwas mehr als 6 mm Tiefe (Bild 7.36). Für die letzten Schnitte unmittelbar neben dem Riss nehme ich lieber die Spitze des schabend angesetzten Meißels, um einen ganz leichten Kegel zu erzeugen, in dem der Sockel nach dem Eindrücken fest sitzt (Bilder 7.37 und 7.18c).

Halten Sie die Bank an und prüfen Sie den Sitz. Um einen guten Reibsitz zu erreichen, können weitere leichte Schnitte notwendig werden. Ich verstehe darunter nicht etwa einen Sitz, in den die Schale mit dem Hammer hineingetrieben werden muss; ein satter Schiebesitz ist mehr als ausreichend sicher. Für die, die an der Tauglichkeit dieses Verfahrens zweifeln – und das tun die meisten, bis sie es selbst gesehen haben – benetzen wir jetzt die Vertiefung im Futter mit Wasser. Dadurch quillt das Holz auf und greift noch besser. Wenn der Sitz doch etwas zu locker geraten ist, kann dem durch Einlegen nassen Zeitungspapiers abgeholfen werden. Das wirkt laienhaft, aber es funktioniert! Mit der Zeit brauchen Sie sich sicher kaum noch solcher Mittel zu bedienen.

Schalten Sie die Drechselbank ein. Eigentlich müsste die Schale exakt rundlaufen; falls nicht, halten Sie die Bank an und führen Sie einen maßvollen Schlag mit dem Hammer auf die Mitte der Stirnfläche. Das behebt den Mangel sofort und Sie können jetzt mit der Arbeit beginnen. Als Erstes drechseln Sie wie beim Boden die Stirnfläche plan.

Bohren Sie dann wie beim Hohldrechseln auf S. 80 ein Loch in die Mitte. Legen Sie dazu die Röhre parallel zur Drehachse des Stücks waagerecht auf die Werkzeugauflage und setzen Sie die Spitze in der Mitte an. Das Werkzeug wird leicht auf die Seite gerollt (mit der Nut bei etwa 10 nach 7 auf einem gedachten Zifferblatt), und mit festem Druck zusammen mit seitlichen Hin- und Herbewegungen bohren Sie ohne Probleme bis zur Klebebandmarke auf der Röhre (Bild 7.39).

Vor dem Beginn des Hohldrechselns wollen wir uns nochmals die Regeln betreffs der Faserrichtung ins Gedächtnis zurückrufen. Sie erinnern sich, dass auf der Innenseite einer Schale das Schneiden mit der Faser durch Drechseln vom großen zum kleinen Durchmesser erreicht wird. Beginnen Sie also die Arbeit mit der Röhre am linken Rand der eben erzeugten Bohrung und weiten Sie die Höhlung mit einer Anzahl bogenförmig geführter Schnitte, von denen jeder ein wenig weiter entfernt von der Mitte angesetzt wird als der Schnitt zuvor. Legen Sie die Hand von oben auf das Werkzeug und setzen Sie es weit nach der Seite gedreht an, Höhlung von Ihnen weg gerichtet; für die ersten Schnitte schneidet die Röhre fast im rechten Winkel zum Holz (Bild 7.40).

Damit die Fase aufliegt, muss das Heft ziemlich weit nach unten geneigt werden, aber Sie erinnern sich sicher, dass beim Langdrechseln die Röhre eine gewisse Neigung zeigte, nach der Seite wegzurutschen. Dieses Problem haben wir auch hier und je mehr wir uns dem Rand nähern, desto ausgeprägter wird die Gefahr, dass das Werkzeug abrutscht, wodurch der Rand erheblich beschädigt werden würde. Sie können dem Problem beikommen, indem Sie mit der Spitze eines flachen Schabers oder eines Schrägmeißels eine Anzahl von V-Kerben in der Nähe des Randes eindrechseln. Die Kerben stützen die Fase und verhindern dadurch das Abrutschen (Bild 7.41).

Der Profi – und auch ich – verhindert dieses Abrutschen, indem er die Röhre ganz knapp

Bild 7.39 Bohren mit der Querholzröhre mit zur Tiefenmarke

Bild 7.40 Beginn des Hohldrechselns

Bild 7.41 Einkratzen von V-Kerben mit dem Meißel, um Abrutschen zu verhindern

Bild 7.42 (links) Bogenschnitte mit der Röhre vom Rand zur Mitte

Bild 7.43 Auflegen der Fase in Randnähe

Bild 7.44 Die Röhre etwa nach der Hälfte des Schnitts, das Heft zum Körper hin geschwenkt. Beachten Sie, dass die Werkzeugauflage ins Innere der Schale geschwenkt worden ist, um die Hebelwirkung auf das Werkzeug zu vermindern.

Bild 7.45 Prüfen mit dem Tastzirkel auf gleichmäßige Wanddicke. Achtung: Die Drechselbank muss dafür angehalten werden!

unter der Horizontalen ansetzt und kräftig nach oben und nach vorn kippt in etwa derselben Weise wie bei der Formröhre. Sobald das Werkzeug eingreift, muss das Heft abgekippt und das Werkzeug auf einem Bogen geführt werden, der in der Mitte der Schale endet. Die Späne sollten wie immer direkt an der Mitte des Werkzeugs heraustreten (d. h. an dem Teil, das unmittelbar gestützt wird). Damit wird vermieden, dass sich das Werkzeug verfängt (Bild 7.42).

Wenn die Schale allmählich weiter und tiefer wird, sind weit ausholende Schwenkbewegungen erforderlich, um eine fließende Form zu erzeugen. Bild 7.43 zeigt, wie ein Schnitt in der Nähe des Randes begonnen wird; das Heft ist auf die rechte Schalenseite ausgerichtet, damit die Fase aufgelegt werden kann. Mit fortschreitendem Schnitt muss das Heft in Richtung auf Ihren Körper zu geschwenkt werden (Bild 7.44).

Um diese weit ausholenden, schwingenden Bewegungen ausführen zu können, sind Kör-

Bild 7.46 Schnittfolge an der Innenseite der Schale

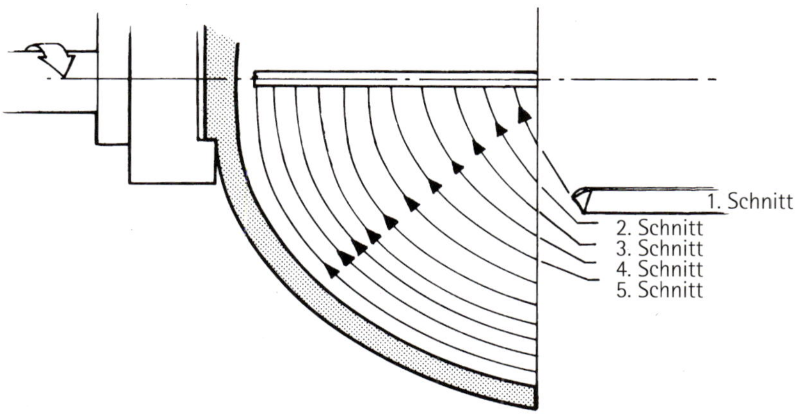

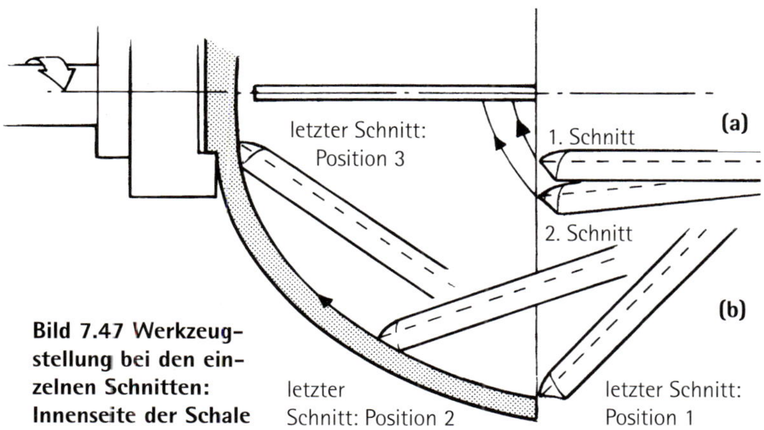

Bild 7.47 Werkzeugstellung bei den einzelnen Schnitten: Innenseite der Schale

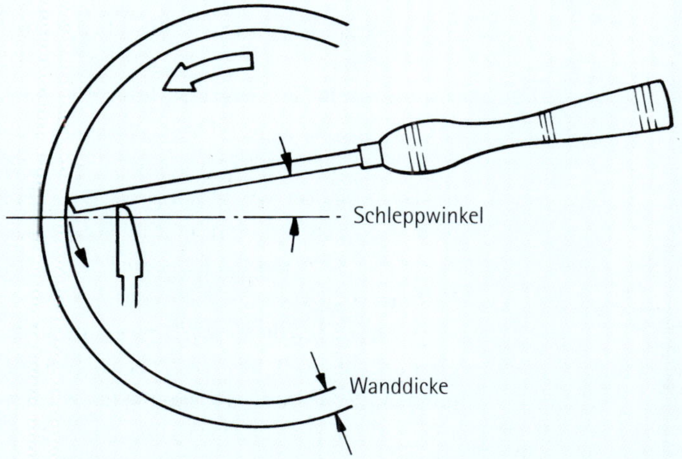

Bild 7.48 Schaben: Innenseite der Schale. (1) Der Schaber muss schleppend angesetzt werden und flach auf der Werkzeugauflage aufliegen (Gesetz 6). (2) Stellen Sie die Höhe der Werkzeugauflage so ein, dass der Schaber leicht *oberhalb* der Achse schneidet: (3) Wenn sich das Werkzeug verfängt (reißt), wird die Schneide nach unten vom Holz weg gerissen. Anmerkung: Um die Mitte der Innenform zu glätten, muss der Schaber genau dort angreifen. Das wird durch Vergrößern des Schleppwinkels erreicht.

perbeherrschung, Gleichgewichtssinn und die Kunst der Gewichtsverlagerung wichtig, wenn ein zügig fließendes Innenprofil entstehen soll. Wenn die gewünschte Dicke des Schalenrandes erreicht ist, sollte dieser gerundet und leicht hinterdrechselt werden, *bevor* allzu viel Holz aus dem Innern der Schale ausgedrechselt wird. Auf diese Weise ist für die Ausführung der Schlichtschnitte noch genügend Stabilität vorhanden.

Setzen Sie die Arbeit fort, wobei Sie auf eine gleichmäßige Wanddicke achten; die Wanddicke wird mit einem Doppeltastzirkel *bei stillgesetzter Bankspindel* gemessen (Bild 7.45). Versäumen Sie nicht, gelegentlich auch Ihre Tiefenlehre an die Schale zu halten. Wenn das Querholz den Rand berührt, haben Sie die Solltiefe erreicht.

Bild 7.46 soll helfen, die Reihenfolge des Spanabhebens zu veranschaulichen. Bild 7.47 zeigt den Ansatzwinkel **(a)** für die Anfangsschnitte und **(b)** für die schwingenden Bewegungen der Röhre vom Rand in Richtung Mitte.

Die Schlichtschnitte an der Schaleninnenseite zur Beseitigung von Welligkeit werden mit dem 25 mm breiten balligen Schaber ausgeführt. Die Werkzeugauflage muss so eingestellt werden, dass sie das Werkzeug maximal stützt, und in einer Höhe, die es dem Werkzeug ermöglicht, leicht oberhalb der Mitte einzugreifen. So wird auch hier der Schlichtstahl nicht ins Holz hinein gezogen, wenn er auf eine Aussplitterung trifft, sondern nach außen weggedrückt (Bild 7.48)

Bild 7.49 Sorgen Sie dafür, dass der Werkzeugradius kleiner als der Radius der Innenfläche ist, damit sich das Werkzeug nicht verfängt.

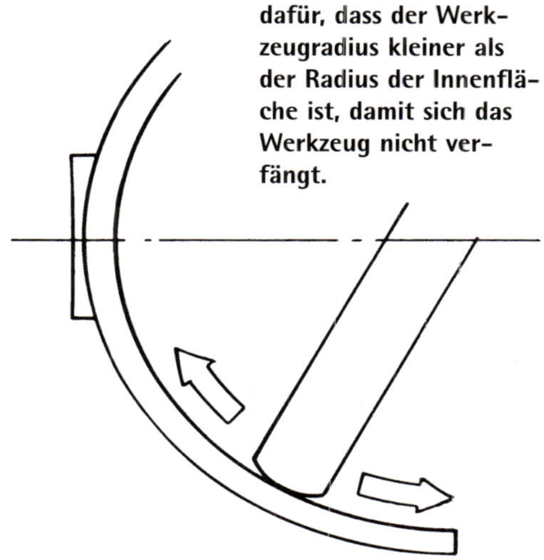

Bild 7.50 Stützen der Schalenwand mit der linken Hand beim Schaben in Randnähe

Denken Sie daran, vom Rand zur Mitte zu arbeiten. Der Vorschub muss ruckfrei und fließend sein, wenn eine glatte, fließende Innenkurve entstehen soll. Halten Sie den Schlichtstahl ganz flach und gestatten Sie nur den kleinstmöglichen Überhang, indem Sie die Auflage ganz dicht anstellen. Gekrümmte Handauflagen optimieren dabei die Stellung. Bei Innenflächen muss der Radius des Werkzeugs stets ein wenig kleiner sein als der Radius der Innenkontur, weil sich sonst die Schneidenecken eingraben (Bild 7.49).

Sie können jetzt wiederum das Hirnholz der Schaleninnenseite mit Öl tränken, nachschneiden, schleifen und oberflächenbehandeln, und das Stück ist fertig.

Für die Lernphase empfehle ich, keine zu geringe Wanddicke der Schale vorzusehen. Schalen der von uns gewählten Größe sehen gut aus und fühlen sich gut an, wenn die Wand etwa 10 mm dick ist. Selbst bei dieser Dicke müssen Sie die Schalenwand während der Arbeit mit den Fingern stabilisieren, damit die Werkzeuge nicht rattern, was die Oberfläche natürlich erheblich verschlechtern würde (Bild 7.50; siehe auch 7.43 und 7.44)

Ich empfehle Ihnen für den Anfang sehr, Schalen einer Form ähnlich der in Bild 7.51 zu drechseln; die Form ist ausgeglichen und hat keine engen Krümmungen. Fasenberührung ist viel leichter aufrecht zu erhalten und Ihre Kompetenz und Ihr Können nehmen rasch zu. Noch ein Wort zur aufliegenden Fase: Manche Drechsler neigen beim Auflegen der Fase zur Übertreibung mit dem Erfolg, dass die Werkzeugschneide überhitzt wird. Obschon von der Forderung, dass die Fase an der Schnittstelle reiben muss, eigentlich nicht abgegangen werden darf, ist ein Ausdruck wie „die Fase soll an der Schnittstelle gleiten" vielleicht doch treffender.

Es gibt viel, viel mehr Querholzarbeiten als das Drechseln von Schalen, aber wenn Sie die Grundtechniken meistern, dürfte Ihnen die Fertigung solcher Gegenstände wie Sockel von Steh- und Tischlampen, Kerzenständern und Wanduhrteilen, Blumenständern, Schneidebrettern, flachen und tiefen Tellern, Schüsseln, Platten und anderer mehr nicht allzu viele Probleme bereiten.

Bild 7.51 Die fertige Schale aus nordamerikanischem Tulpenbaumholz

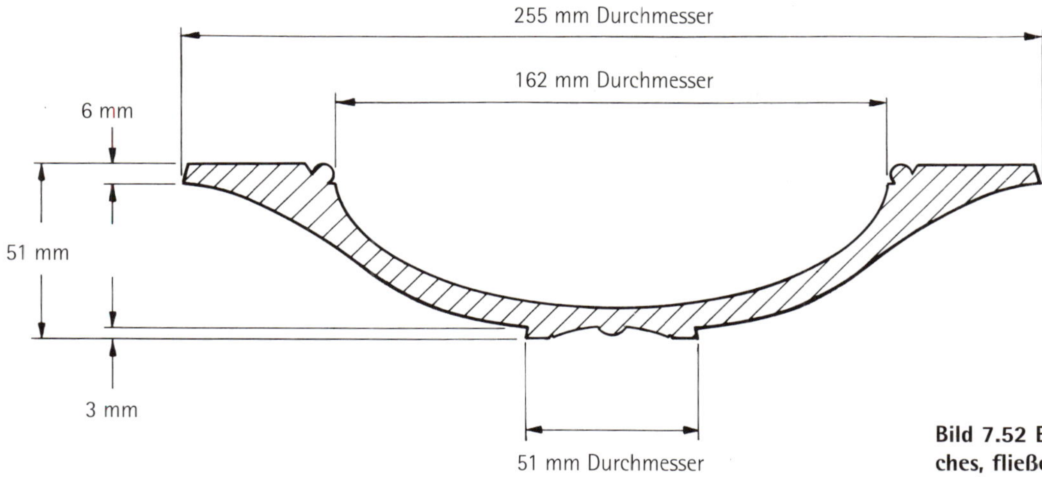

Bild 7.52 Ein einfaches, fließendes Tellerprofil

PROJEKT

Teller

Der Teller gemäß Bild 7.52 hat eine traditionelle Kontur und wird aus einem Stück mit etwa 255 mm Durchmesser und 51 mm Dicke gefertigt. Die Außenform beruht auf dem klassischen Karniesprofil, das es erlaubt, einen gut proportionierten Rand an der Oberseite auszuformen; damit kann der Teller leicht mit der Hand erfasst und gehalten werden.

Wie die zuvor beschriebene Schale steht auch der Teller auf einem Sockel mit 51 mm Durchmesser. (Bei einem Sockel dieses Durchmessers ist ein Tellerdurchmesser von 255 mm das Maximum für stabilen Stand.) Diesmal wird der Falz des Sockels leicht zum Tellerboden hin konisch (im Querschnitt schwalbenschwanzförmig) geformt, damit er ins Kombinations- oder Spundfutter passt.

Bild 7.53 Querholzröhre auf der Seite liegend im ziehenden Schnitt

Wahl der Holzart

Wie für die Schale (siehe S. 94). Für die Fotofolge habe ich Bergahorn genommen.

Arbeitsablauf

Für die Bearbeitung der ersten Tellerseite kann die Aufnahme auf einem Schraubenfutter oder einer Planscheibe erfolgen. Die Reihenfolge der Arbeitsschritte ist der bei der Schale ziemlich ähnlich. Überdrechseln Sie zuerst die Schmalseite, dann die Stirnfläche. Markieren Sie den Sockel und stechen Sie im Abfallholz bis links vom Falz auf eine Tiefe von 3 mm ein. Jetzt kann das Formen der Telleraußenseite wie bei der Schale beginnen.

Das Karniesprofil wird erzeugt, indem Sie beide Arme an den Körper pressen, wenn Sie die Röhre am konvexen Profilabschnitt entlang ziehen und in den konkaven Profilabschnitt zum Tellerrand hin eindrücken. Das Ziehen und Drücken des Werkzeugs sollte durch Ihre Körperbewegungen gesteuert werden. Bild 7.53 zeigt, wie das fast fertige Profil mit der Quer-

Bild 7.54 Die fertige Außenseite des Tellers

holz-Röhre geschlichtet wird. Dass Sie bei Ihren ersten Versuchen sofort eine Oberfläche frei von Absätzen und Wellen erreichen, ist kaum zu erwarten. Welligkeit, wenn sie nicht zu stark ist, kann aber mit dem geraden und dem gewölbten Schaber beseitigt werden.

Sie können jetzt mit der Spitze des 13-mm-Meißels den Falz des Sockels hinterschneiden, um die für das Spannen im Futter günstige konische Form zu erzeugen. Schließlich kann die Grundfläche des Sockels mit dem gewölbten Schaber leicht hohl gedrechselt werden, damit der Sockel sicher auf seinem Umfang ruht. Sie können auch versuchen, die Grundfläche wie in Bild 7.52 zu profilieren.

Schleifen Sie jetzt die Fläche und tragen Sie die Oberflächenbehandlung Ihrer Wahl auf. Bild 7.54 zeigt die fertige Außenseite.

Nun wird der Teller umgespannt. Um den polierten Fuß zu schützen, lege ich ein paar Lagen Küchen- oder Toilettenpapier in das Spundfutter. Für eine ausreichend feste Aufnahme des Sockels im Futter ist nur leichter Druck erforderlich.

Bei gutem Rundlauf des Stücks (helfen Sie wie bei der Schale, falls notwendig, mit dem Hammer nach) überdrechseln Sie die Planfläche, wie in den Bildern 7.20 und 7.21 vorgeführt. Als nächster Schritt wird die Breite des Tellerrands angezeichnet; achten Sie auf ansprechende Proportionen. In Bild 7.52 wird ein Breitenmaß vorgeschlagen, Sie können aber gern ein anderes Maß nach Ihrem Geschmack wählen. Zeichnen Sie mit dem Bleistift auf das rotierende Werkstück die beiden Linien, die den Wulst und den Beginn der Hohlung markieren. Stechen Sie jetzt rechts von der näher zur Tellermitte liegenden Markierung auf eine Tiefe vom etwa 5 mm ein. Ein paar weitere Schnitte auf dieselbe Tiefe im Abfallholz rechts vom ersten Schnitt gestatten es, den Wulst auszuformen.

Beginnen Sie mit der Formung des Wulstes, indem Sie den 13-mm-Meißel flach aufgelegt mit der Spitze ansetzen, sodass eine V-Kerbe von etwa 3 mm Tiefe entsteht. Bild 7.55 zeigt den erreichten Stand.

Mit demselben Werkzeug kann jetzt das gerundete Profil

Bild 7.55 Der Tellerrand überdrechselt und vorgeformt

Bild 7.56 Der Meißel zum Formen des Rundstabs schabend angesetzt

des Wulstes geformt werden, wobei der Meißel schabend angesetzt und mit einer leichten Schwenkbewegung geführt wird. Das Werkzeug muss unbedingt sehr scharf sein und Sie dürfen nur sehr leichte Späne abheben. Sonst werden oben auf dem Wulst Splitter ausgerissen, ganz besonders bei grobfaserigem Holz. Bild 7.56 zeigt den Meißelansatz. In diesem Stadium kann die schmale kegelige Fläche am Tellerrand durch Ziehen der Röhre von rechts nach links mit der Faser bei sehr leichten Schnitten geformt werden.

Jetzt kann das Innenprofil begonnen werden, es ist jedoch empfehlenswert, den Rand und den Wulst vollständig fertig zu bearbeiten und zu schleifen, bevor zu viel Holz aus dem Tellerinneren herausgedrechselt wird. Das kann nämlich zum Arbeiten des Holzes und zu Verzug führen und weiteres Bearbeiten mit einem Werkzeug oder Schleifpapier hätte eine ungleiche Dicke des Tellerrands zur Folge.

Wenn der Teller allmählich tiefer ausgedrechselt wird, empfiehlt es sich, hin und wieder die Tiefenlehre (Bild 7.33) anzusetzen. Denken Sie auch daran, die Werkzeugauflage so nahe wie möglich an das Werkstück zu stellen, insbesondere wenn Sie das Innere mit dem gewölbten Schaber schlichten. Nach dem Schleifen können Sie die Oberfläche nach Ihrem Geschmack behandeln.

ZUSAMMENFASSUNG

1. Achten Sie darauf, dass der Rohling für die Schale oder den Teller gesund und frei von Rissen und losen Ästen ist.
2. Schauen Sie sich die Querschnittfläche an. Denken Sie daran, dass normalerweise die Kernseite nach oben genommen wird, damit die Schale oder der Teller – auch bei Verziehen – standsicher bleibt.
3. Schneiden mit der Faser wird auf der *Außenseite* einer Schale durch Drechseln vom *kleinen* zum *großen* Durchmesser erreicht.
4. Schneiden mit der Faser wird auf der *Innenseite* einer Schale durch Drechseln vom *großen* zum *kleinen* Durchmesser erreicht.
5. Die beste Oberflächengüte wird erreicht, wenn die Röhre ganz auf der Seite liegend und winklig bei konsequent aufgelegter Fase angesetzt wird.
6. Schaber können als „formende“ oder „verbessernde“ Werkzeuge verwendet werden. Sie werden rasch stumpf und müssen häufig nachgeschliffen werden.

Bild 7.57 Ein fertiger Teller aus Eibenholz

Kapitel 8
Kopierdrechseln

Durchs Land zu reisen und auf den verschiedensten Veranstaltungen das Drechselhandwerk vorzuführen ist anstrengend, aber überaus befriedigend. Sicher werden die meisten nicht in Frage stellen, dass der Vorführende beachtliche körperliche Anstrengungen erbringen muss, wenn er sich acht oder neun Stunden in einer überfüllten, oft engen und ausnahmslos viel zu warmen Halle dem Drechseln widmet. Obwohl ich daran gewöhnt bin, eine solche Zeitspanne über schwer zu arbeiten, ist es doch etwas Anderes, unter solchen Umständen tätig zu sein und dazu noch unaufhörlich Kommentare zu geben und eine Unmenge Fragen über die Maschine und die Techniken zu beantworten.

Nicht, dass ich den Dialog mit den Besuchern scheuen würde – ganz im Gegenteil. Dennoch hat man mich schon plötzlich davon stürzen und ins nächste Café rennen sehen, wo ich mir einen kräftigenden Trunk genehmigt habe. Das war weder, weil ich eine schlechte Angewohnheit nicht hätte unterdrücken können, noch weil ich keine Antwort auf eine mir gestellte Frage parat gehabt hätte. Ich war einfach gezwungen, meinen Kehlkopf zu schmieren, um weitersprechen zu können!

Die Vorführungen sind mir sehr viel wert. Zuallererst komme ich mit den mir liebsten Mitmenschen zusammen, den Holzbegeisterten, die im Großen und Ganzen ein glückliches Völkchen und nur zu gern bereit sind, über die Verfahren und die Werkzeuge, aber auch ihre Erfolge und Misserfolge zu debattieren.

Zweitens ist es von Nutzen für meine Tätigkeit als „Drechsellehrer", und das nicht nur, weil ich persönlich für meine Kurse werben kann, sondern auch, weil ich in den ständigen Gesprächen mit begeisterten Drechslern die Probleme kennen lerne, mit denen sie sich am meisten abplagen. Ich kann dann die Ursachen und, wie ihnen beizukommen ist, in meinen Lehrveranstaltungen und überhaupt in der Gesamtkonzeption meiner Kurse berücksichtigen.

Schließlich ist ein großer Vorteil der Vorführungen, dass man bekannt wird. Ich hätte dieses Buch schwerlich geschrieben, wenn ich nicht ein Jahr lang für den Drechselbankhersteller Coronet Lathe and Tool Company auf der Holzhandwerkermesse im Alexandra Palace das Drechseln demonstriert hätte.

In Kapitel 4 über das Schärfen habe ich erwähnt, dass nach meinen Erkundigungen (auf der Grundlage meiner Gespräche mit hunderten ehrgeiziger Drechsler, mit denen ich in Kontakt gekommen bin) das größte Einzelproblem in der Lernphase das genaue Schleifen und Nachschärfen der Werkzeuge ist. Meine Nachfragen haben mir ferner deutlich gemacht, dass die meisten Anfänger große Schwierigkeiten haben, zwei oder mehr identische Gegenstände herzustellen. Immer wieder habe ich mich erkundigt, wie sie es denn anstellen würden, einen Satz gleicher Stuhl- oder Tischbeine, gleicher Spindeln für eine Sanduhr, gleicher Pfosten für ein Geländer usw. zu produzieren.

Es gibt überhaupt keinen Zweifel, dass die Fähigkeit des Kopierdrechselns sehr nützlich ist, und wenn die Grundtechniken des Schneidens mit Meißeln und Röhren beherrscht werden, ist das Kopieren lange nicht so schwierig wie es oft dargestellt wird. Ich bin fest davon überzeugt, dass die fortgesetzte Anfertigung einfacher Kopierarbeiten einem Lernenden zu raschen Fortschritten verhilft. Ich ermutige deshalb Anfänger vom ersten Moment an, einfache Kopierübungen zu absolvieren, und jeder meiner Kursteilnehmer bekommt eine Übungsaufgabe, die nicht nur die Anwendung der meisten Langholzdrechseltechniken, sondern auch Kopieren erfordert.

Ich habe langjährig tätige Drechsler sagen hören, das Produzieren von 50 Tischbeinen oder Geländersprossen sei „langweilig", und ich kann beim besten Willen nicht verstehen, wieso. Wie ich in einem früheren Kapitel geäußert habe, empfinde ich eine einzigartige Befriedigung, wenn ich eine gut gestaltete Schale fertig gestellt habe. Aber genau so viel Befriedigung empfinde ich, wenn ich die Drechselteile für eine Treppe anfertige, und das erst recht, wenn ich die Gelegenheit habe, sie eingebaut und vom Könner poliert bewundern zu können.

Kopieren erfordert jedenfalls Disziplin und viel Konzentration und diese beiden Aspekte in ihrer Einheit sind es, denke ich, die das Kopierdrechseln so wertvoll machen, wenn es um einen raschen Fortschritt beim Erlernen des Drechselns geht. Kopierarbeiten, wie Teile für Laden- und Gaststätteneinrichtungen, für Treppen, für Möbel und Ähnliches mehr, bilden übrigens den größten Anteil meiner eigenen Drechselproduktion. Und wenn Sie genügend Talent besitzen, Genauigkeit mit Geschwindigkeit zu koppeln, können solche Erzeugnisse äußerst gewinnträchtig sein. Außerdem bleibt der Bedarf an Ihren Diensten einigermaßen gleich und Sie geraten bald in die glückliche Lage, die Aufträge auswählen zu können, die Ihnen Spaß machen.

Eine solche Behauptung mag übertrieben wirken, insbesondere in der heutigen Zeit, in der hoch entwickelte automatische Kopierdrehmaschinen diese Produkte in Stückzahlen von Tausenden auswerfen. (In diesem Zusammenhang wird auch bei der Verarbeitung von Holz und anderen nichtmetallischen Werkstoffen das Wort „drehen" anstelle „drechseln" benutzt.) Ich kann Ihnen versichern, dass ich nicht übertreibe. Es gibt noch immer einen ansehnlichen Bedarf an handwerklicher Drechselarbeit, denn denken Sie zum Beispiel daran, dass die Mehrzahl der Massenprodukte die Holzauswahl auf nicht mehr als zwei oder drei Arten einschränkt. Und wenn nun der Kunde etwas Besonders hinsichtlich Holzart oder Gestaltung wünscht, ist er schlechthin gezwungen, sich der Leistungen eines Handdrechslers zu bedienen. Bedenken Sie darüber hinaus, dass sich die „Automatendrechsler" auf kleine Stückzahlen nicht einlassen.

Ich habe behauptet, dass das Kopierdrechseln nicht so schwierig sei, wie es Sie manche Drechsler glauben machen wollen und ich bleibe bei dieser Behauptung, wobei ich allerdings Ihre Bereitschaft voraussetze, die notwendige Zielstrebigkeit, Selbstdisziplin und Geduld aufzubringen. Ich will nicht leugnen, dass die Paarung von Geschwindigkeit und Genauigkeit schwierig ist, und sie entwickelt sich nur aus der Erfahrung der täglichen Ausübung des Handwerks.

Vorausgesetzt der Anfänger ist willens, sorgfältig und methodisch vorzugehen, so besteht keinerlei Grund, einfache Kopierarbeiten nicht bereits am Anfang der Drechselausbildung zu versuchen. Denken Sie aber bitte daran, dass bis jetzt noch kein Verfahren erfunden worden ist, mit dem weggeschnittenes Holz wieder ans Stück gezaubert werden kann. Ich erinnere mich an eine Dame unter den Zuschauern bei einer meiner Vorführungen, die meinte, Drechseln sei eigentlich der Tätigkeit sehr ähnlich, die der Töpfer an seinem Klumpen Lehm auf der Töpferscheibe verrichte. Sie hätte nicht ärger irren können! Wenn der Töpfer einen Fehler begeht, braucht er nichts weiter als einen zweiten Klumpen Lehm, den er an den ersten anklebt, und weiter geht es. Wenn der Drechsler an der falschen Stelle Holz entfernt oder an irgendeiner Stelle seines Stücks zuviel Span abhebt, kann er das Stück in den Abfall befördern und ihm lediglich ein paar deftige Adjektive hinterherschicken.

Vereinfacht ausgedrückt, bedeutet Kopierdrechseln, dass eine zuvor festgelegte Gestalt mehrere Male wiederholt wird, wobei es darauf ankommt, dass sich die Gestaltungselemente mit denselben Breiten- und Durchmessermaßen an denselben Stellen des Werkstücks befinden. Obgleich es nicht möglich ist, die Toleranzen der Metallverarbeitung einzuhalten, kann ein guter Kopierdrechsler, wenn er sich einiger unkomplizierter Hilfsmittel bedient, Kopien erzeugen, die auch einer genauen Prüfung standhalten. Ein gutes Augenmaß entwickelt sich mit der praktischen Arbeit und sehr häufig benötigen erfahrene Drechsler keine Tastzirkel oder andere Messinstrumente, um die Durchmesser an ihrem Produkt zu bestimmen. Es mag auch die Meinung geäußert werden, das Kopierdrechseln gehöre nicht in ein Buch, das in erster Linie für den Anfänger gedacht ist. Ich kann dem nicht zustimmen, weil ich meine, dass Anfänger ermutigt werden sollten, vom ersten Tag an auch anscheinend Schwieriges auszuprobieren. Geschick und Technik entwickeln sich meiner Erfahrung nach besonders rasch, wenn der Anfänger den Großteil seiner Zeit auf eben diese Arbeiten verwendet.

Dementsprechend habe ich drei unterschiedliche Kopierprojekte vorgesehen. Das erste ist ein ziemlich einfaches Element ohne gestalterische Besonderheiten, für das lang- und quergedrechselt werden muss, aus dem jedoch ein sehr nützliches und gut verkäufliches Möbel aufgebaut werden kann: ein Barhocker. Das zweite Projekt, eine Geländersprosse, ist anspruchsvoller; es bietet Gelegenheit zu erläutern, wie eine Lünette angefertigt und benutzt wird. Schließlich beschreibe ich die Herstellung identischer Querholzarbeiten an dem Projekt eines attraktiv gestalteten Sockels, der für eine Lampe oder einen Kerzenständer benutzt werden kann.

PROJEKT

Barhocker

Solche Hocker sind derzeit sehr beliebt, weil viele Leute ihre Küche als Wohnküche nutzen. Leider sind die Barhocker, die ich in den Auslagen der einschlägigen Händler sehe, großenteils von zweifelhafter Qualität – schwächlich konstruiert und aus minderwertiger Kiefer. An sich ist gegen Kiefer nichts einzuwenden, die schließlich für Küchenmöbel gern benutzt wird, und ich habe durchaus auch ordentliche Hocker aus sauberer und gerade gewachsener Kiefer gesehen.

Das am meisten geschätzte Holz für Küchenmöbel ist wahrscheinlich Eiche und ich freute mich, einige kurze Stücke meiner Lieblingssorte, einer englischen Varietät, erwerben zu können, die ich dann auch für dieses jetzt folgende Projekt verwendet habe.

Das Projekt ist eine ziemlich einfache Übung, in der das Lang- mit dem Querdrechseln kombiniert ist. Es bietet außerdem die Gelegenheit, die Fertigkeit der Herstellung identischer Stücke prüfen zu können, weil vier gleiche Beine benötigt werden.

Gestaltungsaspekte

Das Beispiel in Bild 8.1 ist die Kopie eines Hockers, den ich für ein Butterbrot auf dem Flohmarkt erstanden habe, und ich kann mir keine traditionellere Gestaltung vorstellen. Der Hocker ist robust ohne schwer und plump zu wirken. Für gute Standfestigkeit sind die Beine so weit nach außen gespreizt, dass die Standflächen außerhalb der nach unten projizierten Sitzfläche liegen. Die Kanten der Sitzfläche sind mit großem Radius gerundet, die Fläche selbst leicht vertieft.

Die Höhe des Hockers muss an die Person, für die er bestimmt ist, und an die Höhe der Theke angepasst werden. Aus diesem Grunde sind die in den Bildern angegebenen Maße nur Richtwerte und können nach Ihrem eigenen Ermessen verändert werden.

Bild 8.1 Der fertige Barhocker

Arbeitsablauf

Auf der Sitzunterseite werden zwei diagonale Linien gezeichnet und von ihrem Schnittpunkt aus ein Kreis mit einem Durchmesser von 298 mm gezogen. Dann werden die Positionen der vier Durchbrüche für die Beine auf den Diagonalen in einem Abstand von 111 mm von der Mitte markiert. Die vier Marken werden am besten mithilfe eines Vorstechers angekörnt, damit der Bohrer beim Ansetzen gut geführt wird. In der Mitte wird eine Bohrung für das Schraubenfutter benötigt, und dann kann das Stück auf der Bandsäge kreisförmig zugeschnitten werden.

Bohren der Löcher für die Beine

Es gibt dafür mehrere Verfahren; vielleicht am leichtesten und gleichzeitig besten ist die Verwendung einer Ständerbohrmaschine. Wenn eine solche Maschine nicht zur Verfügung steht, können alle Bohrungen auch auf der Drechselbank mithilfe von Vorrichtungen gefertigt werden, wie sie später in Kapitel 10 beschrieben werden.

Bild 8.2 enthält die konstruktiven Einzelheiten einer Vorrichtung für den Einsatz auf der Ständerbohrmaschine. Die Vorrichtung besteht aus zwei Stücken MDF (mitteldichte Faserplatte), die durch Scharniere miteinander verbunden sind. In der unteren Platte befinden sich angesenkte Bohrungen zum Befestigen der Vorrichtung auf dem Bohrmaschinentisch. Die Schraubenköpfe dürfen nicht über die Fläche vorstehen. In die Vorrichtung können an den beiden Seitenkanten zwei Keile eingelegt werden, deren Keilwinkel dem vorgesehenen Schrägungswinkel der Beine entsprechen. Die obere Platte besitzt zwei Paar Bohrungen mit 140 mm Abstand zur Aufnahme der Passstifte (Durch-

Wahl und Vorbereitung des Holzes

Außer Kiefer und Eiche sind auch Esche, Ulme und Rotbuche vorzüglich geeignet. Idealerweise sollte der Sitz aus einem Stück bestehen und zwecks minimalen Verzugs aus einem Viertelholz gefertigt werden. Das ist vielleicht nicht immer zu realisieren und es schadet nicht, wenn zwei oder drei schmalere Bretter miteinander verleimt werden. (Das Verfahren ist in allen gängigen Büchern über Tischlerei und Zimmerei beschrieben.)

Das Holz für die Beine und die Streben ist mit großer Sorgfalt auszuwählen, denn es ist sehr wichtig, dass saubere, geradfasrige Stücke verwendet werden. Die als Unterseite gedachte Fläche des Stücks für den Sitz sollte sauber glattgehobelt sein. Wenn möglich, sollten alle Teile aus demselben Brett geschnitten werden, damit sie in Maserung und Färbung harmonieren.

Bild 8.2 Konstruktive Einzelheiten der Bohrvorrichtung

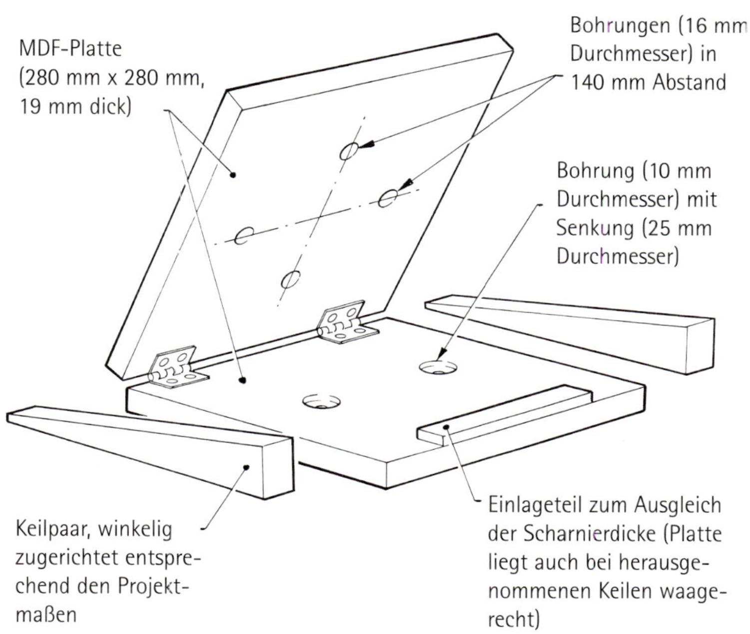

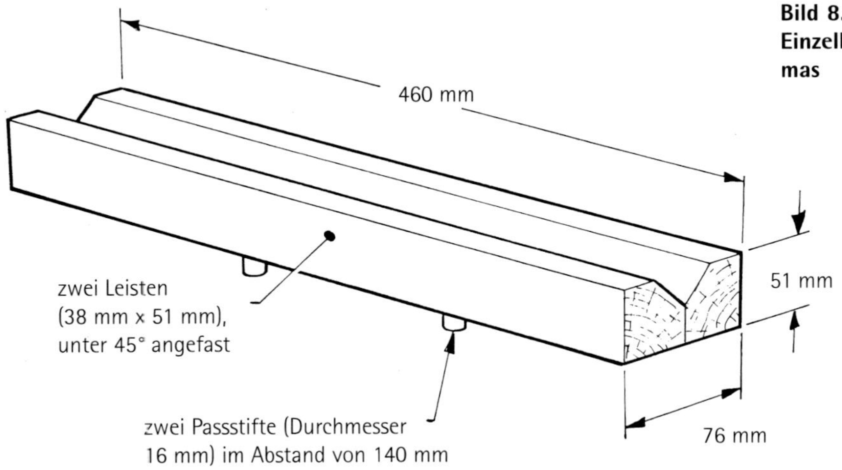

Bild 8.3 Konstruktive Einzelheiten des Prismas

messer 16 mm) an der Unterseite des Prismas, in das die Beine – oder ein beliebiges anderes rundes Stück – beim Bohren eingelegt werden.

Das Prisma (Bild 8.3) besteht aus zwei Leisten (38 mm × 51 mm), die unter 45° angefast und miteinander verleimt und verschraubt wurden. In die Unterseite wurden zwei Stifte (Durchmesser 16 mm) eingesetzt, die in die entsprechenden Bohrungen der oberen Platte der Vorrichtung passen.

Aus den Halbschnitten von Bild 8.4 geht hervor, dass für das Bohren der Sitzfläche Keile mit einem Winkel von 7° (nämlich 90° bis 83°) und für das Bohren der Streben Keile mit einem Winkel von 5° (nämlich 90° bis 85°) in die Vorrichtung einzulegen sind. Die Keile können mit einem Winkelmesser angezeichnet und mit der Bandsäge geschnitten werden.

Zur Sicherheit sollte der Sitz beim Bohren der Löcher (Durchmesser 22 mm) fest auf der Vorrichtung geklemmt sein. (Beachten Sie bitte, dass die Klemmen für das Bild 8.5 zwecks besserer Sichtbarkeit entfernt worden sind.) Ich verwende einen Forstnerbohrer und achte darauf, dass der Tiefenanschlag der Bohrmaschine richtig eingestellt ist, damit ich nicht zu tief bohre. Um genau bohren zu können, müssen die diagonalen Bleistiftlinien auf der Sitzunterseite auf die Mitte der Bohrmaschine ausgerichtet werden.

Wenn die vier Löcher gebohrt worden sind, kann der Rohling auf das Schraubenfutter aufgeschraubt werden. Bei einer Drehzahl von etwa 1000 U/min können die Stirn- und die Schmalfläche mit der 10 mm breiten Querholzröhre, die gut auf der Seitenfläche aufgelegt ist, rundgedrechselt werden. Dadurch ist

Bild 8.4 Halbschnitte zur Demonstration der Winkelbestimmung an den Beinen und Streben

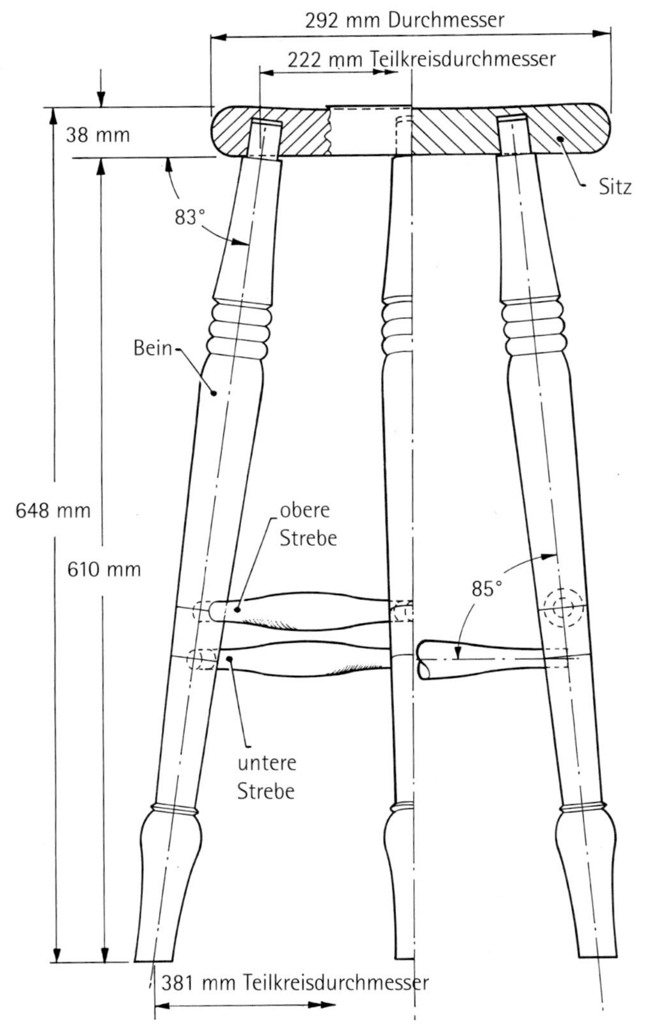

Teilkreisdurchmesser: Durchmesser eines Hilfskreises zum Anreißen von Bohrungen oder Schlitzen

Halbschnitt, zeigt den Winkel am Hockerbein

Halbschnitt bei um 45° gedrehtem Hocker, zeigt die Beziehung Strebe/ Bein

Bild 8.5 Die Bohrvorrichtung, eingesetzt für das Bohren der Sitzbohrungen. Die Keile mit dem Schrägungswinkel von 7° sind gut zu sehen, ebenso wie die Ausrichtung der Sitzfläche auf die Bohrmaschinensäule.

Bild 8.6 Runden der Sitzflächenkanten. Achten Sie darauf, dass die Röhre gut auf der Seite aufliegt (Höhlung in Schnittrichtung) und vom kleinen zum großen Durchmesser gezogen wird.

nur der unterstützte Schneidenabschnitt in Kontakt mit dem rotierenden Holz, sodass Reißen des Werkzeugs vermieden wird.

Der Radius an der Kante wird mit demselben Werkzeug geformt, das wiederum auf die Seite gerollt ist und auf Sie zu gezogen wird, d.h. Sie schneiden vom kleinen zum großen Durchmesser, also mit der Faser (Bild 8.6). Die Rundung kann, falls erforderlich, mit einem Flachschaber geglättet werden.

Die schwache Eintiefung der Sitzoberseite ist mit der Querholzröhre und anschließenden Schlichtschnitten mit dem gewölbten Schaber leicht zu formen. Stellen Sie den Sitz durch Schleifen mit Schleifpapier bis Körnung 320 fertig.

Die Beine

Sie werden aus Rohlingen mit 51 mm Durchmesser hergestellt, die auf die endgültige Länge der Beine geschnitten worden sind. Bild 8.7 soll Ihnen helfen, eine Maßleiste im Maßstab 1:1 anzufertigen. Beim Kopierdrehen sind solche Lehren unentbehrlich, denn auf ihr können alle wichtigen Profilpunkte, die Posi-

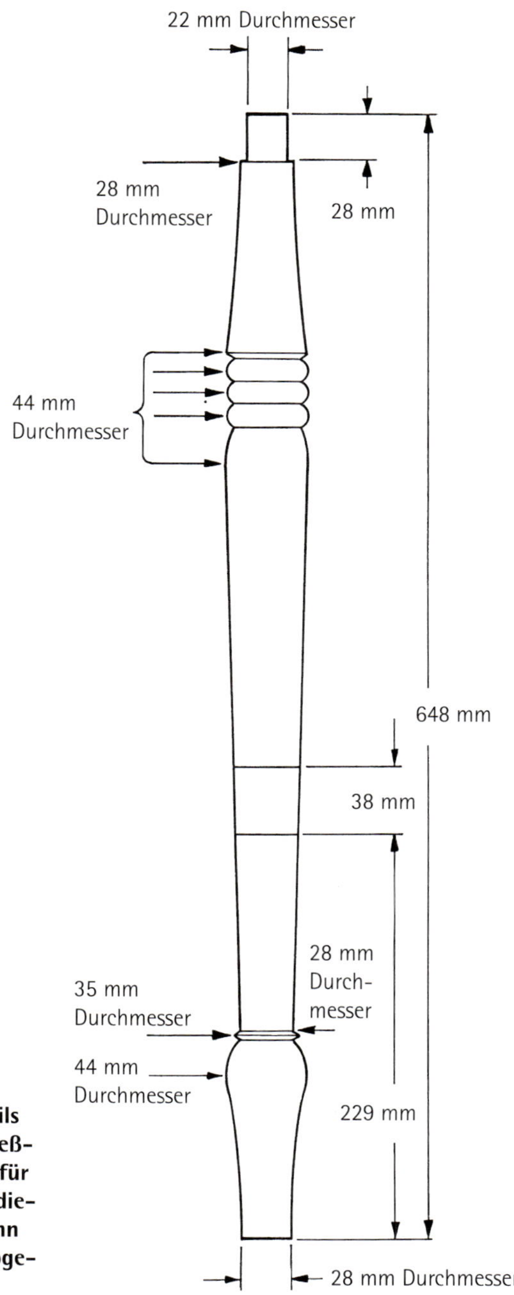

Bild 8.7 Maßdetails des Beins einschließlich der Bohrung für die Streben; von dieser Zeichnung kann eine Maßleiste abgeleitet werden.

Bild 8.8 Eine Durchmesserlehre, falls Sie nur einen Tastzirkel besitzen

tionen der Streben und verschiedene Durchmesser angezeichnet werden. Die Lehre kann aus dickem Karton, Sperrholz oder dünnem Holz angefertigt werden.

An dem Hockerbein sind vier unterschiedliche Hauptdurchmesser anzudrechseln, und wenn Sie nur einen Tastzirkel besitzen, werden Sie sich wahrscheinlich gern eine Durchmesserlehre anfertigen, wie sie in Bild 8.8 zu sehen ist. Sie können dafür z. B. ein Stück Abfallholz nehmen, das Sie zu einer kegeligen Walze mit schwachen Einkerbungen an den entsprechenden Durchmessern drechseln. Mit einer Durchmesserlehre können Sie viel rascher und genauer arbeiten, als wenn Sie den Zirkel immer wieder am Lineal neu einstellen.

Bild 8.9 Übertragen der Konstruktionspunkte auf die gedrechselte Walze

Ich habe mehrere Tastzirkel im Gebrauch und verfahre wie folgt: Ich markiere die vier Durchmesser dauerhaft auf dem Stab, und zwar mit derselben Farbe wie – mit farbigem Klebeband – die entsprechend eingestellten Taster. Das beschleunigt das Einstellen und Messen und verhindert, dass ich den falschen Taster benutze.

Drechseln Sie das erste Stück zwischen Spitzen bei etwa 2000 U/min zu einer zylindrischen Walze mit 44 mm Durchmesser, dem größten Durchmesser an dem zu fertigenden Bein. Stellen Sie die Werkzeugauflage dicht an das Werkstück und legen Sie die Maßleiste korrekt ausgerichtet auf die Auflage. Markieren Sie jetzt mit dem Bleistift auf dem rotierenden Stück die Stellen mit den wichtigen Durchmessern. Damit die Risse an die richtigen Stellen gelangen, kerbe ich die Vorderkante der Lehre mit der Dreikantfeile an. Bild 8.9 zeigt die angelegte Lehre.

Nun können die drei weiteren Durchmesser angedrechselt werden. Dazu wird der Abstechstahl in Ein-Hand-Haltung angesetzt und mit der anderen Hand der Tastzirkel gehalten. Der wichtigste Durchmesser ist der Zapfen (Durchmesser 22 mm) am oberen Ende des Beins, denn er muss in die entsprechende Bohrung der Sitzfläche mit strammem Schiebesitz eingeführt werden können. Beachten Sie bitte, dass ich an der Zapfenbasis eine schwach hervorstehende Schulter angedrechselt habe, die verhindert, dass das Bein zu weit eingeschlagen wird und die obere Fläche des Sitzes durchbricht.

Jetzt kann die Ausformung des Profils begonnen werden. Nehmen Sie den 13 mm breiten Meißel und drechseln Sie mit der Spitze an den Marken für die drei Rundstäbe oben am Bein Kerben ein. Mit demselben Werkzeug (Spitze oder stumpfes Ende) können Sie die Rundstabprofile ausformen; Sie können ebenso gut auch einen Abstechstahl oder eine Langholz-Formröhre nehmen.

Mit einer Schrupppröhre, einer Formröhre oder, wenn Ihnen das bereits gelingt, mit dem Meißel (13 mm) können Sie dann die Kegelfläche zwischen den Rundstäben und dem Zapfen formen.

Der gestreckte Kegel zwischen den Rundstäben und dem Spitzstab unten am Bein wird am günstigsten mit der Schrupppröhre gedrechselt. Wenn das Werkzeug sehr scharf ist, hinterlässt es eine akzeptable Oberfläche. Vielleicht ziehen Sie für den Schlichtschnitt den Meißel vor, was Ihnen aber nicht unbedingt eine bessere Oberfläche garantiert, insbesondere bei ölzern mit stark wirbeligem Faserverlauf Beide Male wird es wahrscheinlich notwendig sein, das Werkstück mit der Hand zu stabilisieren, damit es nicht schlägt und keine spiraligen Riefen auf der Oberfläche des

Bild 8.10 Planen des langgezogenen Kegels mit dem Meißel, die linke Hand als „Lünette" benutzt

Holzes eingeschnitten werden. Bild 8.10 zeigt, wie der Meißel angesetzt wird.

Die Endform unten am Bein wird mithilfe des Meißels (13 mm) und der Schrupppröhre vollendet. Mir scheint es ratsam, die Standfläche leicht anzufasen, um ein Aussplittern zu vermeiden.

Markieren Sie jetzt am Bein die Stellen, an denen die Streben eingesetzt werden sollen. Ich schneide mit dem Meißel eine schwache Kerbe, mit der nicht nur das Ansetzen des Bohrers erleichtert wird, sondern die auch zum guten Erscheinungsbild des Beins beiträgt.

Jetzt kann das Bein geschliffen werden, wobei Sie mit Schleifpaper nicht gröber als Körnung 100 beginnen und verschiedene Körnungen bis hinab zu 220 verwenden. Mit einer Handvoll Späne, die Sie ans rotierende Holz drücken, verleihen Sie Eiche einen gefälligen Glanz, es treten aber auch die Kratzer deutlich hervor, die Sie durch unachtsames Schleifen erzeugt haben. Wenn Sie mit der Oberfläche zufrieden sind, legen Sie das Bein auf ein Prismenpaar hinter der Drechselbank ab und fertigen die drei anderen Beine.

Streben

Die Streben werden aus einem Vierkant mit den Maßen 32 mm × 32 mm hergestellt. Wegen der Spreizung der Beine erhält die obere Strebe eine Länge von 225 mm und die untere eine Länge von 232 mm. Ich arbeite mit einer mitlaufenden Körnerspitze (Durchmesser 13 mm), sodass ich die Zapfen (Durchmesser 16 mm) drechseln kann, ohne ans Metall zu geraten. Die Form der Streben ist einfach und das gesamte Profil kann mit der Schrupppröhre ausgeformt werden. Aus Bild 8.11 ist zu ersehen, dass an den Enden der Streben auf eine Länge von jeweils 19 mm ein zylindrischer Abschnitt mit einem Durchmesser von 13 mm angedrechselt wird. Das ist der Zapfen, der in das Loch im Hockerbein eingepasst wird.

Schleifen Sie die Streben wie oben beschrieben.

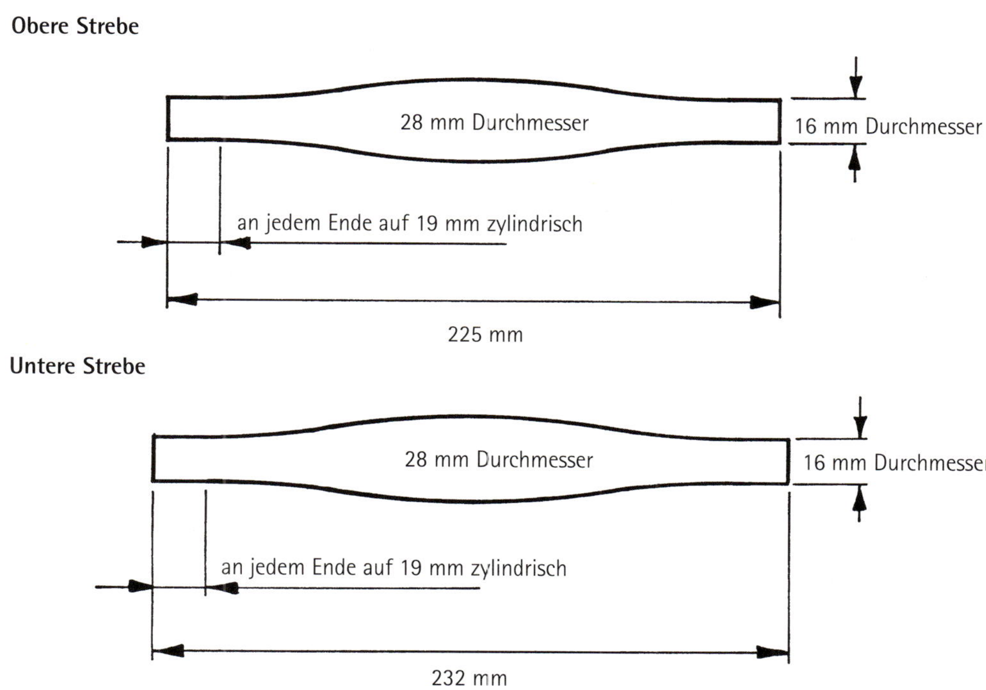

Bild 8.11 Maßliche Einzelheiten der Streben

Bohren der Löcher für die Streben

Bild 8.12 zeigt den Teilschnitt eines Beins und die Anordnung der beiden Sacklöcher für die Streben. Die Bohrvorrichtung, die Sie für das Bohren der Sitzfläche verwendet haben, muss jetzt um 90° geschwenkt auf dem Bohrmaschinentisch befestigt werden. Sie könnten sonst die Beine nicht bohren, weil die Säule der Bohrmaschine im Weg wäre.

Die beiden Stifte des Prismas werden in die entsprechenden Bohrungen der Bohrvorrichtung eingeführt und die beiden 5°-Keile zwischen den Platten der Vorrichtung eingelegt. Ganz unbedingt muss jedes Bein mit seiner Standfläche (von vorn gesehen) nach rechts gerichtet auf die Vorrichtung gelegt werden, sonst weist die Strebe nach dem Einschlagen in die falsche Richtung. Bild 8.13 zeigt die richtige Anordnung.

Damit die Bohrung genau radial verläuft, muss das Prisma so positioniert werden, dass die Bohrermitte exakt in der Mitte der V-förmigen Vertiefung des Prismas sitzt.

Bild 8.12 Teilschnitt eines Beins mit den Sackbohrungen für die Streben

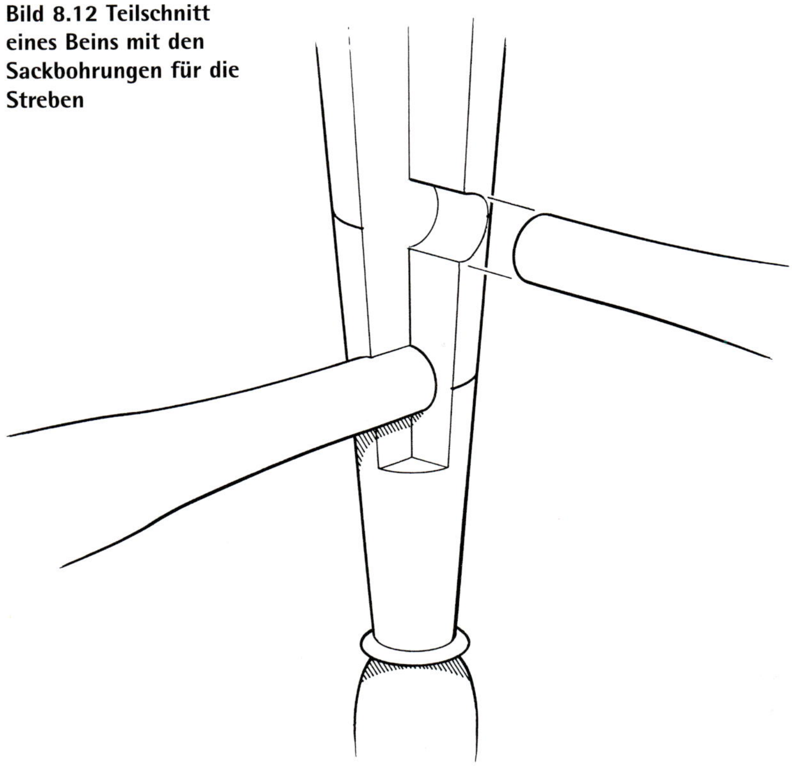

Bild 8.13 Bohren des Lochs für die *untere* Strebe. Beachten Sie, dass das untere Beinende nach rechts (von Ihnen aus gesehen) zeigen muss, wenn die 5°-Keile von den Scharnieren wegweisend eingelegt worden sind.

Beginnen Sie, indem Sie zuerst in alle vier Beine die Löcher für die unteren Streben auf die richtige Tiefe bohren, die Sie am Tiefenanschlag der Bohrmaschine eingestellt haben.

Jetzt kommen die Bohrungen für die oberen Streben an die Reihe, wobei Sie bedenken müssen, dass zwei linke und zwei rechte (so wollen wir der sichereren Verständigung wegen sagen) Bohrungen benötigt werden. Das lässt sich leicht meistern, indem wir in jedes der eben gebohrten Löcher für die unteren Streben einen Dübel (Durchmesser 16 mm)

Bild 8.14 Bohren des Lochs für die *rechte obere* Strebe. In das zuvor gebohrte untere Loch wird ein Dübel (Durchmesser 16 mm) eingesetzt. Er muss unter 90° zum Bohrer liegen und zum Bohrmaschinenständer zeigen.

stecken. Wir bohren jetzt zwei der vier Beine mit nach hinten (zur Säule der Maschine hin) zeigendem Stift (Bild 8.14) und zwei mit nach vorn zeigendem Dübel (Bild 8.15), jedesmal mit dem Bohrer im rechten Winkel zum Dübel. Das klingt zwar kompliziert, ist es aber nicht, was Sie bei genauerer Betrachtung der Bilder 8.13 bis 8.15 bemerken werden.

Zusammenbau

Es ist ratsam vor dem Leimauftrag alle Teile erst einmal trocken zusammenzufügen. Als Leim verwende ich einen PVAC-Leim; ich trage ihn dünn auf die Verbindungsflächen auf, beginne den Zusammenbau durch Eindrücken der Beine in die Bohrungen des Sitzes, jedoch nur etwa 6 mm tief. Durch Auseinanderdrücken der Beine kann ich die Streben bis zum Bohrungsgrund einfügen. Dann wird der Hocker umgedreht, mit der Sitzfläche auf eine dicke Pappe aufgelegt und die Beine mit leichten Hammerschlägen eingeschlagen. Wenn die Verbindungen ordentlich ausgeführt sind, brauchen keine Spannvorrichtungen benutzt zu werden.

Bild 8.15 Bohren des Lochs für die *linke obere* Strebe. Dieses Mal muss der Dübel in die entgegengesetzte Richtung zeigen, also auf Sie hin.

Oberflächenbehandlung

Wenn es Ihnen lieber ist, können Sie die einzelnen Teile des Hockers oberflächenbehandeln, sobald Sie sie auf der Maschine fertig bearbeitet haben. Bei einer Versiegelung oder Wachs als Endbehandlung empfiehlt sich das sogar, wobei Sie allerdings sorgfältig darauf achten müssen, dass vor dem Leimauftrag kein Wachs auf die Verbindungsflächen gelangt. Eine andere Möglichkeit ist der Auftrag von Tungöl oder Danish Oil; es müssen zwar drei Schichten mit einem Zeitabstand von jeweils 24 Stunden aufgetragen werden, aber dafür ergibt sich ein äußerst dauerhafter Überzug.

Ich selbst habe die Variante gewählt, zwei Schichten Schleifgrund auf den fertig zusammengebauten Hocker aufzuspritzen und anschließend ein weiches Wachs aufzutragen, und bin mit dem Ergebnis vollkommen zufrieden.

Bild 8.16 Die Zeichnung (Maßstab 1:1) der Maßleiste und die Messgeräte für die Herstellung einer Geländersprosse

PROJEKT

Geländersprosse

Die Gestaltung einer Geländersprosse liegt normalerweise in der Hand des Architekten oder des Kunden. Unser Übungsteil ist ein typisches Beispiel für eine solche Sprosse und wurde nach der Zeichnung eines Ladenausstatters angefertigt. Die Zeichnung lag in einem kleineren Maßstab vor und musste deshalb zunächst im Maßstab 1:1 auf einigermaßen festen Karton übertragen werden, wo dann die verschiedenen bestimmenden Durchmesser mit Nummern versehen wurden.

Wieder ist die Anfertigung einer Maßleiste erforderlich. Weil an beiden Enden der Sprosse vierkantige Abschnitte stehen bleiben sollen, muss die Maßleiste etwas anders ausgeführt werden als die für die Hockerbeine. Ich habe starken Karton in der vollen Länge der Sprosse auf dünnes Sperrholz geklebt. Die Länge des Sperrholzstreifens ist gleich dem Abstand zwischen den kantigen Stücken. Auf der einen Seite ist er ungefähr 38 mm breiter als der

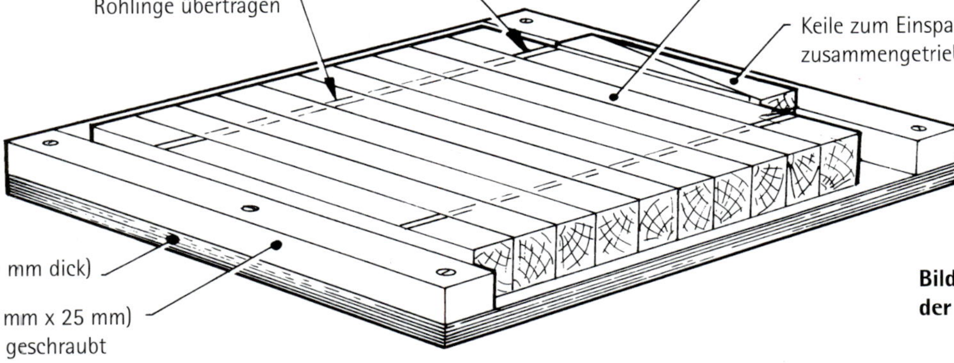

Bild 8.17 Anreißen der Kanteln

Karton; warum, wird später klar werden. Die bestimmenden Konstruktionsmerkmale werden auf die vordere Kante der entstehenden Maßleiste übertragen und die wichtigen Durchmesser auf der Maßleiste und an den Tastzirkeln farblich gekennzeichnet (Bild 8.16), so wie wir es für die Hockerbeine gemacht haben.

In unserem Auftrag wurden 48 Geländersprossen verlangt. Bei solchen Arbeiten ist es wichtig, dass jedes Stück genau zentriert wird; außerdem müssen die Längen der vierkantigen Abschnitte akkurat markiert werden. Um die Markierungsarbeit zu beschleunigen, lege ich etwa zehn Rohlinge auf eine Sperrholz- oder Faserplatte, auf die ich drei Leisten so aufgeschraubt habe, dass zwei rechte Winkel gebildet werden. Die Rohlinge werden mit einem Paar Einschlagkeilen gesichert. Zuvor müssen zwei Sprossen mit Bleistift angerissen werden; sie werden an den beiden Enden der Sprossenreihe aufgelegt. Die anderen Sprossen werden dann mittels Lineal und Bleistift angerissen (Bild 8.17).

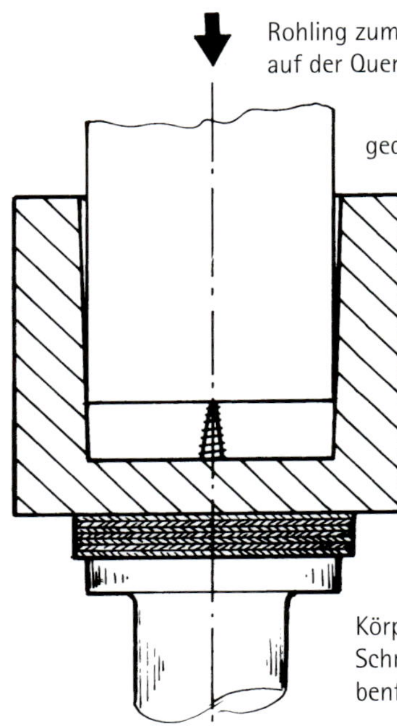

Bild 8.18 Selbst gebaute Zentrierlehre

Bild 8.19 Die eingesetzte Eigenbau-Zentrierlehre

Das Suchen nach der Mitte auf den Stirnflächen mithilfe aufgezeichneter Diagonalen wäre zeitraubend und ziemlich mühselig. Glücklicherweise gibt es einige schnellere und dennoch genaue Verfahren. Vielleicht am einfachsten ist es, ein Stück Holz auf dem Schraubenfutter zu befestigen, rund zu drechseln und eine konische Vertiefung einzudrechseln, in die der Vierkant der Sprosse eingesteckt werden kann. Sie muss so tief sein, dass das Ende der Futterschraube an ihrem Grund vorsteht und auf diese Weise die Stirnfläche der Sprosse zentrisch angekörnt werden kann. Wenn Sie diese Vertiefung mit dem Abstech-

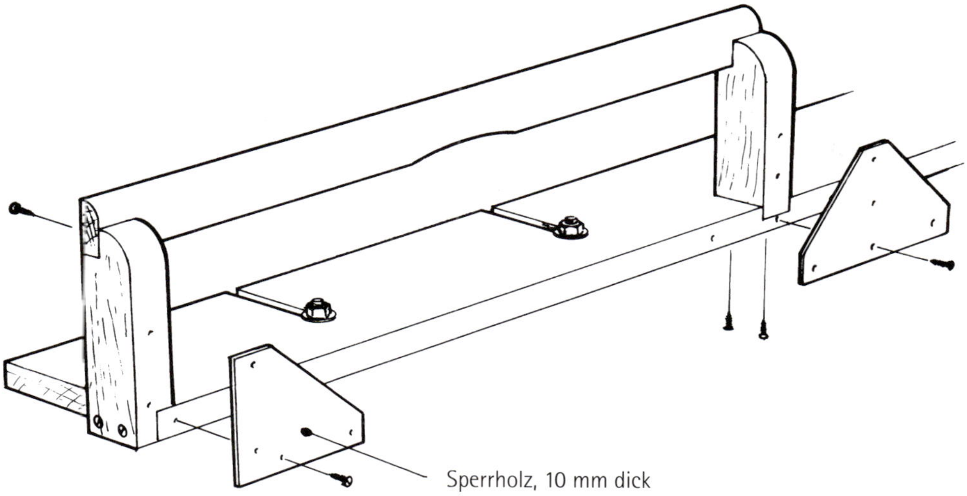

Bild 8.20 Selbst gebaute hölzerne Werkzeugauflage

stahl ausdrechseln, müssen Sie aufpassen, dass Sie nicht an die Futterschraube geraten. Wenn Sie sich der vorgesehenen Tiefe nähern, lassen Sie in der Mitte einen kleinen Kegel stehen und drechseln nur den Rand des Bohrungsgrundes auf Solltiefe. Der Kegel kann nach dem Abschrauben des Stücks vom Futter mit einer Röhre leicht weggeschnitten werden. Bild 8.18 zeigt Ihnen, wie die Zentrierlehre aufgebaut ist, Bild 8.19, wie sie benutzt wird.

Drechselteile dieser Abmessungen– unsere Sprosse ist 762 mm lang und hat einen quadratischen Querschnitt mit 41 mm Kantenlänge – können auch dem erfahrenen Drechsler Probleme bereiten. Am unangenehmsten sind die Schwingungen des Stücks. Außerdem müssen Sie, falls Sie keine die gesamte Länge der Sprosse überstreichende Werkzeugauflage haben, die Auflage ständig weiterrücken, was nicht nur Zeit, sondern auch Nerven raubt. Wenn Ihnen eine Auflage aus Metall wie in den Fotografien nicht zur Verfügung steht, können Sie sich eine Auflage aus Holz bauen, die auf die Maschine aufgeschraubt wird. Sie hat in der Grundplatte Schlitze und ist dadurch verschiebbar. Die Holzleiste, die die eigentliche Auflage bildet, kann ausgetauscht und damit entsprechend der jeweiligen Werkstücklänge gewählt werden. Bild 8.20 zeigt den Aufbau dieser selbst gebauten Auflage.

Schwierigkeiten mit langen, schlanken Werkstücken ergeben sich, weil das Werkzeug das Stück aus seiner Achslage drückt und das Stück häufig sogar ohne Werkzeugeingriff zu schwingen beginnt. Wenn das nicht auf irgendeine Weise verhindert wird, schlägt das

Bild 8.21 Eine übliche Lünette aus Metall, hier für die Drechselbank von Woodfast. Vergleichbare deutsche Hersteller sind die Firmen Hager, Hegner, Hapfo und Killinger.

Holz am Werkzeug und es entstehen Schläge (so genannte Kürschner) und Ausrisse. Zudem bilden sich auf der Oberfläche des Stücks flache spiralige Eindrehungen und es wird auch nicht völlig kreisrund. Die Probleme können auf verschiedene Weise vermindert werden:

1. Verringern Sie die Drehzahl der Spindel.
2. Verringern Sie die Anpresskraft des Reitstocks so weit wie irgend möglich.
3. Drechseln Sie den kleinsten Durchmesser des Stücks erst am Schluss.
4. Zerlegen Sie Drechselteile mit Kanteln, wie Geländersprossen und -pfosten in gesondert zu fertigende Teile und fügen Sie sie dann zusammen.
5. Benutzen Sie eine Lünette.
6. Stützen Sie das Stück mit einer Hand ab (siehe S. 60–61).

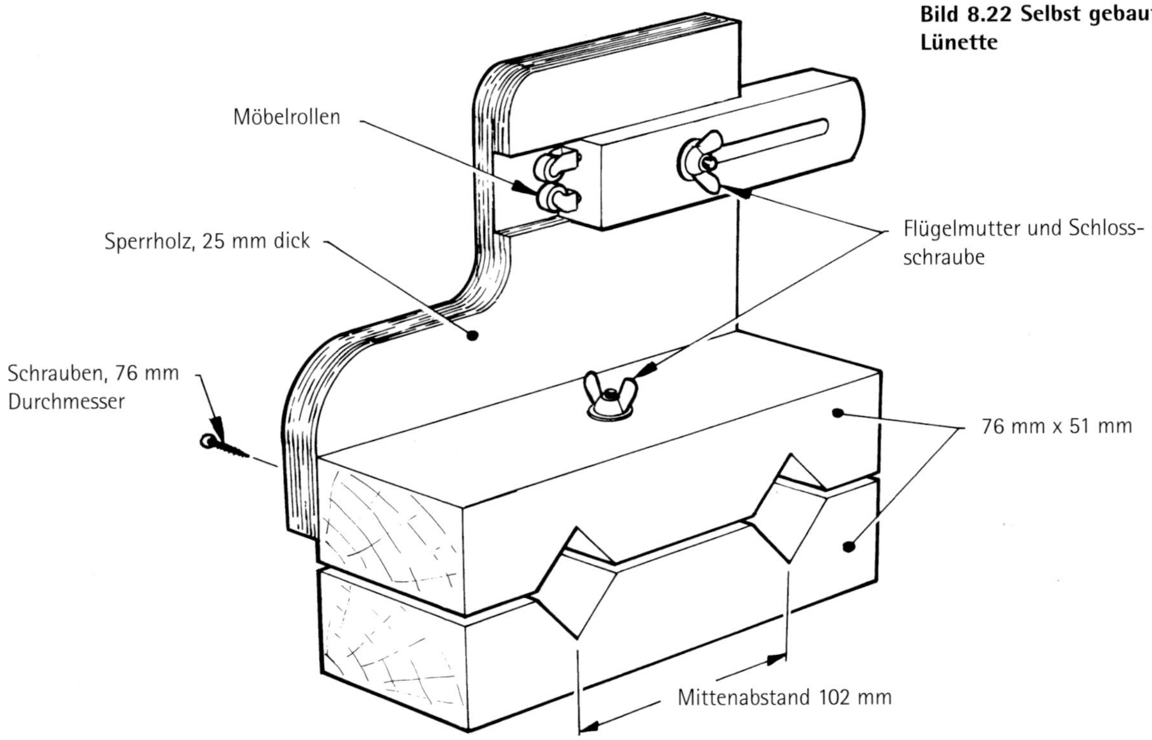

Bild 8.22 Selbst gebaute Lünette

7. Heben Sie mit scharfen Werkzeugen feine Späne bei konsequent aufgelegter Fase ab. Schaben bedeutet stets einen höheren Bearbeitungswiderstand und das Werkstück wird weiter ausgelenkt, was unabänderlich zum Reißen des Werkzeugs führt. Stumpfe Werkzeuge, insbesondere Meißel, können den Spiraleffekt auch dann hervorrufen, wenn das Stück gar nicht besonders schlank ist.

Es stehen viele Bauarten von Lünetten zur Verfügung und auch einige Hersteller von Drechselbänken bieten Lünetten an. In Bild 8.21 ist als Beispiel eine Lünette für die Drechselbank von Woodfast dargestellt. Deutsche Hersteller für Lünetten sind die Firmen Hager, Hapfo, Killinger und Hegner.

Eine Alternative ist der Selbstbau. Gestalten müssen Sie Ihre Lünette so, dass Sie zu Ihrer Maschine passt. Das Beispiel in Bild 8.22 eignet sich für Maschinen mit zwei Rundführungen und ist nicht allzu schwer herzustellen. Wichtig ist, dass sich die Lünette leicht seitlich verstellen lässt. Deshalb können die beiden Teile mit den V-Nuten mittels einer Schraube mit Flügelmutter am Bett geklemmt werden. Eine Flügelmutter befindet sich auch an der Schraube, mit der das geschlitzte Querteil am senkrecht angeordneten Tragteil befestigt wird. Den Schlitz im Querteil arbeiten Sie aus, indem Sie eine Reihe von Löchern bohren und das stehen gebliebene Holz mit dem Stemmeisen entfernen. Der Schlitz ermöglicht es, das Querteil entsprechend dem Stückdurchmesser einzustellen. Die Möbelrollen müssen stramm eingepasst werden, d. h. die Bohrungen im Querteil müssen ein geringes Untermaß haben. Die Rollen müssen sehr genau so angeordnet sein, dass eine zwischen ihnen gezogene Linie exakt mit der Mittelachse des Holzes fluchtet.

Alle Lünetten haben Nachteile: Sie sind laut; die Reibung kann das Werkstück verbrennen (Rauchentwicklung ist nicht ungewöhnlich!); sie verringern – und das interessiert den Berufsdrechsler am meisten – den Produktionsausstoß. Wegen dieser Nachteile sucht der Berufsdrechsler, so lange wie möglich ohne Lünette auszukommen und das Stück lieber mit der Hand abzustützen. Dazu ist jedoch viel Erfahrung nötig, aber Beharrlichkeit und Ausdauer zahlen sich aus.

Um eine Lünette verwenden zu können, muss das Stück (oder ein Teil von ihm) natürlich erst einmal rund gedrechselt werden. Die Lünette wird dann an der günstigsten Stelle angeordnet und zwar möglichst in der Nähe der Stückmitte. Nachdem Sie Ihren Rohling für das Drechseln vorbereitet haben, spannen Sie ihn in die Maschine und stellen eine Drehzahl zwischen 1000 und 1500 U/min ein. Normalerweise ordne ich den dicksten Abschnitt der Sprosse zum Spindelstock hin an, weil ich es vorziehe, mit der linken Hand zu stützen und von links nach rechts zu drechseln. Die Bleistiftrisse, die die Vierkantabschnitte markieren, müssen auf dem rotierenden Holz gut zu sehen sein und als Erstes stechen Sie dort mit der Spitze des Meißels (13 mm) ein. Beginnen Sie mit leichten Spänen und arbeiten Sie sich mit

Bild 8.23 Anreißen der Konstruktionspunkte mit der Maßleiste

wiederholten Schnitten von beiden Seiten aus an den inneren Riss heran, bis die Schnittfläche kontinuierlich rund ums Holz läuft und die Solltiefe erreicht hat. Um eine gerundete Schulter zu drechseln, wird, wie Sie sich erinnern werden, der Meißel gerollt und gehoben. Der Abschnitt zwischen den Enden mit quadratischem Querschnitt wird dann mit der Schruppröhre, die Sie gut auf die Seite rollen müssen, zur Walze gedrechselt. Am Übergang zu den Kanteln müssen Sie besonders aufpassen, damit sie nicht einhaken.

Bild 8.24 Geländersprosse nach dem Drechseln auf Maß

Jetzt kann die Maßleiste angelegt und bei laufender Spindel mit dem Bleistift angerissen werden. An dieser Stelle wird auch klar, warum die Sperrholz-Maßleiste genau auf die Länge des zu überdrechselnden Abschnitts zugeschnitten werden musste; sie würde sonst beim Anlegen die Vierkante berühren (Bild 8.23).

Falls Sie eine Lünette verwenden wollen, ist jetzt der günstigste Zeitpunkt, sie an der Maschine anzubringen – bei stillgesetzter Spindel natürlich. Nehmen Sie die vorbereiteten Maßzirkel zur Hand und stechen Sie mit dem Abstechstahl die Maßdurchmesser an den entsprechenden Stellen ein. Danach sieht das Werkstück aus wie in Bild 8.24.

Bild 8.25 Glättschnitt auf dem kegeligen Abschnitt mit dem Meißel

Bild 8.26 Fertige Geländersprosse, noch in der Drechselbank eingespannt. Sie kann jetzt auf einem Prismenpaar hinter der Maschine abgelegt werden und als Muster für das Kopierdrechseln der anderen Sprossen dienen.

Nun werden die Rundstäbe, die Wölbungen und die Kehlen mit Meißel und Röhre gedrechselt und der lange Kegel wird mit der Schrupprröhre vorgeformt. Sie erinnern sich, dass dieses Werkzeug, wenn es sehr scharf ist, durchaus bei vielen Holzarten eine akzeptable Oberflächengüte erzielt, wenn es im Winkel angesetzt und die Fase kräftig angepresst wird. Bild 8.25 zeigt, wie mit dem Meißel ein Glättschnitt von links nach rechts (mit der Faser = vom größeren zum kleineren Durchmesser) auf dem kegeligen Abschnitt geführt wird.

Jetzt kann geschliffen und mit einer Handvoll Späne die Farbe des Holzes leicht aufgeflammt werden. In Bild 8.26 ist die fertige Geländersprosse zu sehen.

Mit der fortwährenden Ausübung solcher Drechselarbeiten werden nicht nur Ihre Fertigkeiten rasch zunehmen, sondern Sie werden auch ein gutes Augenmaß entwickeln, das am Ende alle Zurichtarbeit bis auf ein paar Einstiche „auf Maß" überflüssig machen wird.

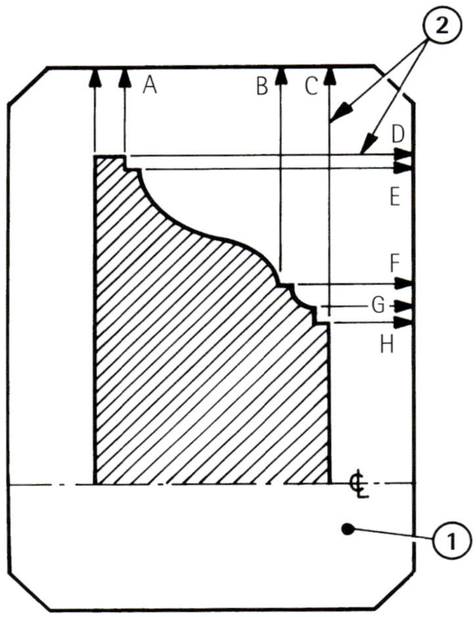

Bild 8.27 Vorbereitende Arbeiten für die Lehre

1. Fertigen Sie eine Schablone im Maßstab 1:1 an.

2. Zeichnen Sie die Projektionslinien A, B, C, D, E, F, G, H.

PROJEKT

Ständerfuß

Die meisten beziehen den Begriff des Kopierdrechselns allein auf Langholzarbeiten. Tatsächlich ist auch die Masse meiner Kopierarbeiten dieser Kategorie zuzuordnen, jedoch muss auch ein Gutteil Querholzarbeiten kopiert werden. Als Einführung in die Verfahren, die ich anwende, will ich die Herstellung eines attraktiven Ständer- oder Säulenfußes

Bild 8.28 Anreißen der Dicke des Ständerfußes mit Lehre und Bleistift

Bild 8.29 Anreißen auf der Querholzfläche mit der Lehre

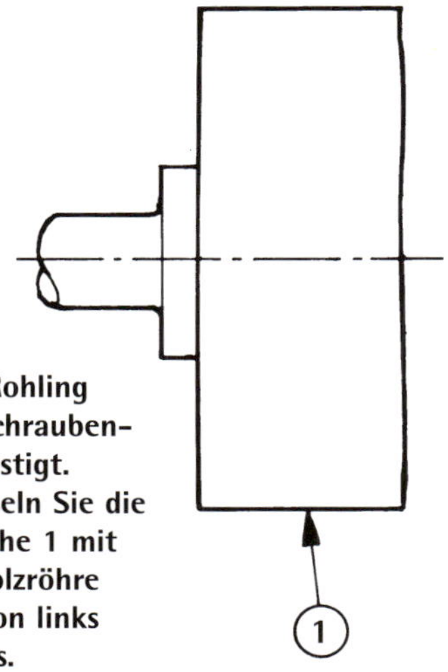

Bild 8.30 Rohling auf dem Schraubenfutter befestigt. Überdrechseln Sie die Schmalfläche 1 mit der Querholzröhre (10 mm) von links nach rechts.

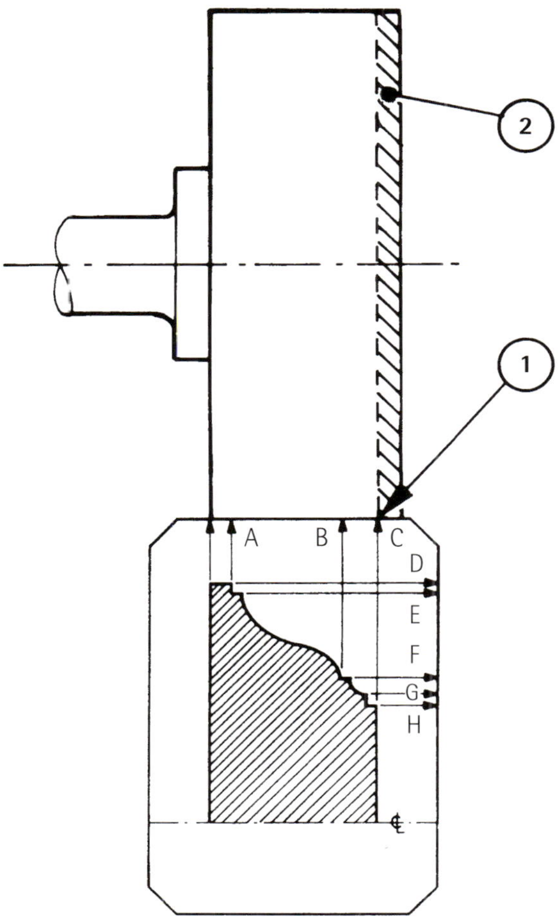

Bild 8.31
1. Die Lehre wird an das rotierende Werkstück gehalten und das endgültige Dickenmaß C mit Bleistift angerissen.
2. Drechseln Sie den Abfall mit der Querholzröhre und dem rechtwinkligen Schaber ab.

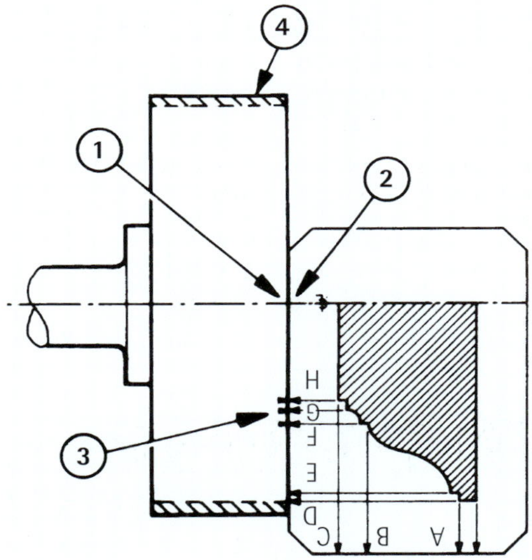

Bild 8.32
1. Markieren Sie die Mitte auf der Hirnfläche.
2. Legen Sie die Lehre auf die Mittenmarke ausgerichtet an das Holz.
3. Reißen Sie die Zwischenpunkte E, F, G, H an.
4. Reißen Sie den Enddurchmesser D an und drechseln Sie den Abfall mit der Querholzröhre von links nach rechts ab.

Bild 8.33
1. Reißen Sie Punkt A an.
2. Drechseln Sie den Abfall mit dem Abstechstahl ab, wobei Sie von E nach A schneiden.

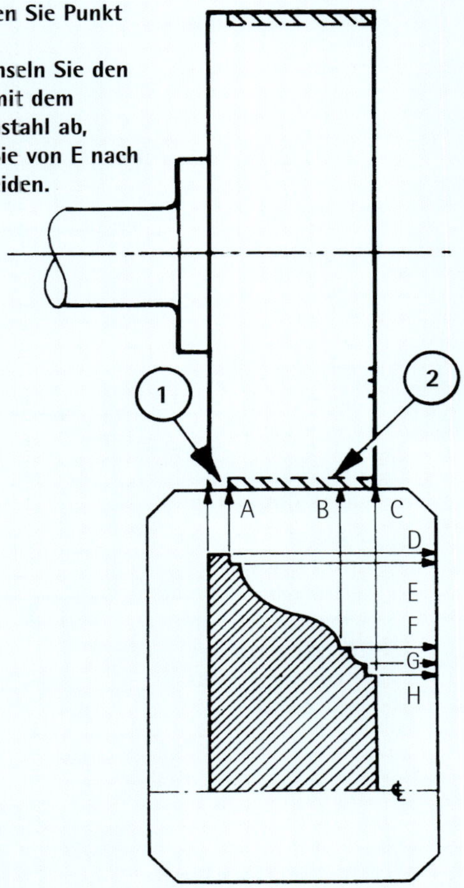

Bild 8.34
1. Reißen Sie Punkt B an.
2. Drechseln Sie den Abfall mit dem Abstechstahl ab, wobei Sie von F nach B schneiden.

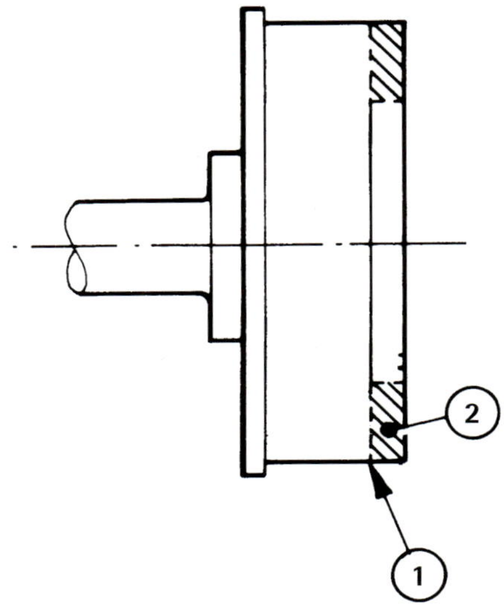

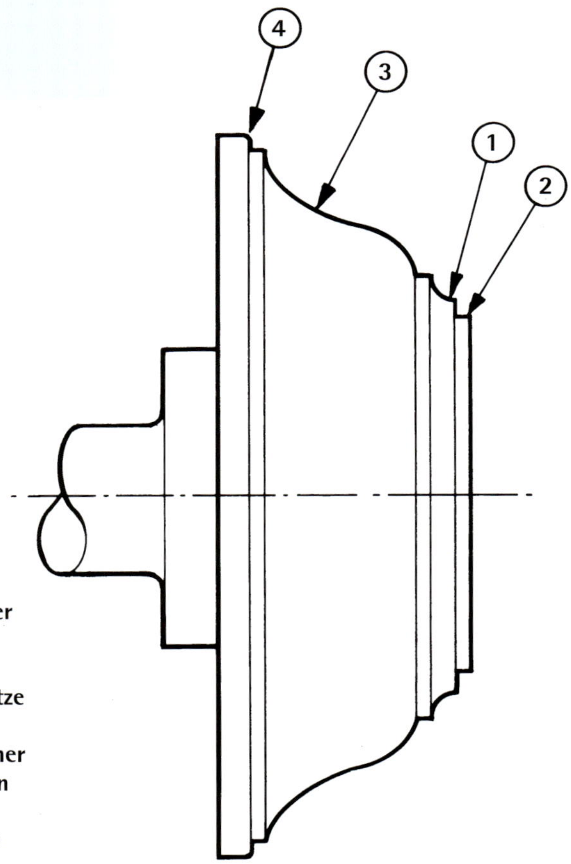

Bild 8.35
1. Die Kehle wird entweder mit einer kleinen Querholzröhre oder einem schmalen Rundschaber geformt.
2. Der äußere Falz wird mit der Spitze des Meißels geschnitten.
3. Der Karniesabschnitt wird mit einer kleinen Querholzröhre und Schabern geformt.
4. Der kleine Radius wird mit Röhre oder Schaber geformt.

Bild 8.36 Der fertige Ständerfuß

beschreiben, der für eine Reihe von Zwecken eingesetzt werden kann.

Wie stets ist der erste Schritt eine Zeichnung im Maßstab 1:1 auf Karton, die später auf ein Stück Sperrholz geklebt werden kann. Projizieren Sie alle Konstruktionspunkte auf die Kante der Sperrholzplatte und feilen Sie die V-Kerben für die Bleirisse ein (Bild 8.27).

Die Scheibe, die sowohl in der Dicke als auch im Durchmesser etwas Übermaß haben soll, wird zuallererst mit der 10 mm breiten Querholzröhre rund gedrechselt (Drehzahl etwa 1000 U/min). Dann werden die gewünschten Höhen- (oder Dicken-)maße mit Lehre und Bleistift angerissen (Bild 8.28). Nachdem Sie die Werkzeugauflage quer vor dem Werkstück eingerichtet haben, kann mit Querholzröhre und Meißel grob überdrechselt werden.

Auf der Stirnfläche der Scheibe wird jetzt mit Lehre und Bleistift angerissen (Bild 8.29). Die Reihenfolge der Schnitte geht aus den Bildern 8.30 bis 8.35 hervor; Sie verwenden Querholzröhre, Abstechstahl und verschiedene Schaber. Im Bild 8.36 ist der Fuß fertig.

Alle vorgestellten Projekte sind nicht weiter kompliziert, aber dennoch wird der Leser einiges über die angewendeten Verfahren und die einfachen Hilfsvorrichtungen gelernt haben. (Es gibt selbstverständlich weitere Kopierverfahren und alle möglichen anderen Vorrichtungen.)

ZUSAMMENFASSUNG

1. Die Lernenden sollten vom ersten Tag an einfache Kopierarbeiten ausführen.
2. Planen und Einrichten sind unverzichtbare Schritte des Bearbeitungsprozesses.
3. Fertigen Sie stets eine 1:1-Zeichnung des Gegenstandes an, von der die Maßleiste abgeleitet wird.
4. Geschwindigkeit ist während der Lernphase nicht von Bedeutung, dafür aber Genauigkeit und Konzentration.
5. Eigenbau-Werkzeugauflagen aus Holz, die über die gesamte Länge des Werkstücks reichen, sind problemlos anzufertigen. Mit ihnen kann das nervenaufreibende Weiterrücken der Auflage vermieden werden.
6. Lange, schlanke Werkstücke können entweder mit der Hand oder mit einer Lünette stabilisiert werden.

Kapitel 9

Schleifen und Oberflächenbehandeln

Es heißt, dass ein Holzbearbeitungsobjekt mit der Oberflächenbehandlung stehe und falle. Das Drechseln ist dabei keine Ausnahme. Genauso richtig ist die Behauptung, dass durch keine noch so gute Oberflächenbehandlung mangelhafte Ausführung und unzureichende Sorgfalt der Holzbearbeitung aufgewogen werden können. Ein gutes Oberflächenbehandlungsmittel oder eine gute Politur, aufgetragen auf ein minderwertig gearbeitetes Stück, nützt dessen Erscheinungsbild nichts. Im Gegenteil: Die Mängel fallen umso deutlicher ins Auge. Daraus folgt, dass beide Bearbeitungsphasen – das Drechseln und die Oberflächenbehandlung – ein hohes Niveau haben müssen, wenn der Drechsler seinen guten Ruf bewahren will.

Von gleicher Bedeutung ist die *Haltbarkeit* der gewählten Oberflächenbehandlung. Ganz gewiss werden Ihre Kunden nicht wiederkommen, wenn Sie ihnen Stücke mit einer Oberflächenbehandlung verkauft haben, die dem gedachten Verwendungszweck nicht standhält oder nach kurzer Zeit schäbig wirkt.

Die Notwendigkeit einer Oberflächenbehandlung

Nur sehr wenige Holzerzeugnisse werden in ihrem natürlichen Zustand belassen, sondern es wird aus den folgenden Gründen ein Oberflächenbehandlungsmittel aufgetragen:

1. um die Schönheit des Holzes durch Hervorheben von Maserung und Färbung zu steigern;
2. um die Oberfläche vor Staub, Schmutz, Fingerabdrücken und Ähnlichem zu schützen;
3. um die Oberfläche zu versiegeln. Das begrenzt die Feuchtigkeitsmenge, die absorbiert werden kann;
4. damit Gegenstände, die im Haushalt verwendet werden sollen, mit einem feuchten Tuch abgewischt oder sogar abgewaschen werden können;
5. um die natürliche Farbe des Holzes durch Beizen zu verändern.

Kurzum, Zweck des Auftragens eines Oberflächenbehandlungsmittels ist das Holzteil zu versiegeln, zu schützen, zu färben und seine natürliche Schönheit zu steigern.

Allerdings ist, wie oben schon betont, eine gute Behandlung auf einem minderwertigen Produkt nicht besser als eine schlechte Behandlung auf einem Produkt exzellenter Drechselkunst. Erfolg oder Misserfolg bei einem gedrechselten Gegenstand werden bedingt durch *jeden einzelnen* Arbeitsschritt von der Holzvorbereitung bis zur Endbehandlung.

Was sind die Arbeitsschritte?

Mit den meisten Arbeitsschritten haben wir uns schon beschäftigt. Ich habe betont, dass Qualitätswerkzeuge benutzt werden müssen, die sorgfältig und genau auf den richtigen Schärfegrad geschliffen worden sind. Ich habe Sie nachdrücklich aufgefordert, immer wieder das Ausformen der Grundelemente zu üben und dabei möglichst schneidend zu arbeiten, damit bereits das Drechselwerkzeug eine bestmögliche Oberflächengüte hinterlässt.

Ohne solche Vorarbeit werden Sie eine unverhältnismäßig lange Zeit darauf verwenden müssen, die Oberflächen Ihres Werkstücks durch Schleifen auf den Standard zu bringen, der für das Auftragen des Mittels erforderlich ist. Zu starkes Schleifen zerstört die Frische eines gedrechselten Objekts, sodass es stets Ihr Ziel sein muss, so wenig wie möglich zu schleifen.

Es ist allerdings meistens unvermeidlich, dass in gewissem Maße geschliffen werden muss (Dieses Maß ist umgekehrt proportional zum Können des Drechslers), um Schönheitsfehler der Oberfläche zu beseitigen. Zum *Formen* sollte nicht geschliffen werden, ausschließlich zur Verbesserung der Oberfläche!

Schleifen ist eine mühselige Pflichtaufgabe und ich verabscheue es. Nichtsdestotrotz müssen Sie sich dazu zwingen, geduldig die vorgeschriebene Folge von Prozeduren abzuarbeiten, wenn Sie beste Ergebnisse erzielen wollen.

Sie werden feststellen, dass Querholzarbeiten viel mehr Schleifaufwand erfordern als Langholzarbeiten und dass sich Langholz viel leichter schleifen lässt als Querholz.

Sie werden die Erfahrung machen, dass eine Oberfläche durch Schleifen mitunter unebener wird als sie zuvor war. Beispielsweise treten Äste, die härter als das umgebende Holz sind, durch das Schleifen aus dem Holz hervor. Holzarten mit einem ausgesprochenen Dichteunterschied zwischen dem schnell wachsenden Frühholz und dem langsamer wachsenden Spätholz schleifen sich sehr ungleichmäßig. Die dunkleren Zonen (die härtesten und dichtesten) treten ebenfalls hervor. Drechseln Sie als Beispiel eine kleine Schale aus heimischer Kiefer oder Lärche und schleifen Sie sie mit 100er-Schleifpapier. Sie brauchen nur mit den Fingern über das Holz zu fahren, um festzustellen, wie uneben und wellig die Oberfläche bei Holzarten wie diesen werden kann.

Unnötiges Schleifen sollte unbedingt vermieden werden. Ich drechsle beispielsweise in größerer Anzahl Geländerteile aus Kiefer, von denen ich weiß, dass sie mit Farbe überstrichen werden. Ist das Holz von guter Qualität, kann ich aufs Schleifen gänzlich verzichten, weil die Oberflächengüte nach dem Drechseln für den Anstrich mehr als ausreichend ist. Ähnliche Arbeiten aus Hemlock, die normalerweise wenig „lebendig“ ist, werden kurz mit 100er-Schleifpapier überschliffen, was für den Farbanstrich wiederum völlig ausreicht. Wenn aber derartige Teile aus Eiche oder Mahagoni oder einem anderen Holz hergestellt werden, auf das zum Erhalt des natürlichen Erscheinungsbildes Klarlack aufgetragen wird, dann muss schon etwas mehr Mühe aufgewendet werden und es können mehrere Körnungen bzw. Feinheitsgrade erforderlich sein, um die gewünschte Glätte zu erreichen.

Bevor wir zum Schleifen gelangen, ist der erste Schritt die Prüfung des Drechselprodukts auf Mängel wie Fraß- oder Nagellöcher und kleine Risse. Diese Mängel müssen verspachtelt werden, wofür eine ganze Anzahl von Mitteln auf dem Markt sind. Die Spachtelmasse muss fest in die Vertiefung gedrückt werden (wozu Sie ein Stück Abfallholz und nicht etwa eine Werkzeugschneide verwenden), und es ist günstig, sie ein wenig über die Holzoberfläche herausragen zu lassen, um etwaiges Schrumpfen beim Trocknen zu berücksichtigen. Die meisten Spachtelmassen trocknen ziemlich langsam, sodass Sie das Stück über Nacht liegen lassen müssen, bevor Sie es schleifen können.

Spachtelmassen werden in vielen Farbtönen angeboten, bei speziellen Projekten lohnt sich aber ein Test auf Farbgleichheit an einem Abfallstück derselben Holzart. Eventuell müssen Sie zwei Farbtöne mischen.

Arten von Schleifmitteln

Sand- oder Glaspapiere werden vom Drechsler kaum noch verwendet; sie werden von den heutigen Schleifmitteln wie Granat, Korund und Siliciumcarbid weit übertroffen. Alle diese Papiere sind geeignet; Siliciumcarbid ist auf eine wasserbeständige Unterlage aufgeklebt und gleichermaßen nass und trocken anwendbar.

Schleifpapiere werden mit Nummern gekennzeichnet: Je höher die Nummer, desto feiner das Papier. Ich verwende für einen kompletten Schleifprozess gewöhnlich vier Grade. Für Langholzarbeiten nehme ich kaum Papier, das gröber ist als Körnung 120. Anders an Stücken, die einen Farbanstrich erhalten sollen: Hier endet das Schleifen mit Körnung 220, die auf manchen Hölzern die einzige Körnung ist, die ich überhaupt benutze. Nach dem Auftragen von Versiegelung oder Politur schleife ich die Schicht im Allgemeinen mit Körnung 320 an (Eine Nebenbemerkung: Jede auf das Holz aufgebrachte Flüssigkeit führt dazu, dass sich die Fasern je nach Holzart stärker oder schwächer aufrichten. Der Ausdruck „Anschleifen" bedeutet lediglich ein ganz leichtes Schleifen mit einem feinen Schleifmittel, um die ursprüngliche Glätte wieder herzustellen.)

Bei Querholzarbeiten beginne ich im Allgemeinen das Schleifen mit Körnung 100 (wenn ich mit der Hand schleife) und gehe dann zu den Körnungen 150 und 220 über, um die gewünschte Glätte zu erreichen. Die Körnung 320 verwende ich wie oben beschrieben.

Die Wahl der richtigen Körnung für die erste Schleifoperation ist sehr bedeutsam und nur Erfahrung und Holzkenntnisse helfen hier weiter. Ein zu feines Papier beseitigt die Oberflächenmängel nicht, ein zu grobes Papier erzeugt mehr Oberflächenschäden als ursprünglich vorhanden. Ich drechsle z. B. oft Mahagoni (für Möbelteile) und weiß inzwischen sehr genau, dass Schleifen mit Papier gröber als 220 unweigerlich dazu führt, dass nach dem Polieren auf dem Stück kreisförmige Kratzer sichtbar wären.

Es muss bedacht werden, dass nahezu alles Schleifen *quer zur Faser* stattfindet, und die kreisförmigen Kratzer werden tiefer je gröber das Korn ist. Um diese unansehnlichen Riefen zu vermeiden, rate ich Ihnen, nicht mit gröberen Papieren zu schleifen als ich angegeben habe. Wenn immer möglich, ist es empfehlenswert, vor dem nächsten Feinheitsgrad die Maschine anzuhalten und kurz *mit der Faser* zu schleifen. Das hilft wirklich!

Um bestmögliche Ergebnisse zu erzielen, müssen Sie dafür sorgen, dass vor dem Übergang zum nächstfeineren Papier sämtliche Bearbeitungsspuren des vorigen Schleifpapiers durch das eben verwendete Papier beseitigt sind.

Schleifverfahren

Zur Sicherheit muss die Werkzeugauflage entfernt werden. Bereiten Sie Schleifpapier vor, indem Sie ein Blatt ordentlich in vier gleiche Teile reißen und jedes dieser Teile dreifach falten. Das ergibt drei Schleifflächen und verhindert, dass sich die Reibungswärme an den Fingern unangenehm bemerkbar macht.

Wenn die Drechselbank einen vernünftigen Drehzahlbereich hat (und es nicht zu aufwändig ist, die Drehzahl zu ändern), schalte ich gegenüber der Drechseldrehzahl „einen Gang zurück". Das scheint mir effektiver und die Reibungswärme an den Fingern wird merklich geringer.

In den meisten Fällen kann das Schleifpapier zwischen Fingern und Daumen gehalten werden; mit der anderen Hand wird durch Umfassen des Handgelenks Unterstützung gegeben.

Wenn möglich, schleifen Sie das Stück *unten*, weil dann bei einem Verfangen des Papiers oder der Finger die Zentrifugalkraft beide „befreit". (Sie verstehen jetzt, warum die Werkzeugauflage entfernt werden muss; Bild 9.1.)

Beim Schleifen von Kehlen wickle ich das Papier um eine Formröhre mit geeigneten Maßen, damit das gedrechselte Profil erhalten bleibt (Bild 9.2). V-Kerben und Einstiche werden mit den Papierkanten geschliffen, wobei Sie sorgfältig darauf achten müssen, dass die Übergänge ihre scharfen Kanten behalten.

Verweilen Sie an langen zylindrischen Abschnitten oder weich fließenden Formen nicht zu lange an einer Stelle. Erhalten Sie die Bewegung (den Vorschub) des Schleifpa-

Bild 9.1 Schleifen in der sicheren Stellung. Die Werkzeugauflage muss abgebaut worden sein!

Bild 9.2 Schleifen einer Kehle unter Verwendung der Formröhre

piers aufrecht und bewegen Sie es in beiden Richtungen, um Riefen und örtliche Überhitzung zu vermeiden. Ein Trick, dessen sich manche Drechsler bedienen, um die Finger vor unangenehmer Erwärmung zu schützen, ist ein Stück dünnes Leder oder Filz zwischen den Fingern und dem Schleifpapier.

Wenn ich Teile für besonders hochwertige Möbel drechsle, wische ich mit einem feuchten Tuch über das Teil. Das führt zum Aufrichten der Fasern, die ich dann nach dem Trocknen mit Papier der Körnung 320 zurückschleife. Das wiederhole ich einige Male und ich wende dieses Verfahren generell an, wenn die Teile gebeizt werden sollen. Anderenfalls würden sich die Fasern beim Auftragen der Beize aufrichten und anschließendes Zurückschleifen möglicherweise blankes Holz freilegen. Verwenden sie aber nur sauberes Wasser, ganz besonders bei Mahagoni.

Aus Sicherheitsgründen seien Sie äußerst vorsichtig, wenn sich an den Werkstücken Vierkante befinden. Wenn Sie beim Schleifen an ein rotierendes Vierkant geraten, kann Ihnen das mächtig auf die Finger schlagen. In unserem Berufsstand werden solche Werkstückabschnitte „Knöchelklopfer" genannt.

Wir wenden uns jetzt dem Schleifen von Querholzprodukten zu und stellen bald fest, dass dies noch viel lästiger als das Schleifen von Langholz ist. Warum? Weil, wie schon erwähnt, Querholz viel schwieriger zufriedenstellend zu schleifen ist als Langholz und deshalb mehr Schleifaufwand erbracht werden muss, insbesondere wenn nachlässig gedrechselt wurde.

Weil ich das Schleifen so wenig liebe, tue ich stets das Äußerste, um auf Schalen und anderen Querholzerzeugnissen die bestmögliche Oberfläche zu drechseln, bevor ich mit dem Schleifen beginne. Hier folgen ein paar Tipps, wie Sie eine bessere Oberfläche zustande bekommen. Halten Sie die Bank an und prüfen Sie die Schale auf raue Querholzstellen. Einige Holzarten sind dazu geradezu prädestiniert, aber Sie können wie folgt verfahren:

1. Lassen Sie die rauen Stellen sich mit Schleifversiegler vollsaugen. Ich bevorzuge die Mittel auf Nitrobasis und verdünne sie

zu diesem Zweck stets mit Nitroverdünnung (Aceton) im Verhältnis 1:1. Es kann auch Danish Oil benutzt werden, vorausgesetzt es verträgt sich mit der vorgesehenen Endbehandlung. Weshalb ich den Schleifversiegler bevorzuge, ist einfach dadurch begründet, dass ich ihn als Grundanstrich für *sämtliche* Oberflächenbehandlungen nehme, sei es Wachs, Politur, Lack oder Danish Oil.
Das Vollsaugenlassen des Querholzes soll die Fasern erweichen und mit einem frisch geschärften Schaber – ich selbst nehme eine schmale Langholzröhre, was ich aber dem Anfänger nicht empfehle – müsste die Rauheit beseitigt und eine schöne, glatte Oberfläche erzielt werden können. Einige Holzarten widersetzen sich jedoch diesem Verfahren und hier müssen Sie wie folgt vorgehen:

Bild 9.3 Schleifen im sicheren Quadranten – Querholzarbeit

2. Wiederholen Sie das Vollsaugenlassen, diesmal aber schaben Sie die raue Stelle – und nur diese – bei stillgesetzter Drechselbank. Sie können dazu entweder Ihren normalen Drechselschaber oder eine Ziehklinge nehmen. Manchmal verwende ich ein Stück Glas; seien Sie damit aber sehr vorsichtig!

Die Schale kann nun geschliffen werden, beginnend mit dem 100er-Schleifpapier. (Ich muss gestehen, dass ich auf besonders widerborstigem Querholz manchmal schon mit 80er-Papier anfange.) Der sichere Quadrant, um Querholz zu schleifen, liegt zwischen 6 und 9 Uhr auf einem gedachten Zifferblatt. Es ist außerdem günstig, die Finger nach unten zu richten, damit die Fingergelenke nicht überknickt werden, was sehr schmerzhaft sein kann (Bild 9.3).

Anfangs produziert das Papier eine beachtliche Menge Schleifstaub. Das wird aber allmählich weniger, bis praktisch kein Staub mehr entsteht. Das ist der Zeitpunkt, an dem zum nächsten Feinheitsgrad übergegangen wird. Das wird wiederholt, bis die gewünschte Oberflächengüte erreicht ist.

Am Ende – und dies bei allen gedrechselten Erzeugnissen – poliere ich die Oberfläche mit einer Handvoll Späne, was dem Teil ein gefälligeres Aussehen verleiht.

Schleifen mit der Maschine

Viele Schalendrechsler schleifen heute maschinell mit schaumstoffgestützen Schleifscheiben, die in einer Handbohrmaschine aufgenommen sind. Die Schleifscheiben werden mit Klettstreifen befestigt und sind dadurch leicht auswechselbar. Zur Verfügung stehen die Körnungen 60 bis 400. Weil sich Drechselspindel und Bohrmaschine in entgegengesetzten Richtungen drehen, wird die Reibungswärme vermindert und damit die Gefahr minimiert, dass die recht unangenehmen Riefen wie beim Handschleifen eingeschliffen werden. Das Verfahren ist natürlich viel schneller als das Handschleifen und Schalen mit fließenden Formen können ohne Rückgriff auf Handverfahren maschinell fertig geschliffen werden. Es leuchtet ein, dass sehr kleine, dekorierte oder mit feingliedrigen Elementen ausgestattete Schalen nicht mit der Maschine geschliffen werden können, bei anderen Schalenausführungen jedoch ist die Zeitersparnis beträchtlich.

Sie werden eine ganze Menge Praxis benötigen, um das Verfahren zu beherrschen, aber die Mühe lohnt. Im Interesse Ihrer Sicherheit versuchen Sie nicht, eine größere Fläche der Scheibe als die untere Hälfte aufzusetzen und in einem anderen als dem in Bild 9.3 für das Schleifen von Hand angegebenen Quadranten zu arbeiten. Bild 9.4 zeigt, wie die Außenseite einer Schale nach diesem Verfahren geschliffen wird.

Ich warne Sie außerdem vor dem „Sandsturm", den Sie entfachen. Die Staubentwicklung kann gewaltig sein.

Die Gefahren durch Staub

Der Abschnitt über das Maschinenschleifen erlaubt es mir, die Probleme und Gefahren zur Sprache zu bringen, die vom Staub, der Plage des Drechslers, ausgehen. In Kapitel 1 „Bäume und Holz" habe ich schon erwähnt, dass der Staub mancher Holzarten, besonders der tropischen, gesundheits-

Bild 9.4 Schleifen einer Schalenaußenseite mit der Maschine

gefährdend sein kann. Trotz einer gewissen Abstufung der Gefährlichkeit der einzelnen Holzarten glaube ich allerdings, dass Staub – einerlei, woher er kommt – der Gesundheit in keinem Falle dienlich ist. Wir müssen deshalb alles tun, um uns einer Staubeinwirkung so wenig wie möglich auszusetzen und das Einatmen von feinem Staub möglichst vollkommen zu vermeiden. Das Mindeste, was wir tun können, ist das Tragen eines Mund-Nasen-Schutzes. Solche Masken sind nicht teuer und in jedem Baumarkt zu haben.

Viel wirksameren Schutz bietet eine batteriebetriebene Atemschutzmaske. Sie stellt einen kontinuierlichen, von den eingebauten Filtern gereinigten Luftstrom zur Verfügung und ist verblüffend leicht und angenehm zu tragen. Außerdem schützt das aufklappbare Visier Augen und Gesicht vor abgeschleuderten Teilchen wie losen Rindenstücken und Holzsplittern. Diese Masken sind nicht gerade billig, ich finde aber, dass wir nicht so sehr auf den Preis schauen sollten, wenn es um den Schutz der Atmungsorgane und der Augen geht. In Bild 9.5 sind Beispiele sowohl der preisgünstigen Mund-Nasen-Maske als auch der batteriebetriebenen Atemschutzmaske abgebildet.

Wenn sich ein Drechsler auf Querholzarbeit spezialisieren will, ist eine ortsbewegliche Staubabsaugung unverzichtbar, aber auch diese Geräte haben ihre Grenzen. Während sie Staub aus einem begrenzten Raum, wie etwa beim Schleifen einer Schale, sehr wirksam absaugen, sind sie beim Sammeln von Staub bei Langholzarbeiten über 380 mm Länge keineswegs besonders effektiv. Um diesen Mangel auszugleichen, halte ich den Absaugeschlauch

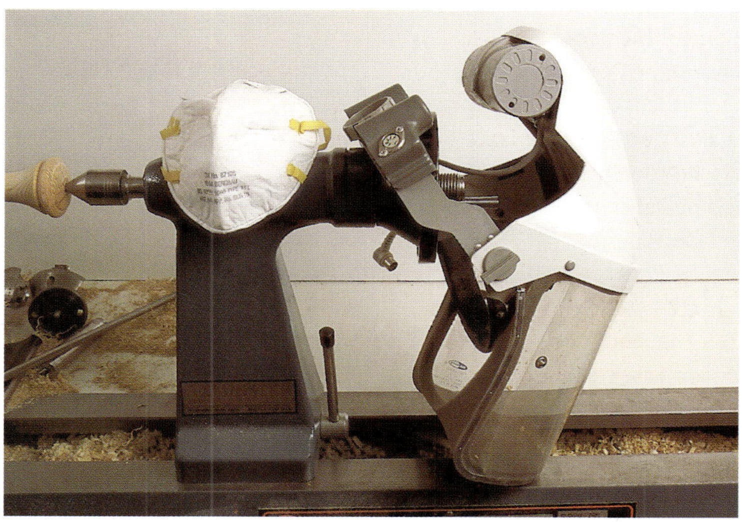

Bild 9.5 Beispiele für einen preisgünstigen Mund-Nasen-Schutz (links) und eine moderne batteriebetriebene Atemschutzmaske

Bild 9.6 Optimaler Ansatz der Staubabsaugung beim Langdrechseln

mit der einen Hand und schleife mit der anderen, wobei ich die Hände dicht beieinander halte, um optimale Staubabsaugung zu erreichen. Das strengt beachtlich an, ist aber das wirksamste Verfahren, das ich kenne (Bild 9.6).

Beizen

Viele Berufskollegen beizen ihre Arbeiten überhaupt nicht, sondern bauen auf die natürliche Farbe und Schönheit des Holzes. Auch ich verzichte wo immer möglich auf Beizen; einige Holzarten – Mahagoni ist dafür ein Beispiel – sehen gebeizt einfach besser aus. Bei dieser und ähnlichen Holzarten kann die Färbung der verschiedenen Stücke, selbst wenn sie aus demselben Stamm geschnitten sind, erheblich variieren. Mit Beize gelingt es, die Färbung stärker zu vereinheitlichen.

Seien Sie sich dessen bewusst, dass durch Beizen das Holz niemals einen helleren als den ursprünglichen Farbton bekommen kann, immer nur einen dunkleren. Querholzarbeiten lassen sich nicht gut beizen, weil das Hirnholz mehr Beize als das Langholz absorbiert und deshalb einen dunkleren Ton annimmt. Auch gerissene Fasern werden durch Beizen dunkler als das benachbarte Holz, was Sie zu Sorgfalt bei den Vorarbeiten veranlassen sollte.

Von den zahllosen auf dem Markt angebotenen Beizen verwende ich eine industriell hergestellte Nitrobeize, die leicht aufgetragen werden kann und rasch trocknet. Der Auftrag kann bei gleich guten Ergebnissen mit Ballen oder durch Sprühen erfolgen.

Versiegeln oder Sperren

Wie schon mitgeteilt, benutze ich eine Nitroversiegelung als Grundanstrich für alle Endbehandlungsverfahren, die ich anwende. Dieser Sperrgrund versiegelt die Fasern und verhindert, dass das Holz durch Staub, Fingerabdrücke und Ähnliches verschmutzt wird. Er sorgt auch für gleichmäßigeres Aufsaugen der danach aufgebrachten Mittel. Wie jede andere Flüssigkeit richtet der Sperrgrund die Fasern bei den meisten Hölzern auf, was aber mit Schleifpapier der Körnung 320 oder Stahlwolle leicht beseitigt werden kann.

Auch Sperrgrund kann mit Ballen oder Pinsel aufgetragen werden. Ich bevorzuge einen hochwertigen Lackpinsel, der jeden Winkel erreicht. Der pulverförmige Zusatz, der dem Mittel vom Hersteller beigemischt worden ist, erleichtert das Rückschleifen und der Auftrag von zwei Sperrgrundschichten ist schließlich gar keine so schlechte Oberflächenendbehandlung.

Wenn Sie Sperrgrund, Politur, Öl oder etwas Ähnliches auf ein Stück auftragen, das in der Drechselbank eingespannt ist, decken Sie günstigerweise das Bett der Maschine mit einer Stoffbahn oder Zeitungspapier ab, damit keine Spuren des Mittels auf das Bett gelangen. Sie können sehr hart auftrocknen und das Verschieben von Auflage und Reitstock erheblich erschweren.

Polieren

Neulingen in unserem Gewerbe sei verziehen, wenn sie sich angesichts der Unzahl der angebotenen Mittel außerstande erklären, die am besten geeigneten Oberflächenbehandlung auszuwählen. Die Oberflächenbehandlung von Holzprodukten gleich welcher Art ist ein Thema und eine Kunst für sich und unzählige Bücher sind dieser Kunst gewidmet. Mir bleibt nur zu hoffen, dass es mir gelingen möge, Ihnen einen abgerundeten Überblick über die Verfahren zu geben, die ich selbst für Drechselarbeiten am geeignetsten halte.

Der erste Ratschlag, den ich Ihnen unterbreite, lautet: Wählen Sie die einfachstmögliche Behandlung. Wenn Sie wie ich mit einem Sperrgrund auf Nitrobasis arbeiten, können Sie jede Ihrem Produkt angemessene Endbehandlung anschließen.

Wahl des Mittels

Bei der Entscheidung, welches Endbehandlungsmittel aufgetragen werden soll, sind folgende Aspekte zu berücksichtigen:

1. Ist der gedrechselte Gegenstand als Behältnis für Lebensmittel bestimmt? Wenn ja, ist die Wahl auf Mittel eingeschränkt, die ungiftig sind und keinen Eigengeruch oder -geschmack haben.
2. Wird der Gegenstand später feucht abgewischt oder gar abgewaschen?
3. Wie oft wird der Gegenstand in die Hand genommen? Wie wird mit ihm umgegangen?
4. Wünschen Sie eine glänzende, seidenmatte oder matte Oberfläche?
5. Eine spezielle Behandlung ist für Trinkgefäße erforderlich.

Die Mittel, die ich verwende

Danish Oil

Danish Oil verwende ich für Drechselerzeugnisse, die unter die Kategorien 1 und 2 fallen, also Salatschüsseln, Teller, Käse- und Brotschneidebretter, Zierschüsseln usw. Das Öl kann (Drechselbank stillgesetzt) mit Ballen oder Pinsel aufgetragen werden. Sofort nach dem Auftragen schleife ich es mit 220er-Siliciumcarbidpapier ein und reibe es dann mit einer Handvoll Späne (Drechselbank eingeschaltet) ein. Weitere Schichten können im 24-Stunden-Intervall aufgebracht werden und es ergibt sich eine Oberfläche mit gefälligem Seidenglanz, die nicht abblättert, reißt oder splittert. Sie ist außerdem hitze- und wasserbeständig.

Wachs

Auf extrem dichten Hölzern bevorzuge ich reines Carnaubawachs, auf weniger dichten Holzarten eine Mischung aus diesem und Bienenwachs. Wählen Sie eine hohe Spindeldrehzahl und schmelzen Sie das Wachs auf dem rotierenden Holz an, aber drücken Sie nicht zu stark. Die Wachsschicht kann unmittelbar nach dem Auftragen mithilfe eines sauberen Tuchs auf Hochglanz poliert werden. Es gibt einige vorzügliche Markenwachse, wie Bri-Wax, Chestnut, Liberon, Mr Jamiesons, Rustin's und Sorby, naturfarben oder eingefärbt. Wachsen ist geeignet für Gegenstände, die nicht allzu oft in die Hand genommen werden, sondern eher für dekorative Zwecke gedacht sind.

Polituren

Der Vorteil einer Politur ist das leichte Auftragen und der Hochglanz, der in wenigen Minuten erreicht wird.

Mittel wie Speedaneeze and Crafteeze sind erprobte und verlässliche Polituren; weil sie aber nicht besonders dauerhaft sind, eignen sie sich wiederum eher für Ziergegenstände, die selten in die Hand genommen werden.

Tragen Sie die Politur bei stillstehendem Holz auf, weil sich dadurch meiner Meinung nach ein gleichmäßigerer Auftrag ergibt. Schalten Sie dann die Bank ein und üben Sie mit demselben Auftraglappen leichten Druck auf der gesamten Länge des Drechselteils aus, bis der gewünschte Glanz erreicht ist. Wenn Sie eine Brille tragen, treten Sie beim Einschalten der Maschine unbedingt zur Seite. Die Zentrifugalkraft schleudert eine Wolke feiner Politurtröpfchen vom Teil weg, die sich auf den Brillengläsern als ein recht beständiger Belag festsetzen, der sich nur mit Mühe entfernen lässt.

Bild 9.7 zeigt eine Auswahl von Ölen, Wachsen und Polituren.

Bild 9.7 Eine kleine Auswahl der zahlreichen geeigneten, heutzutage verfügbaren Oberflächenbehandlungsmittel

WARNUNG: Das Auftragen eines Oberflächenbehandlungsmittels mit einem Lappen oder Ballen auf ein rotierendes Stück kann sehr gefährlich sein, insbesondere an Kanten mit natürlicher Baumrinde. Wenn sich der Lappen verfängt, können Ihre Finger erheblich verletzt werden. Viel sicherer ist es, Küchenpapier oder eine Art Lappen zu benutzen, wie er für diese Zwecke von verschiedenen Herstellern angeboten wird. Diese Stoffe reißen unter Garantie, bevor Ihre Finger mitgerissen werden.
Mit Leinöl, Nitropolitur oder ähnlichen Mitteln getränkte Lappen sind feuergefährlich; sie neigen zur Selbstentzündung und müssen deshalb nach der Verwendung in einem luftdichten Behälter aufbewahrt werden, bis sie sicher entsorgt werden können.

Der Kunststoffanstrich von Rustin's
Er ist für Trinkgefäße ideal und lohnt die Ausgabe und den Aufwand, obwohl er ziemlich teuer ist und das Auftragen viel Zeit beansprucht. Es entsteht eine zähe, spiegelblanke Oberflächenschicht, die hitze- und lösungsmittelbeständig ist. Das nackte Holz kann gebeizt werden (verwenden Sie ein Mittel vom selben Hersteller), bevor Sie den Anstrich mit Pinsel oder Spritzpistole auftragen. Es können mehrere Aufträge erforderlich sein. Dem Produkt ist eine umfassende Verwendungsanleitung beigegeben.

Der klassische SH-Lack bzw. Ein-Komponenten PUR-Lack
Diese Anstrichmittel sind eigentlich für die industrielle Anwendung und für das Spritzverfahren gedacht. Sie liefern eine zähe und dauerhafte Oberfläche. Obwohl die besten Ergebnisse tatsächlich durch Spritzen erreicht werden, können sie nach entsprechender Verdünnung auch mit dem Pinsel aufgetragen werden. Ich nehme diese Lacke häufig zur Endbehandlung von Lampen, Tischnachbildungen usw., verfüge aber für diese Arbeiten über eine Spritzkabine.

Es gibt zahlreiche weitere Arten von Oberflächenbehandlungsmitteln, von denen ohne Zweifel viele gleichermaßen geeignet sind. Ich möchte jedoch nur die Mittel kommentieren, mit den ich selbst Erfahrungen gesammelt habe. Zum Schluss nochmals den Rat an Sie, die Oberflächenbehandlung auf wenige Verfahren zu beschränken und so einfach wie möglich zu gestalten.

Ein Schleiftisch im Eigenbau

Ein Schleiftisch als Zubehör für die Drechselbank ist außerordentlich nützlich für das Schleifen der Unterflächen von Behältnissen, Deckeln, Säulenfüßen, Schalen u.v.m. Er ist sehr einfach anzufertigen und besteht aus einer Planscheibe, ein paar kreisförmigen Stücken Sperrholz (19 mm

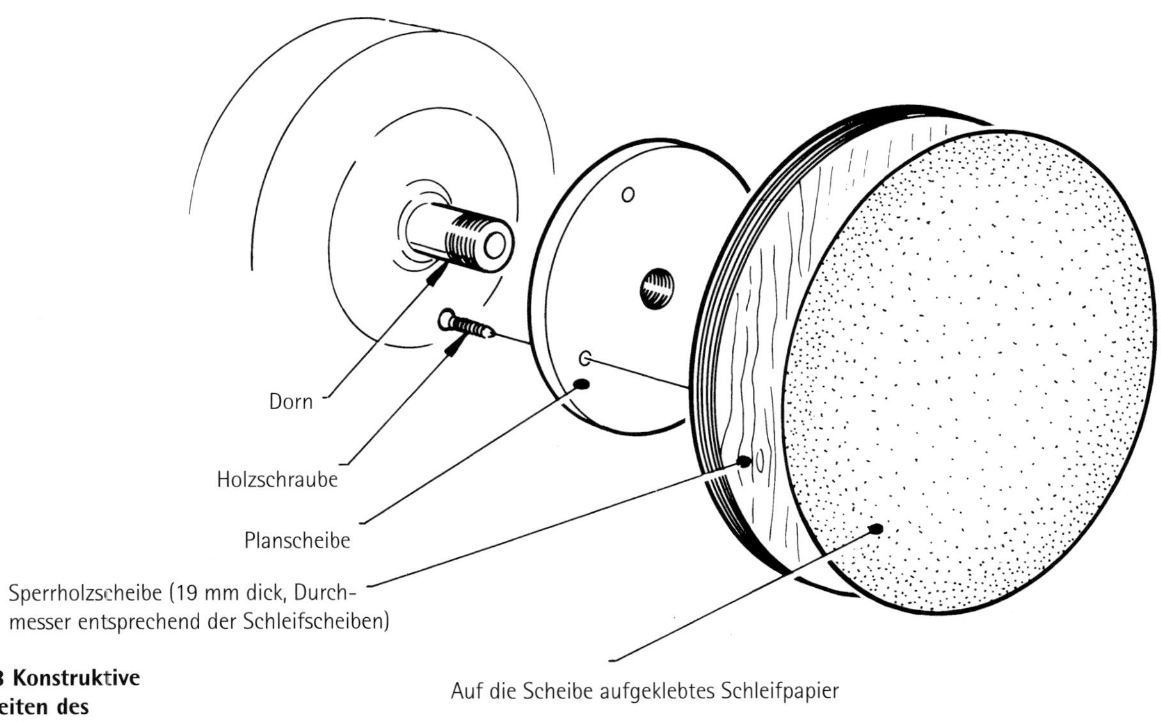

Bild 9.8 Konstruktive Einzelheiten des Schleiftellers

Bild 9.9 Konstruktive Einzelheiten des Schleiftischs

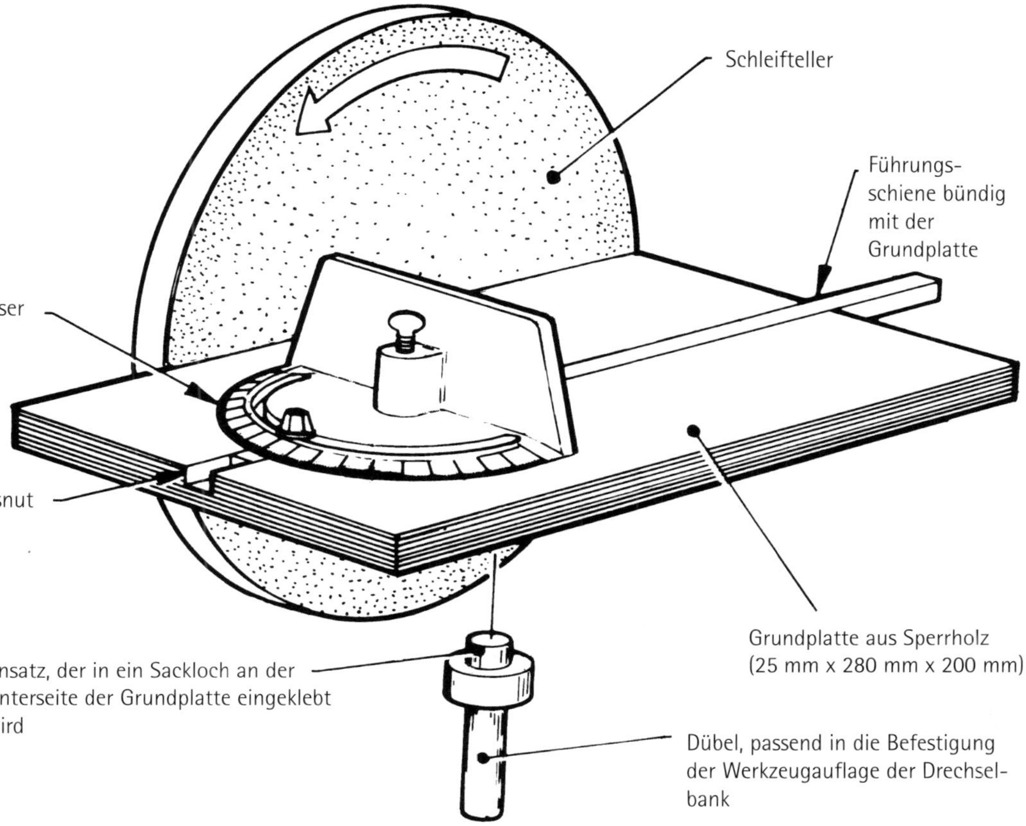

dick), auf die die verschiedenen Schleifpapiere aufgeklebt werden, einem Tisch aus Sperrholz und einem gedrechselten Dübel. Ein Ende des Dübels wird in den Tisch eingelassen, das andere erhält einen Durchmesser, mit dem ein guter Passsitz in dem Untersatz der Werkzeugauflage Ihrer Drechselbank entsteht.

Bild 9.8 zeigt den Aufbau des Schleiftellers, Bild 9.9 den Aufbau des gesamten Schleiftischs. Auf der Tischplatte ist ein Anschlag mit Winkelmesser (Fa. Picador) befestigt. Diese Einrichtung ist für Arbeiten wie das Planen der Schmalflächen von Mehrschichtplatten und das Schleifen von Gehrungen unentbehrlich. In die obere Fläche der Tischplatte muss eine Nut zur Aufnahme des Winkelanschlags gefräst werden.

ZUSAMMENFASSUNG

1. Erfolg oder Misserfolg hängen von jedem einzelnen der verschiedenen Arbeitsschritte ab, die deshalb sämtlich nach Ihrem besten Vermögen ausgeführt werden müssen.
2. Schleifen ist langweilig, staubend und mühselig und sollte deshalb auf ein Minimum beschränkt werden, indem Sie sich bemühen, eine bestmögliche Oberfläche bereits mit dem Drechselwerkzeug zu erzielen.
3. Unter normalen Umständen reichen die Körnungen 100, 150, 220 und 320 aus, um eine Oberflächengüte zu erzielen, wie sie für die Endbehandlung erforderlich ist.
4. Entfernen Sie zum Schleifen stets die Werkzeugauflage und schleifen Sie möglichst im sicheren Quadranten.
5. Tragen Sie einen Mund-Nasen-Schutz oder eine Atemschutzmaske und benutzen Sie möglichst eine Staubabsaugung.
6. Die Wahl der Oberflächenbehandlung wird im Wesentlichen vom Verwendungszweck des Drechselteils bestimmt.
7. Achten Sie darauf, dass sich die Oberflächenbehandlung mit dem aufgebrachten Sperrgrund verträgt.

Kapitel 10

Bohren und Fräsen auf der Drechselbank

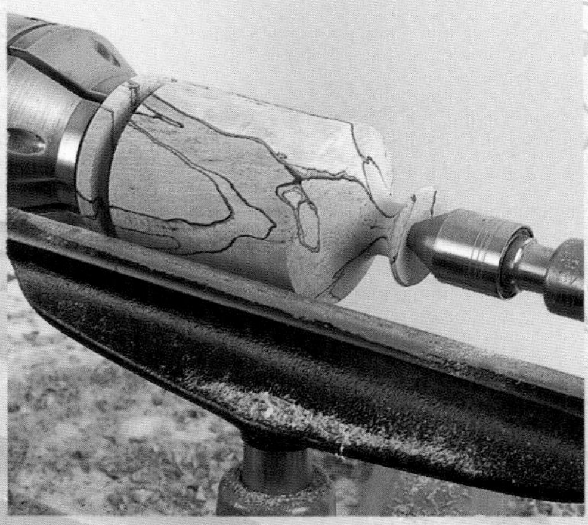

Bei meiner täglichen Berufsarbeit spielt das Einbringen von Bohrungen in die von mir gedrechselten Produkte eine wichtige Rolle. Dieses Kapitel soll Ihnen die verschiedenen Arten von Bohrereinsätzen und Bohrern vorstellen, die ich für diese Arbeiten als geeignet erachte. Ich werde auch auf das Schärfen eingehen, die optimalen Drehzahlen nennen und einige einfache Vorrichtungen beschreiben.

Ich will Ihnen außerdem zeigen, in welcher Weise die wohl vielseitigste Maschine unserer Werkstatt, die tragbare Oberfräse, in Kombination mit einfachen, an der Drechselbank aufzubauenden Vorrichtungen für Nuten und Kannelierungen an gedrechselten Gegenständen eingesetzt werden kann.

Zum Abschluss widmen wir uns einigen Projekten, in denen Bohrarbeiten eine Rolle spielen.

Arten von Bohrern

(siehe Bild 10.1)

Spiralbohrer (für die Metallbearbeitung)

Spiralbohrer eignen sich für das Bohren in Metall und in Holz. Sie sind auch mit sehr kleinen Durchmessern erhältlich. Ich selbst verwende für Holz keine Durchmesser über 6 mm, weil meiner Auffassung nach größere Löcher mit den später beschriebenen Bohrern effektiver eingebracht werden können. Dennoch sind Spiralbohrer für kleine Bohrungen, wie in den Deckeln von Gewürzdöschen und bei kleinformatigen Einlegearbeiten, unentbehrlich. Die Bohrer bestehen normalerweise aus Schnellarbeitsstahl (kurz auch „Schnellstahl" genannt) und werden am besten als Sätze in praktischen drehbaren Steckbehältern gekauft, die sich gut aufbewahren lassen und nicht teuer sind.

Schärfen

Bisher wurden Spiralbohrer von Hand geschliffen, indem die Fase (die Freifläche) des Bohrers an die Schleifscheibe angelegt und der Bohrer rollend bewegt wurde, um den ursprünglichen Freiwinkel zu bewahren. Diese Operation wird für die zweite Schneide des Bohrers wiederholt.

Bei diesem Verfahren kann es leicht zur Veränderung des Bohrerprofils kommen, sodass er unbrauchbar wird. Es ist deshalb sehr zu empfehlen, sich einer der verschiedenen Schleifvorrichtungen für Spiralbohrer zu bedienen, die auf dem Markt erhältlich sind. Sie sind preiswert und ihr Einsatz ist unproblematisch, zuverlässig und genau.

Empfohlene Drehzahlen für das Bohren

Mit dem Spiralbohrer erreichen Sie die besten Ergebnisse, wenn Sie die Drechselbank auf die höchstmögliche Drehzahl einstellen. Die Bohrer können auch in elektrische

Bild 10.1 Bohrwerkzeuge und Zubehör für das Bohren auf der Drechselbank. *Oben:* **Löffelbohrer für Lampenständer.** *Unten von links nach rechts:* **Spiralbohrer (ursprünglich für die Metallbearbeitung), Flach- oder Spatenbohrer, Holz-Spiralbohrer (auch Dübel- oder Zapfenlochbohrer), Forstner-Bohrer (Zylinderkopfbohrer), verstellbarer Maschinenbohrer (KWO/FAMAG/Leitz u.a.), Bohrfutter (auf einem Kegel) und Schlüssel**

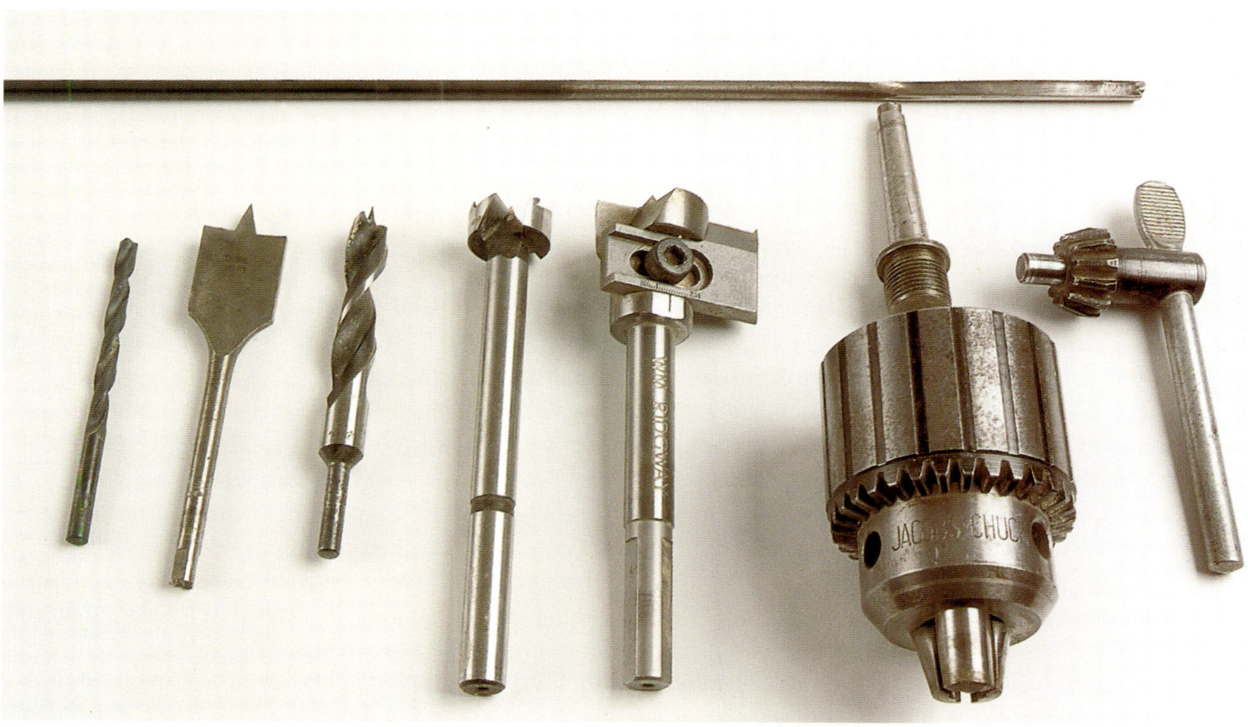

Handbohrmaschinen eingesetzt werden, mit denen bei Einlegearbeiten Löcher in auf der Drechselbank gespannte Stücke gebohrt werden können (Drechselbank stillgesetzt!), und zwar in Verbindung mit verschiedenen Vorrichtungen. Die hohe Drehzahl der elektrischen Bohrmaschine ist für den Spiralbohrer gerade richtig.

Ein nützlicher Tipp
Weil der Spiralbohrer keine Spitze im eigentliche Sinne hat, tendiert er zum Verlaufen, besonders auf unebenen Oberflächen. Das hat zur Folge, dass sich die Bohrung nicht an der beabsichtigten Position befindet. Das Problem kann ganz leicht dadurch vermieden werden, dass Sie vor dem Bohren mit dem Vorstecher eine kleine Körnung einstechen, von der der Spiralbohrer zu Beginn geführt wird.

Flach- oder Spatenbohrer

Dieser Typ ist ursprünglich für den Gebrauch in der Elektrobohrmaschine geschaffen worden, er eignet sich aber auch zum Bohren in der Drechselbank. Die lange Spitze erleichtert das genaue Positionieren selbst beim Bohren im Winkel, obgleich für viele Bohrarbeiten im Zusammenhang mit dem Drechseln die Spitze oft zu lang ist und gekürzt werden muss, damit sie nicht durch den Grund von blinden Bohrungen (Sacklöchern) hindurchtritt. Weil sie schabend arbeiten, müssen diese Bohrer ziemlich häufig nachgeschliffen werden. Sie liefern aber eine einigermaßen saubere Lochwand und sind nicht teuer.

Flachbohrer lassen sich außerdem leicht abändern und z. B. für das Ausbohren von Fingerhüten konisch zurechtschleifen. Für sehr flache Bohrungen lohnt es sich, den Bohrerschaft zu kürzen, um eine höhere Stabilität zu erreichen und ein Abbiegen des Schafts zu vermeiden. Flachbohrer sind in Durchmessern von 6 mm bis 38 mm erhältlich.

Schärfen
Der Flachbohrer sollte in einen Schraubstock gespannt und die Schneiden sollten von der Kante aus mit einer feinen Messerfeile unter leichter Kraftaufwendung bearbeitet werden. Achten Sie darauf, dass der ursprüngliche Winkel erhalten bleibt, und führen Sie an den beiden Schneiden die gleiche Anzahl von Feilstrichen aus, damit der Bohrer nicht unrund läuft. Wenn die Spitze gekürzt wird, müssen beide Seiten gleichmäßig abgearbeitet werden, damit die Spitze zentrisch bleibt; zählen Sie wieder die Anzahl der Feilstriche. Dasselbe gilt für das Zurichten als kegeliger Bohrer.

Empfohlene Drehzahlen für das Bohren
Dieser Bohrer ist für die elektrische Bohrmaschine geschaffen worden, sodass an der Drechselbank für alle Bohrergrößen die höchstmögliche Drehzahl eingestellt werden kann.

Ein nützlicher Tipp
Gleichgültig, ob der Flachbohrer in der Spindel oder im Reitstock aufgenommen ist, drücke ich immer erst die Spitze in die angezeichnete Mitte des Werkstücks, ehe ich die Maschine starte. Aus Sicherheitsgründen halte ich es für notwendig, die Maschine stillzusetzen, bevor ich den Bohrer *vollständig* aus der erzeugten Bohrung zurückziehe.

Der Holz-Spiralbohrer

Der Holz-Spiralbohrer (auch Dübel- oder Zapfenlochbohrer genannt) steht in Durchmessern von 4 mm bis 25 mm zur Verfügung. Die nagelartige Spitze sorgt für ein sehr exaktes Ansetzen und verhindert das Verlaufen des Bohrers. Der Dübellochbohrer spant in Lang- wie Querholz gleichermaßen und eignet sich besonders für das Tieflochbohren. Die schräge Schneidlippe liefert saubere, genaue Bohrungen unter der Voraussetzung, dass der Bohrer langsam und gleichmäßig ins Holz gedrückt wird, sodass die Spitzen an den Schneidenecken die Lochwand ordentlich auszuarbeiten vermögen. Dübellochbohrer sind nicht zu teuer und neben den Forstner-Bohrern wahrscheinlich die zweckmäßigsten Bohrer.

Schärfen
Zum Schärfen der Schneiden und der Spitzen an den Schneidenecken wird eine feine Flachfeile verwendet. Sorgen Sie für gleiche Höhe der Spitzen, indem Sie jeweils die gleiche Anzahl von Feilstrichen ausführen. Die Spitze in der Mitte braucht nur gelegentlich nachgefeilt zu werden; achten Sie dabei darauf, dass sie zentrisch bleibt.

Empfohlene Drehzahlen für das Bohren

Bohrerabmessung	Drehzahl (U/min)
bis 13 mm	etwa 1500
über 13 mm	etwa 1000

Forstner-Bohrer

Das sind für den Drechsler ohne Zweifel die besten und zweckmäßigsten Bohrer. Leider sind sie auch die teuersten, aber wie bei vielen Werkzeugen und Einrichtungen bekommen Sie für Ihr Geld, was Sie brauchen. Ich ziehe den Forstner-Bohrer allen anderen Bohrern vor, denn er arbeitet in Quer- wie in Langholz schnell, sauber und genau. Der Leistungsbedarf ist vergleichsweise niedrig und wenn der Forstner-Bohrer gut instand gehalten ist, macht das Bohren Freude. Forstner-Bohrer stehen in Durchmessern von 10 mm bis 102 mm zur Verfügung und haben stets einen Schaft mit 13 mm Durchmesser.

Schärfen

Spannen Sie den Bohrer in den Schraubstock und gehen Sie wie folgt vor:

1. Die Zähne (oder Bodenschneiden) werden mit einer kleinen Dreikantfeile geschärft; alle Zähne erhalten die gleiche Anzahl von Feilstrichen, damit die Zahnhöhen gleich bleiben.
2. Die Wandschneiden werden mit einer schmalen Flachfeile geschärft und zwar stets in Richtung auf den Boden, nie vom Boden weg. Geben Sie sich die größte Mühe, die ursprünglichen Winkel und Schneidkanten zu erhalten.
3. Die Zentrierspitze kann hin und wieder mit einer Flachfeile geschärft werden, wobei auf die Erhaltung der Mittigkeit zu achten ist.

Empfohlene Drehzahlen für das Bohren

Die allgemeine Regel lautet: Je größer das zu bohrende Loch, desto niedriger die Spindeldrehzahl. Leider haben ohnehin nicht alle Drechselbänke den erforderlichen Drehzahlbereich, um für jeden Fall die optimale Drehzahl einstellen zu können.

Bohrerabmessung	Drehzahl (U/min)
10 mm - 22 mm	1000
25 mm - 51 mm	500
über 51 mm	niedrigste verfügbare Drehzahl

Verstellbarer Maschinenbohrer

Dieser Bohrer ist für das Bohren von Sacklöchern mit ebenem Grund in Holz, Schichtpressstoff und Kunststoff geschaffen worden. Er ist in mittlerer und schwerer Ausführung zu haben (Bild 10.1 zeigt die schwere Ausführung). Die mittlere Ausführung kann Löcher von 22 mm bis 51 mm Durchmesser bohren, die schwere Löcher von 35 mm bis 79 mm. Die beiden Ausführungen zusammen sind zweifelsfrei eine günstige Alternative zum kostenintensiven Kauf einer größeren Zahl Bohrer mit anderen Durchmessern.

Schärfen

Mit einer Flachfeile werden die Innenseiten der seitlichen Spitzen und der Wandschneiden von unten aus unter leichtem Druck geschärft, wobei Sie wiederum auf die Erhaltung der Winkel achten müssen.

Empfohlene Drehzahlen für das Bohren

Wie für Forstner-Bohrer.

Löffelbohrer

Das ist das einzige Werkzeug, das für das Bohren sehr tiefer Löcher auf der Drechselbank existiert, wie sie beispielsweise in den Säulen von Tisch- und Stehlampen für die elektrische Zuleitung benötigt werden. Seine Form ist für das Schneiden ins Querholz ausgelegt, wobei sich die schneidende Zunge stets zur Mitte der Drehachse ausrichtet. Der Löffelbohrer ist gewöhnlich 760 mm lang und in drei Durchmessern zu haben, von denen ich ausschließlich den Durchmesser 8 mm benutze. Angewendet wird er in Kombination mit einer Vorrichtung, die in der Stütze der Werkzeugauflage angebracht wird. An Drechselbänken, deren Reitstock ein Durchgangsloch hat, kann der Bohrer durch die hohle Spezialspitze gesteckt werden.

Schärfen

Ich verwende meinen Löffelbohrer schon seit vielen Jahren und habe ihn noch nie nachgeschärft. Wenn ich ihn nicht benutze, hänge ich ihn auf, wobei ich die Zunge mit einem Stück Holz schütze, das ich mit einer entsprechenden Bohrung versehen habe. Ich akzeptiere ohne Weiteres, dass das Schärfen eine Wissenschaft ist, denn das Profil der Zunge kann sehr leicht verdorben werden mit dem Erfolg, dass der Bohrer „verläuft". Beim Schärfen muss also mit äußerster Sorgfalt darauf geachtet werden, dass das Profil nicht verändert wird. Ein paar leichte Feilstriche müssen genügen!

Empfohlene Drehzahlen für das Bohren

Die Hersteller empfehlen eine Drehzahl zwischen 750 und 1000 U/min.

Backenfutter, Dorn und Schlüssel

Mit Ausnahme des Löffelbohrers (der als einziges Bohrwerkzeug von Hand geführt wird) werden sämtliche Bohrerausführungen beim Gebrauch im Zusammenhang mit Drechselarbeiten in einem Backenfutter gespannt (Bild 10.1 rechts). Wie in Kapitel 2 erwähnt, halte ich ein solches Futter für ein unverzichtbares Zubehör. Es gibt zwei Größen: für einen maximalen Durchmesser von 13 mm und von 19 mm. Der Dorn mit Morsekegel ist ein gesondertes Teil. Sie müssen beim Kauf des Futters den für Ihre Maschine passenden Dorn wählen, wobei Sie an die Aufnahme im Spindelstock und im Reitstock denken müssen. Außer für Bohroperationen kann das Backenfutter auch für Drechseloperationen verwendet werden, wenn für die Aufnahme im Futter ein Falz an das Stück gedrechselt worden ist.

Bild 10.2 Bohrvorrichtung 1 (Universal-Bohrvorrichtung)

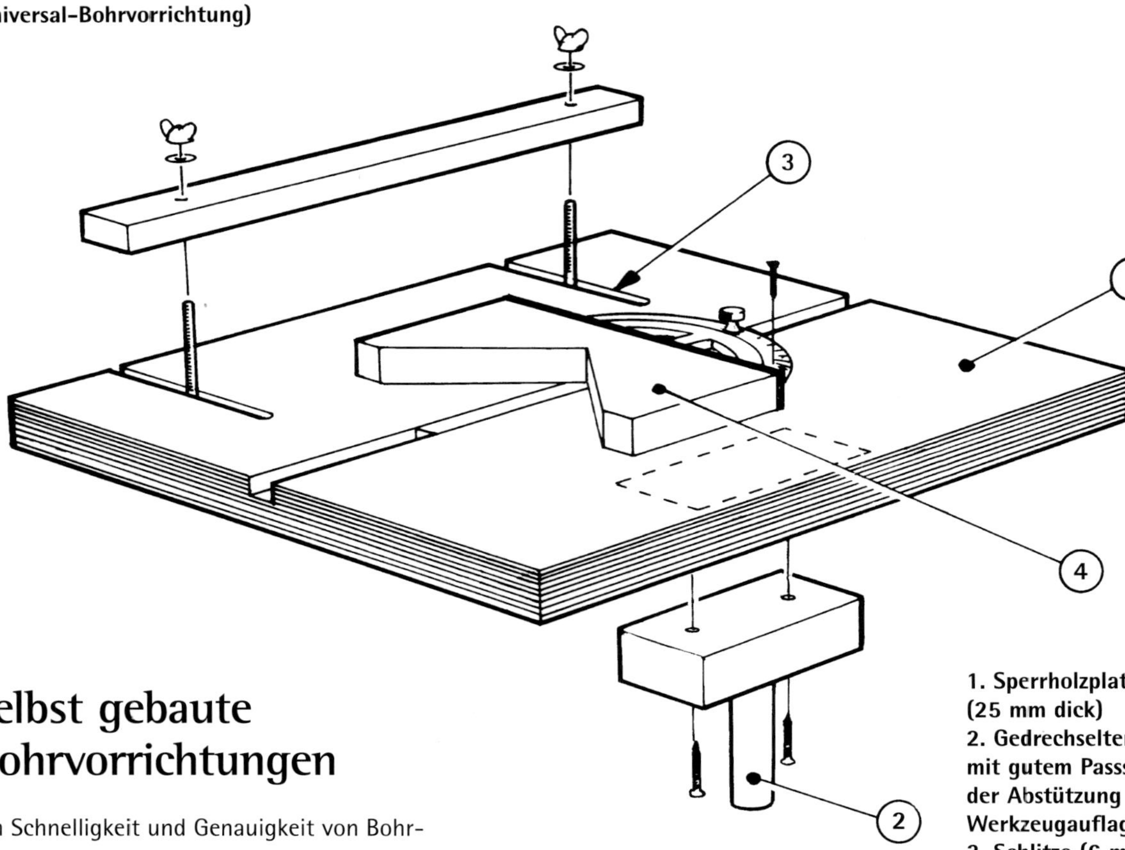

1. Sperrholzplatte (25 mm dick)
2. Gedrechselter Dübel mit gutem Passsitz in der Abstützung der Werkzeugauflage
3. Schlitze (6 mm breit) zur seitlichen Bewegung der Anschlagleiste aus Hartholz
4. Hölzernes Prisma, an die Führungsbacke des Winkelmessers (Picador) geschraubt. Die Backe gleitet in der Nut an der Oberseite der Platte.

Selbst gebaute Bohrvorrichtungen

Um Schnelligkeit und Genauigkeit von Bohroperationen zu verbessern, können relativ einfache Vorrichtungen angefertigt werden. Die meisten Drechsler haben Dutzende von Vorrichtungen nicht nur für das Bohren, sondern für alle möglichen Verrichtungen in ihrer Werkstatt liegen. Die wichtigsten Anforderungen an eine Vorrichtung sind Genauigkeit und rasche Einrichtbarkeit; wie Erzeugnisse hoher Handwerkskunst brauchen sie nicht auszusehen. Einige meiner eigenen Vorrichtungen machen einen sehr, sagen wir, ungeschlachten Eindruck, aber sie erfüllen ihren Zweck.

Universelle Bohrvorrichtung

Die Vorrichtung in Bild 10.2, die wiederum einen Winkelanschlag trägt, ist bei den zahlreichen Arbeiten außerordentlich nützlich, bei denen der Bohrer im Backenfutter an der Spindelnase aufgenommen ist und das Werkstück ohne Reitstockunterstützung von Hand gegen den Bohrer gedrückt wird. Gegenüber dem Bohren von Hand ist das Bohren mit Reitstockunterstützung extrem langsam. (Allerdings werden Bohrungen mit einer Tiefe über etwa 38 mm mithilfe des Reitstocks wesentlich genauer.)

Der Aufbau der Vorrichtung ist sehr einfach und in seinem Grundprinzip dem des Schleiftischs im vorigen Kapitel ähnlich. Das eine Ende des gedrechselten Stabes wird an der Aufnahmeplatte der Vorrichtung befestigt, an das andere wird ein Durchmesser gedrechselt, der einen guten Passsitz im Werkzeugauflagehalter bietet.

In Kapitel 8 „Kopierdrechseln" habe ich erwähnt, dass es manchmal ratsam ist, zur Vermeidung des „Peitschens" lange, schlanke Drechselteile in kürzere Abschnitte aufzuteilen. Dafür bieten sich Drechselteile wie Geländersprossen, die vierkantige Abschnitte haben, besonders an. Diese Kanteln müssen auf Länge geschnitten, zentriert und zur Aufnahme eines Verbindungszapfens mittig aufgebohrt werden, der an den beiden Enden des rund gedrechselten Abschnitts angearbeitet wird.

Zum Einrichten der Vorrichtung spanne ich ein Stück Holz mit demselben Querschnitt wie das zu bohrende Teil zwischen den Spitzen und stelle die Höhe der Vorrichtung ein. Dann drücke ich die hölzerne Backe an das Stück und sichere sie durch Anziehen der beiden Flügelmuttern.

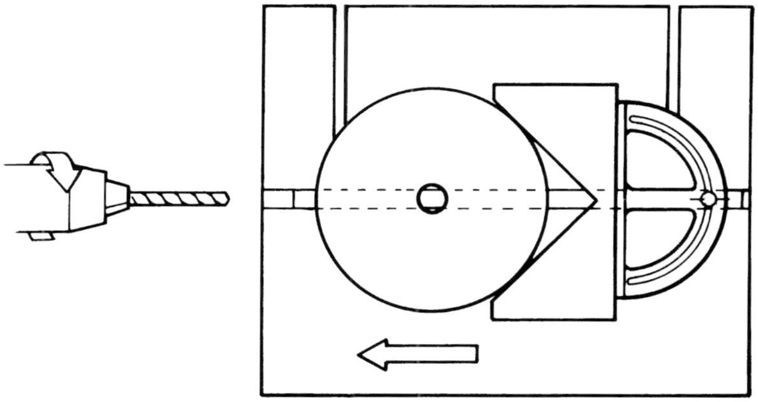

Bild 10.3 Draufsicht der Bohrvorrichtung 1. Das Prisma wird beim Bohren des Lochs für die Elektroleitung in der Schmalfläche des Ständerfußes benutzt.

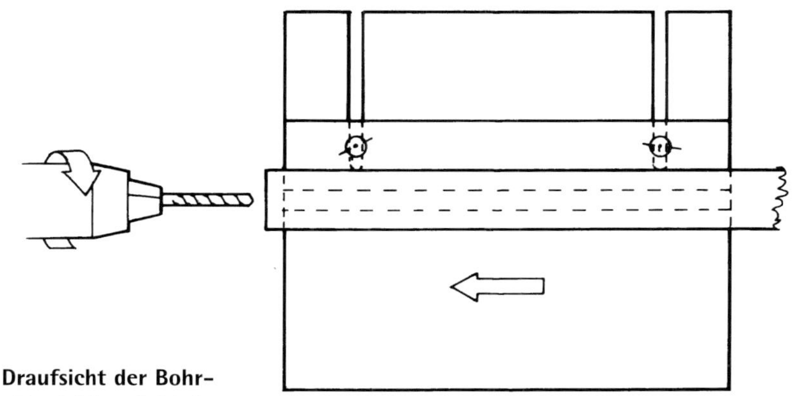

Bild 10.4 Eine andere Draufsicht der Bohrvorrichtung 1. Die Anschlagleiste wird beim Bohren eines Zapfenlochs ins Querholz einer Kantel benutzt. Das Holz wird von Hand ohne Zuhilfenahme des Reitstocks vorgeschoben.

Die Tiefe der Bohrung kann entweder durch Aufkleben von Abdeckband auf den Bohrer oder durch eine Bleistiftmarke an der Backe markiert werden. Dann kann das Bohren beginnen, versäumen Sie aber nicht, zuvor die Drehzahl der Drechselbank entsprechend Bohrerart und -größe einzustellen.

Die Vorrichtung kann auch für das Bohren der Schmalflächen von Tischlampenfüßen zu Hilfe genommen werden. Es wird ein Stück Holz mit einer V-Nut vorbereitet und so an die Führungsbacke geschraubt, dass es in der Nut auf dem Auflagetisch der Vorrichtung hin und her bewegt werden kann. Beim Zusammenbau muss darauf geachtet werden, dass die Mitte des V mit der Bohrerspitze fluchtet und die Bohrung parallel zum Drechselbankbett liegt.

Bild 10.3 zeigt die Vorrichtung eingerichtet für das Bohren einer radialen Bohrung in der Schmalfläche eines Lampenfußes; in Bild 10.4 dient die Vorrichtung zum Bohren eines Lochs ins Hirnholz einer Kantel.

Vorrichtung für das Bohren im Winkel und von Rundquerschnitten

Eine weitere sehr zweckmäßige Vorrichtung zeigt Bild 10.5. Sie erleichtert das Bohren von Löchern unter beliebigem Winkel (z. B. an der Unterseite von Hocker- oder Stuhlsitzflächen) und von Löchern, die im rechten Winkel zur Holzoberfläche verlaufen. Sie besteht aus einer Aufnahmeplatte aus 25 mm dickem Sperrholz, an der eine Hartholzleiste (50 mm × 50 mm) gelenkig angebracht wird. In der Mitte dieser Hartholzleiste wird ein etwa 19 mm tiefes Loch mit dem Durchmesser der Reitstockspindel gebohrt. Es sorgt dafür, dass die Vorrichtung jedesmal die richtige Lage erhält. Die Unterkante der Aufnahmeplatte muss gerade frei über den Bettwangen liegen, wenn die Vorrichtung auf der Reitstockspindel aufgenommen ist. Die langen, diagonal verlaufenden Schlitze sind für die Aufnahme der beiden gedrechselten Auflageknöpfe (mit Schraube und Flügelmutter

Bild 10.5 Bohrvorrichtung 2 für das Bohren im Winkel und von Rundquerschnitten

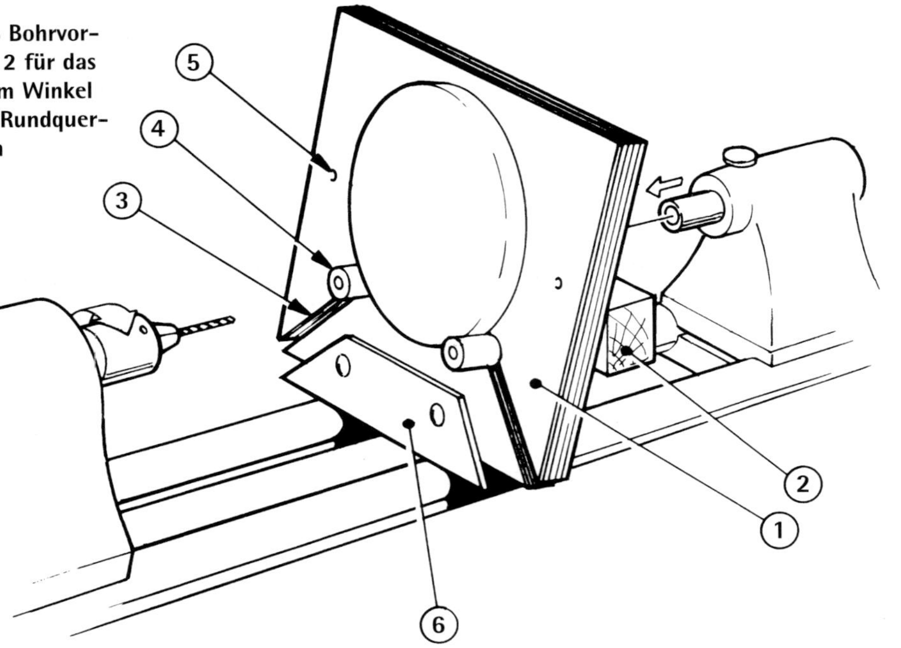

1. Sperrholzplatte (25 mm dick)
2. Hartholzleiste (50 mm x 50 mm) über die volle Breite der Platte reichend, an die Platte mit Scharnieren angelenkt, in der Mitte mit einer Bohrung zur Aufnahme auf der Reitstockspindel versehen
3. Unter 45° verlaufende Schlitze zur Einstellung der Auflageknöpfe
4. Auflageknöpfe, eingestellt und durch Schrauben mit Flügelmuttern gesichert
5. Passbohrungen zur Aufnahme des Prismas
6. Frei gleitende Stützplatte, die durch Schrauben mit Flügelmuttern gesichert werden kann (Anmerkung: Diese Schrauben gleiten in zwei Schlitzen auf der Rückseite der Platte.)

befestigt) gedacht, die entsprechend dem Durchmesser des zu bohrenden Werkstücks eingestellt werden müssen. Sie können sich Auflageknöpfe mit verschiedenen Durchmessern anfertigen, um den möglichen Durchmesserbereich der Werkstücke zu erweitern.

Zum Bohren im Winkel wird die untere Kante der Aufnahmeplatte in Richtung Spindelstock gekippt. Um sie im gewünschten Winkel festzulegen und seitliche Bewegungen zu verhindern, lassen Sie die Stützplatte nach unten rutschen, bis sie auf den Bettwangen aufsitzt, und befestigen sie dann durch Anziehen der beiden Flügelmuttern (Bild 10.6).

Die Vorrichtung eignet sich auch für Querbohrungen in Rundmaterial. Dazu müssen Sie ein V-Prisma anfertigen, dessen zwei an seiner Unterseite befindlichen Stifte (6 mm Durchmesser) in entsprechende Bohrungen der Aufnahmeplatte passen. Die Mitte der V-Nut muss exakt mit den Spitzen der Drechselbank fluchten, damit die Bohrung genau radial verläuft.

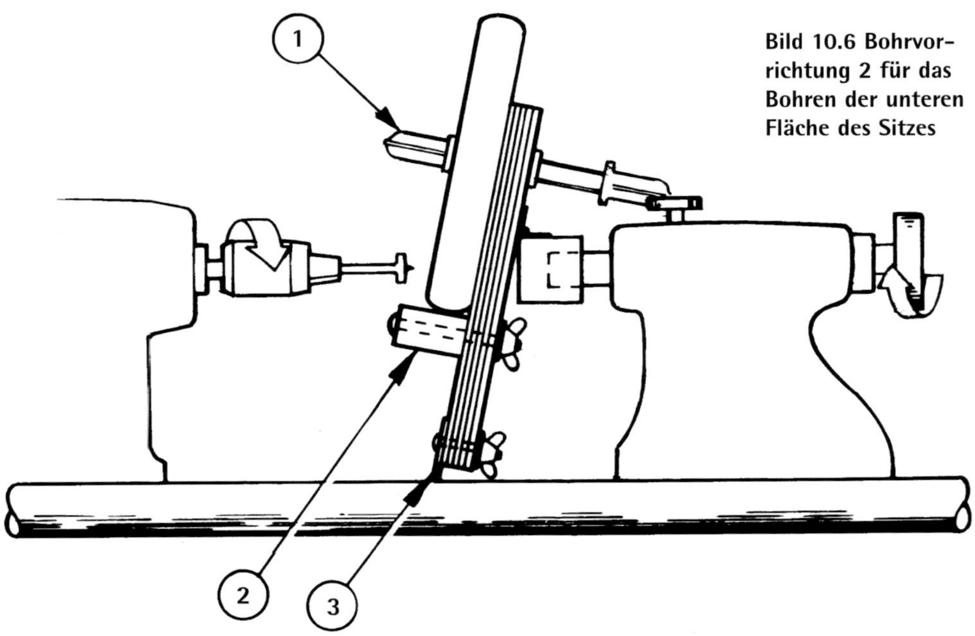

Bild 10.6 Bohrvorrichtung 2 für das Bohren der unteren Fläche des Sitzes

1. Schraubzwinge spannt den Sitz auf die Vorrichtung.
2. Die Auflageknöpfe gewährleisten, dass die drei Bohrungen konzentrisch gebohrt werden.
3. Die Stützplatte liegt unten auf den Bettstangen auf. Dadurch werden Stabilität und ein konstanter Winkel beim Anziehen der Flügelmuttern erreicht.

Bild 10.7 Bohrvorrichtung 2: Anordnung des Prismas zum rechtwinkligen Bohren in einem runden Stück

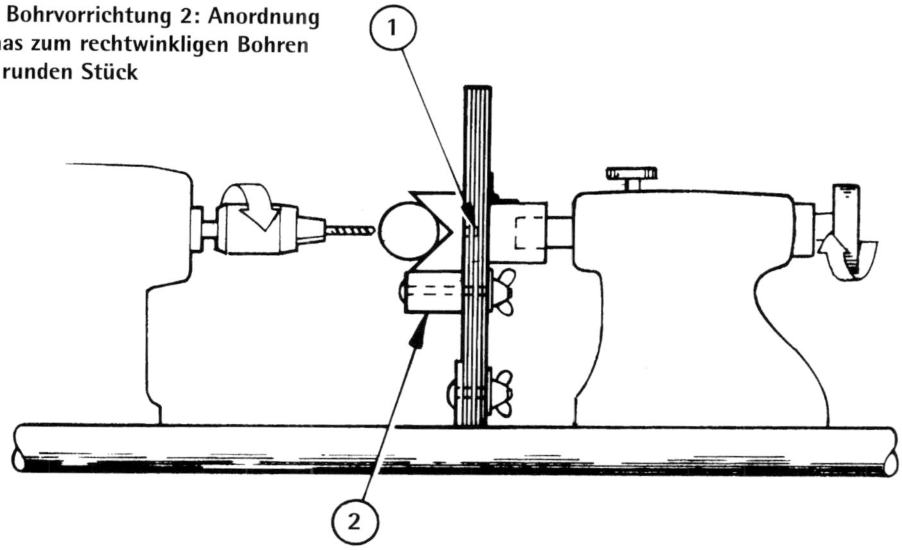

1. Die beiden Stifte an der Rückseite des Prismas sitzen in den zwei Bohrungen der Platte. Diese Bohrungen müssen sehr genau gefertigt worden sein, damit die Mitte des Prismas mit der Achse der Drechselbank fluchtet.
2. Die zwei Auflageknöpfe bieten eine zusätzliche Halterung.

Bild 10.8 Bohrvorrichtung 2: Bohren winkeliger Bohrungen
1. Zwischen Platte und Prisma ist ein 11°-Keil eingelegt worden.
2. Das Prisma ist mit einer Holzschraube (4,8 mm x 32 mm) auf dem Keil aufgeschraubt.
3. Das Prisma ist über Scharniere mit der Platte gelenkig verbunden. Auch hier sollten die Auflageknöpfe als zusätzliche Halterung benutzt werden.

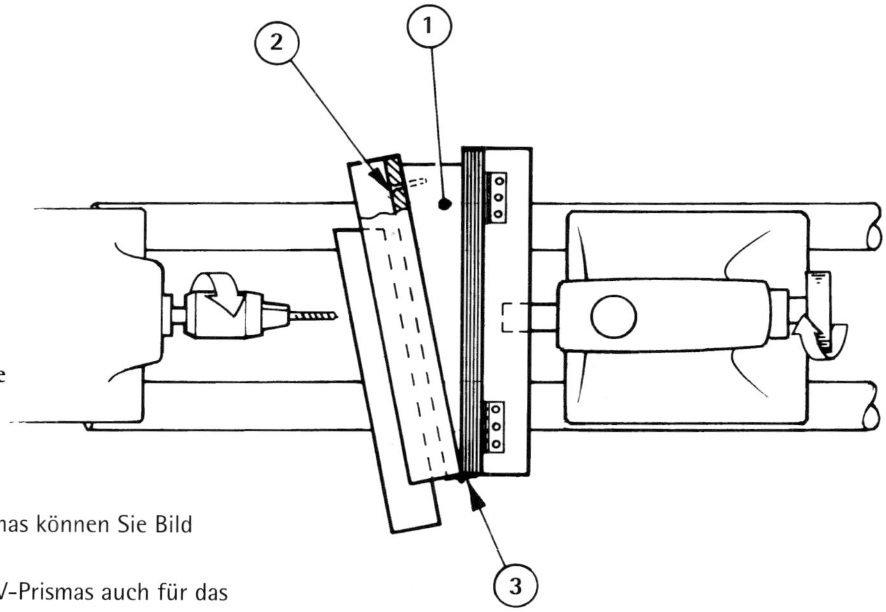

Aufbau und Anbringung des V-Prismas können Sie Bild 10.7 entnehmen.

Schließlich kann das Prinzip des V-Prismas auch für das Bohren von winkeligen Löchern in Stuhl- und Tischbeinen zur Aufnahme von Querstreben angewendet werden. Sie müssen dafür ein weiteres V-Prisma anfertigen, das mit dem ersten bis auf die beiden Stifte identisch ist.

Zum Einrichten der Vorrichtung befestigen Sie zuerst das *Stifte tragende* V-Prisma an der Vorrichtung. Es sorgt für die exakte Höhe. Dann schieben Sie die beiden Auflageknöpfe an das Prisma heran, bis sie es gerade berühren, und schrauben sie fest. Entfernen Sie jetzt das V-Prisma, legen Sie das *keine Stifte tragende* V-Prisma auf und verbinden Sie es mit der Aufnahmeplatte über ein Scharnier. Das Anschrauben eines Scharniers dauert nur ein paar Minuten, erleichtert aber die Sache erheblich. Ein Keil mit dem gewünschten Winkel (z.B. 11°) wird hinter dem Prisma eingelegt und mit einer Holzschraube (4 mm × 32 mm) festgeschraubt. Bild 10.8 zeigt die konstruktiven Einzelheiten.

Vorrichtungen für Einlegearbeiten

Wenn sich Ihre Fertigkeiten zu Ihrer Zufriedenheit entwickeln, werden Sie sich wahrscheinlich bald mit Einlegearbeiten beschäftigen wollen, denn aus schlichten Hölzern können durch Einlegen kontrastfarbener Holzelemente sehr reizvolle Erzeugnisse hergestellt werden.

Wenn beispielsweise solche Elemente in gleichen Abständen voneinander auf einem Kreisumfang angeordnet werden sollen, wird eine **Teileinrichtung** (auch *Indexiereinrichtung* genannt) benötigt. In vielen modernen Drechselbänken und Spannfuttern ist eine solche Einrichtung eingebaut. Von verschiedenen Quellen können auch einfache Teileinrichtungen als Zubehör bezogen werden, die sich an

Bild 10.9 Bohrführung zur Aufnahme in der Werkzeugauflagen-Halterung

Bild 10.10 Bestimmen der Achshöhe an der Führung

jede beliebige Drechselbank anpassen lassen.

Im Allgemeinen hat eine Teileinrichtung 24 Positionen und kann in jeder Position mithilfe eines federbelasteten Stifts fixiert werden. Auf diese Weise ist es möglich, Einlagen, Bohrungen, Nuten, Rillen und ähnliche Formelemente mit jedem ganzzahligen Teiler von 24 zu realisieren. Bei der Woodfast-Bank, die für die Fotos dieses Buchs benutzt worden ist, hat die größte Riemenscheibe im Spindelstock 24 Bohrungen mit gleichem Abstand. In diese Bohrungen rastet ein federnder Stift ein, der durch die Vorderwand des Spindelkastens hindurchgeführt ist und dort einen gerändelten Betätigungsknopf trägt. Auf Bild 10.19 können Sie sich diese Teileinrichtung anschauen.

Damit die Löcher radial, d. h. genau in Richtung auf die Mittelachse gebohrt werden, muss eine Führung passend für den gewählten Bohrerdurchmesser geschaffen werden. Eine solche Führung kann z. B. ein einfacher Holzklotz sein, an dessen Ende ein in die Aufnahme der Werkzeugauflage stramm passender Zapfen gedrechselt worden ist (Bild 10.9). Achten Sie darauf, dass Sie den Zapfen bis zum Anschlag in die Aufnahmebohrung eintreiben, damit er jedes Mal in derselben Position sitzt. Mit dem gewählten Bohrer, der in einem Backenfutter im Reitstock oder im Spindelstock gespannt ist, wird auf dem Holzklotz die Mitte markiert und ein Durchgangsloch mit dem geforderten Durchmesser (im vorgeführten Beispiel 10 mm) gebohrt (Bild 10.10).

Fräsen auf der Drechselbank

Die Hand-Oberfräse kann auf der Drechselbank sehr effektiv eingesetzt werden und zwar ganz besonders für das Fräsen von Längsrillen (Kanneluren) und Nuten auf Tischbeinen, Lampenständern, Kaminverkleidungen, Bettpfosten und dergleichen. Die Bilder 10.11a und b zeigen Querschnitte gerillter bzw. genuteter Komponenten. Auch für die Fertigung dieser Profile wird die Teileinrichtung benötigt.

Wenn Rillen oder Nuten an einer zylindrischen oder kegeligen Walze zu fräsen sind, macht sich das vielleicht mit einer kastenartigen Vorrichtung am besten, in der die Fräse so aufgenommen wird, dass sie die gesamte Länge des Werkstücks überstreichen kann.

Diese Vorrichtung wird entsprechend der Werkstückgröße dimensioniert; ein Beispiel für eine solche einfach herzustellende Vorrichtung, gebaut für die Verwendung auf der Drechselbank Coronet Nr. 3 mit runden Bettstangen, zeigen die Bilder 10.12a und b. Damit genau radial verlaufende Schnitte realisiert werden können, lautet die wichtigste Forderung an die Konstruktion einer solchen Vorrichtung, dass die Fräsermitte genau fluchtend mit der Drehachse der Maschine geführt werden muss.

Wenn das Drechselteil kegelig ist, kann die Vorrichtung zum Ausgleich an einem Ende unterfüttert werden oder sie

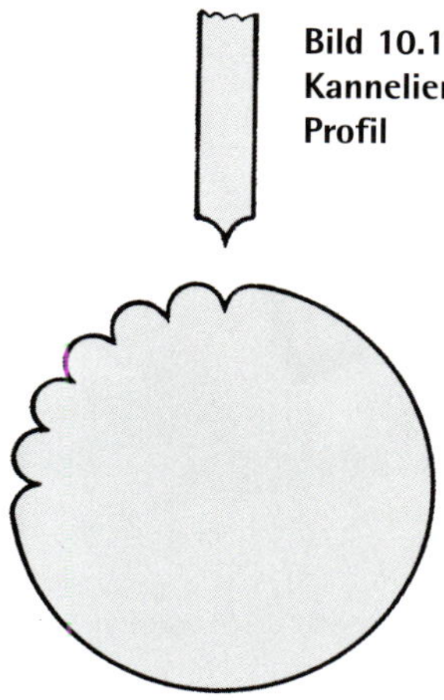

Bild 10.11a Kanneliertes Profil

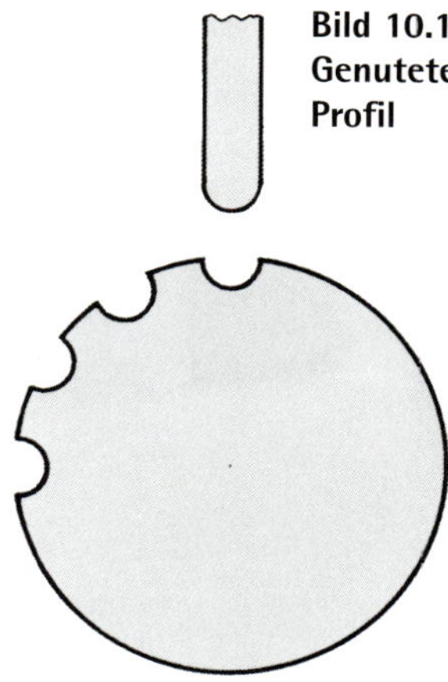

Bild 10.11b Genutetes Profil

wird von vornherein ebenfalls kegelig ausgeführt. Schlanke Werkstücke müssen erforderlichenfalls mit Keilen abgestützt werden, damit sie sich unter der Schnittkraft des Fräsers nicht wegbiegen.

Auf Bild 10.13 ist ein Lampenständer zu sehen, der mithilfe einer solchen Vorrichtung mit Längsnuten versehen worden ist.

Vom Berufsdrechseler wird häufig verlangt, dass er gekrümmte Profile mit einer Kannelur oder mit Nuten versieht. Dafür ist ein anderer Aufbau erforderlich. Hier arbeitet die Fräse nicht auf der Oberseite des Stücks, sondern seitlich von einer Platte aus, die so gestaltet ist, dass sie genau und sicher auf der Drechsel-

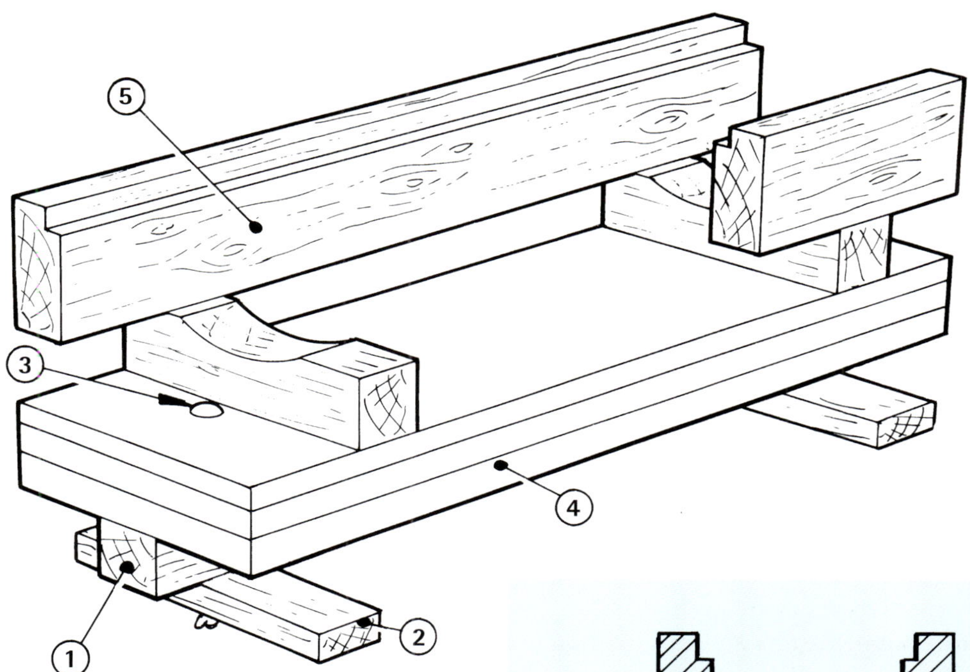

Bild 10.12a Konstruktive Einzelheiten der Fräsvorrichtung

1. Diese über die ganze Länge der Vorrichtungen reichende Leiste muss stramm zwischen den Bettstangen (oder -wangen) sitzen und so tief reichen, dass sie mithilfe der zwei Querleisten (2) mit Schrauben und Flügelmuttern (3) an den Bettstangen befestigt werden kann.
4. Der Körper der Vorrichtung kann aus mehreren Spanplattenlagen gefertigt werden.
5. Die Ausnehmungen in den beiden seitlichen Führungen (eine ist bis auf einen Abschnitt rechts weggelassen worden) sind so zu bemessen, dass die Fräse leicht geführt werden kann.

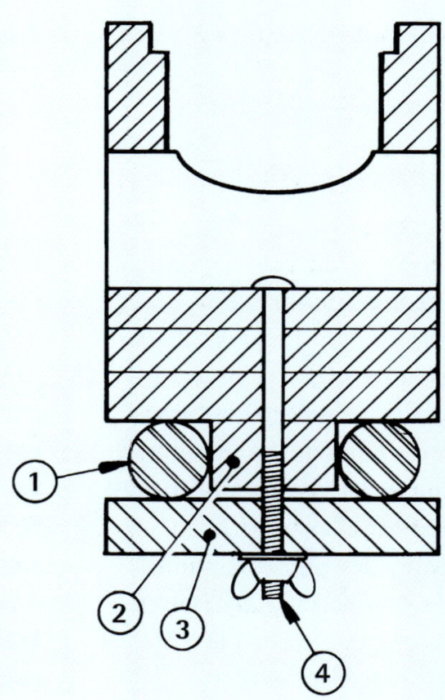

Bild 10.12b Schnitt durch die Fräsvorrichtung

Die Bettstangen (1) haben einen Durchmesser von 38 mm, das Dickenmaß der Längsleiste (2) ist um einen kleinen Betrag geringer. Dadurch kann die Vorrichtung mithilfe der beiden Querleisten an den Bettstangen verspannt werden

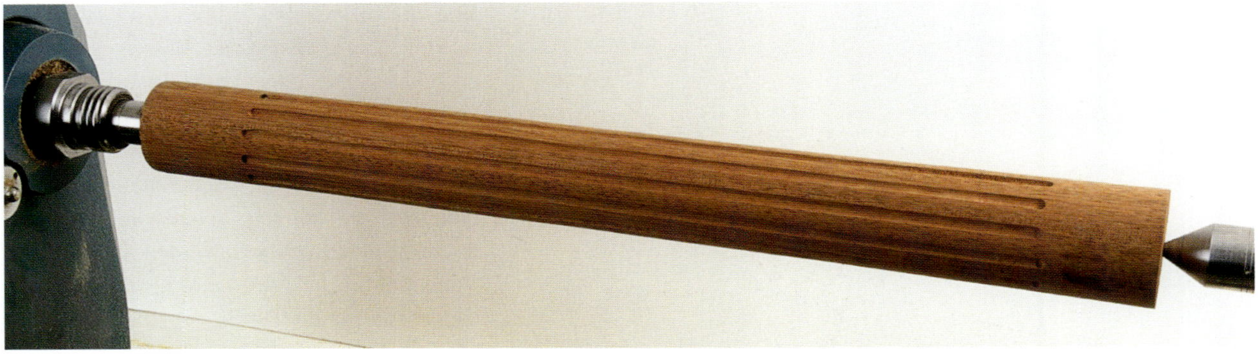

Bild 10.13 Der fertige genutete Abschnitt

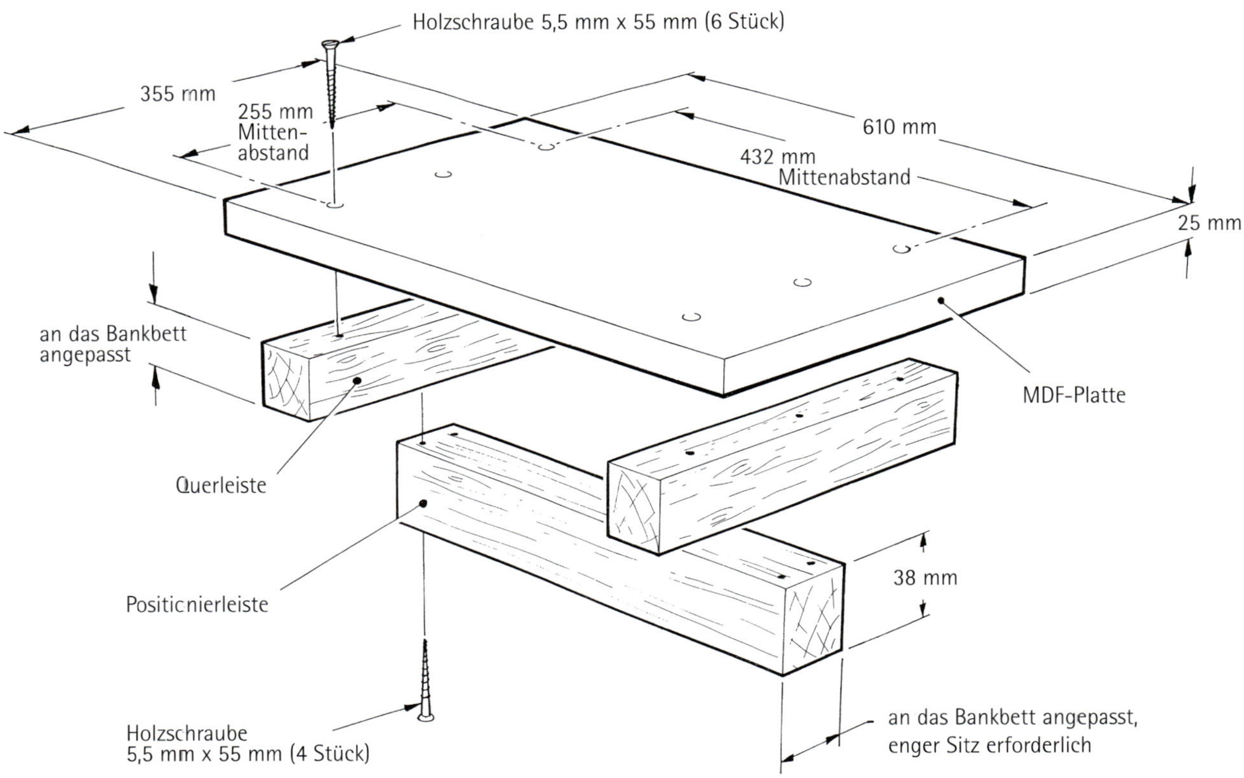

Bild 10.14 Beispiel einer Halterung für die Fräse

bank befestigt werden kann. Bild 10.14 zeigt ein Beispiel für die Woodfast-Drechselbank. Die Höhe der Platte wird durch die Dicke der beiden Querhölzer bestimmt; sie muss gewährleisten, dass der Fräser mittig angreift.

Die Fräse muss auf irgendeine Weise geführt werden, was z. B. gemäß Bild 10.15 erreicht werden kann. Die Mittenhöhe des hölzernen Trägers muss entsprechend den Maßen der vorhandenen Drechselbank berechnet werden.

Ich benutze allerdings lieber eine speziell dafür gebaute metallene Maschinenhalterung (Bild 10.16), die ich auf einer Holzbearbeitungsmesse gekauft habe. Die Höhenlage der Fräse kann in einem ziemlich weiten Bereich gewählt werden, sodass sie an die meisten Maschinen angepasst werden kann.

Wenn die Fräse in der beschriebenen Weise entlang gekrümmter Profile geführt werden soll, wird rasch klar, dass zur Einhaltung einer vorgegebenen Frästiefe ein Tiefenanschlag erforderlich ist. Ich verwende dafür einen Würfel

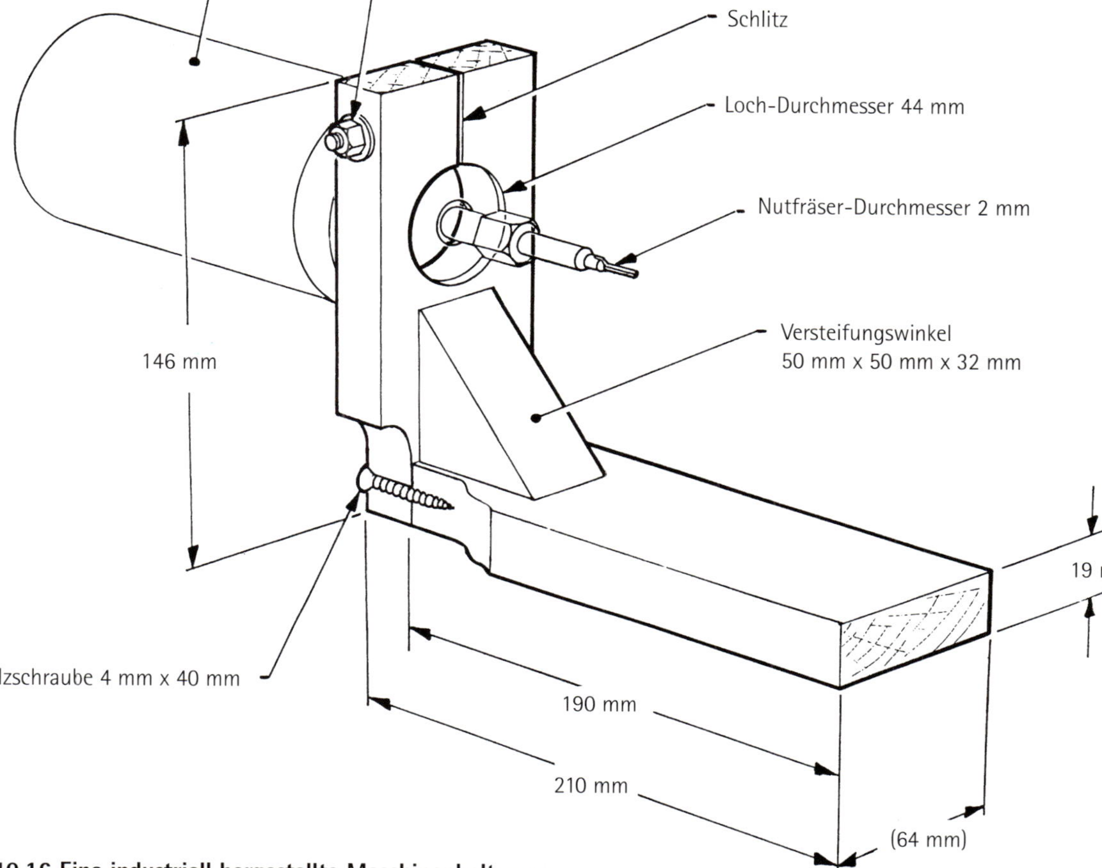

Bild 10.15 Beispiel einer selbst gebauten Halterung für die Oberfräse

B ld 10.16 Eine industriell hergestellte Maschinenhalterung

(Seitenlänge 19 mm) aus dichtem Holz mit einer mittigen, stramm auf dem Fräser sitzenden Bohrung, aus der der Fräser um den gewünschten Betrag herausragt. Vorn muss der Holzwürfel gerundet sein, damit der Fräser Profilübergänge erreichen kann. Die Rundung kann angedrechselt werden, indem der Würfel auf einen Zapfen gesteckt wird, den Sie an ein Stück Abfallholz gedrechselt haben, und ganz zarte Späne abgehoben werden. Den Würfel zeigt in Nahaufnahme Bild 10.17, den Fräser mit dem aufgesteckten Würfel beim Fräsen eines gekrümmten Profils Bild 10.18.

Mit etwas Übung und den erforderlichen Kenntnissen kann die auf der Drechselbank aufgespannte Fräse für viele andere Arbeiten benutzt werden: für das Fräsen von Schlitzen, von Schwalbenschwanznuten und von Zapfen für die Befestigung der Füße an einer Tischsäule.

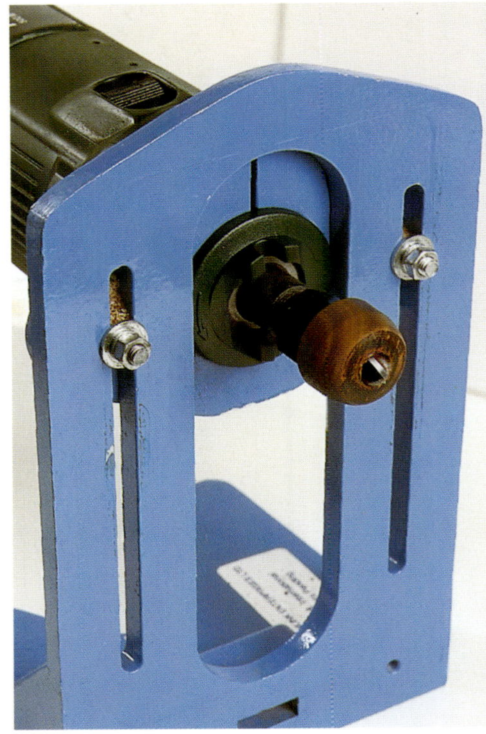

Bild 10.17 Die hölzerne Tiefenlehre

Bild 10.18 Kannelieren eines gekrümmten Profils

PROJEKT

Nüsseschale mit Einlegearbeit

Bei diesem Projekt wird die für Einlegearbeiten gebaute Vorrichtung (S. 143–144) benutzt. Für die Schale wurde eine Scheibe Eichenholz mit den Maßen 127 mm × 51 mm verwendet; die Einlegeteile (Durchmesser 10 mm) wurden aus Bergahorn gefertigt. Nachdem Sie die Außenseite der Schale nach dem Verfahren von Kapitel 7 gedrechselt haben, bringen Sie die Bohrerführung an der Bank an und sichern die Teileinrichtung mit dem Indexierstift. Es muss auf eine vorgegebene Tiefe gebohrt werden, was Sie durch Aufkleben von Abdeckband auf den Bohrer gewährleisten. Nach dem Bohren der ersten Bohrung stecken Sie den Indexierstift um (hier ins viertnächste Loch) und wiederholen den Vorgang, bis alle sechs Bohrungen gebohrt sind. Bild 10.19 zeigt diesen Bohrvorgang; die eingebaute Teileinrichtung und der Indexierstift sind gut zu erkennen.

Als nächster Schritt werden die Einlegeteile aus Bergahorn angefertigt. Sie können in Sätzen zu jeweils sechs Stück zwischen Spitzen gedrechselt werden. Die Maserung muss auf der Stirnfläche des Einlegeteils in Längsrichtung verlaufen, denn Hirnholz sollte an einem fertigen Erzeugnis nicht sichtbar sein. Die Einlegeteile müssen maßgenau gedrechselt werden, damit sie ohne Spalt in die Bohrungen passen. Anschließend können sie auf 6 mm Länge abgestochen werden.

Rascher lassen sich die Einlegeteile mit einem Zapfenfräser herstellen (Bild 10.20). Zapfenfräser sind in verschiedenen Durchmessern auf dem Markt zu haben. Sie sind sehr teuer, arbeiten aber auch wirtschaftlich und genau.

Die Einlegeteile werden eingeklebt und sobald der Kleber ausgehärtet ist, kann die Außenseite der Schale gedrechselt, geschliffen und poliert werden. Dann wird die Schale umgespannt und die Innenseite fertig gearbeitet. Das fertige Produkt zeigt Bild 10.21.

Das geschilderte Verfahren ist für die Anfertigung auch komplizierter Einlegearbeiten anwendbar. Unser Beispiel soll lediglich die Vorgehensweise vorstellen.

Bild 10.19 Bohren der Löcher für die Einlegeteile. Gut zu erkennen sind die eingebaute Teilscheibe und der Raststift.

Bild 10.20 Bohren mit dem Zapfenfräser

Bild 10.21 Die fertige Schale mit Einlegeteilen

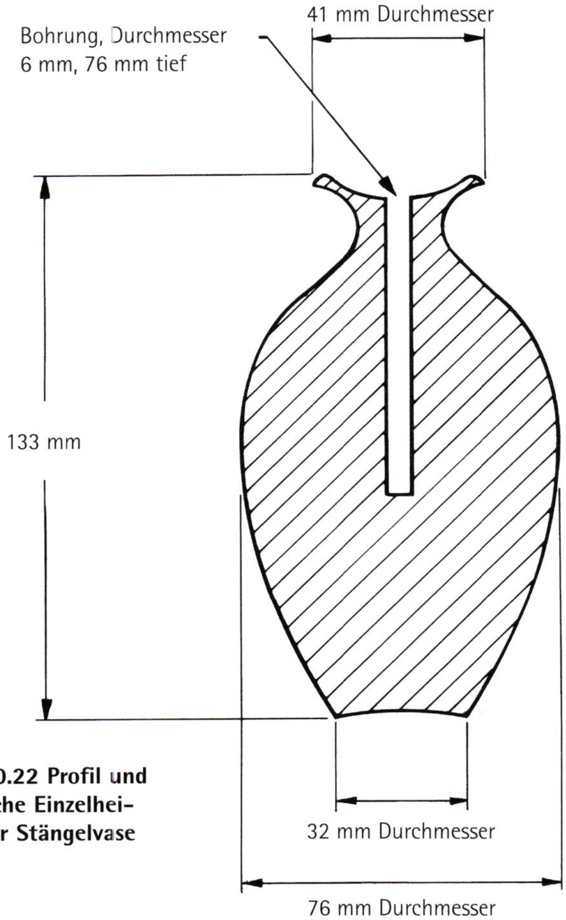

Bild 10.22 Profil und maßliche Einzelheiten der Stängelvase

Bild 10.23 Drechseln des Zapfens mit Schwalbenschwanz-Querschnitt für die Aufnahme in den O'Donnell-Backen

Bild 10.24 Vordrechseln auf Maß und Formen des Halses

PROJEKT

Stängelvase

Projekte für die ersten Lernphasen sollten relativ einfach sein und keinen großen Materialaufwand erfordern. Sie sollten sich zudem gut verkaufen lassen, damit wenigstens ein Teil der beträchtlichen Ausgaben für Drechselbank, Werkzeuge und Zubehör wieder hereinkommt. Stängelvasen gehören zu dieser Art von Projekten. Die Bohroperation ist fundamental einfach und das Projekt bietet ein weiteres Mal Gelegenheit, das Formen weich fließender Profile ausgiebig zu üben.

Gestaltung

Ich habe mich bei diesem Projekt für die populäre Flaschenform begeistert, was aber nicht heißt, dass Sie nicht ein anderes aus der grenzenlosen Palette von möglichen Profilen wählen dürfen. Bei den Details der Gestaltung bin ich nicht übertrieben wählerisch, obgleich mir bewusst ist, dass zartgemaserte Hölzer durchaus eine sorgfältige Detailgestaltung verdienen. In Bild 10.22 gebe ich Einzelheiten des Vasenprofils und die Maße an.

Wahl des Holzes

Astholz von Baumarten wie Eibe, Goldregen, Kirsche, Sumach, Flieder usw. sind bei Ästungsaktionen zu bekommen und sogar häufig kostenlos. Das Holz sollte nach Möglichkeit einigermaßen trocken sein, für die Verarbeitung ist jedoch grünes (nasses) Holz ideal. Ich habe für das Projekt versporte Rotbuche gewählt, die sehr reizvolle Pilzbefallmuster aufweist.

Arbeitsablauf

Nach der Zeichnung in Bild 10.22 kann das Holz auf Länge geschnitten und in der Drechselbank eingespannt werden und zwar zuerst zwischen Spitzen. Weil ich die Absicht hatte, das Stück mit meinen O'Donnell-Spannbacken anzutreiben, habe ich das Holz auf eine grö-

Bild 10.25 Bohren des Lochs

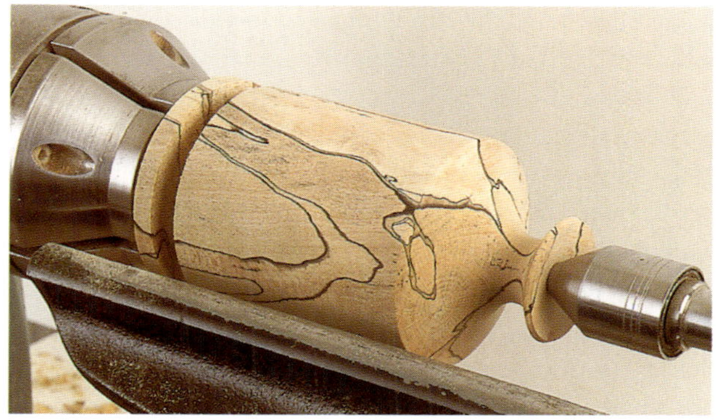

Bild 10.26 Die Länge ist vorgestochen bei angeschobenem Reitstock.

ßere Länge, nämlich 152 mm zugeschnitten. (Die O'Donnell-Spannbacken sind ein Sonder-Zubehör für das APTC-Präzisionsfutter; es gibt sie in drei Größen und sie sind für Außen- wie für Innenspannung einsetzbar.) Bild 10.23 zeigt das Stück vorbereitet für die Aufnahme in den 50-mm-Außenbacken. Wenn Sie ein Schraubenfutter benutzen (was vollkommen in Ordnung geht), schneiden Sie das Stück 19 mm länger zu; auf S. 78, Bild 6.48, sehen Sie, wie das Stück zur Aufnahme auf dem Schraubenfutter vorbereitet wird.

Spannen Sie das Holz fest und drechseln Sie es mit einer scharfen Schrupprröhre auf den maximalen Durchmesser von 76 mm. Stechen Sie am freien Ende den Durchmesser der oberen Stirnfläche von 41 mm ein. Formen Sie mit einer Langholz-Formröhre (10 mm) das fließende Profil der benachbarten Vertiefung, wobei Sie von beiden Seiten aus vom großen zum kleinen Durchmesser schneiden, bis Sie den Enddurchmesser von 19 mm erreicht haben. Bild 10.24 zeigt das Projekt bei diesem Bearbeitungsstand.

Setzen Sie die Werkzeugauflage quer vors Holz und planen Sie das Querholz mit einer Langholzröhre (6 mm). Körnen Sie nun die Mitte mit der Spitze des Schrägmeißels an, um das Ansetzen des Bohrers zu erleichtern. (Diese beiden Operationen sind in Kapitel 6, Bilder 6.49, S. 79, bzw. 6.46, S. 78, beschrieben worden.)

Das 76 mm tiefe Loch mit dem Durchmesser von 6 mm kann mit der 6 mm breiten Langholzröhre (ebenfalls in Kapitel 6, Bild 6.53, S. 80, ausführlich beschrieben) oder mit einem 6-mm-Bohrer gebohrt werden, der in einem im Reitstock aufgenommenen Backenfutter eingespannt ist (Bild 10.25).

Arbeiten Sie weiter, indem Sie die Querschnittfläche mit der Röhre leicht schüsselför-

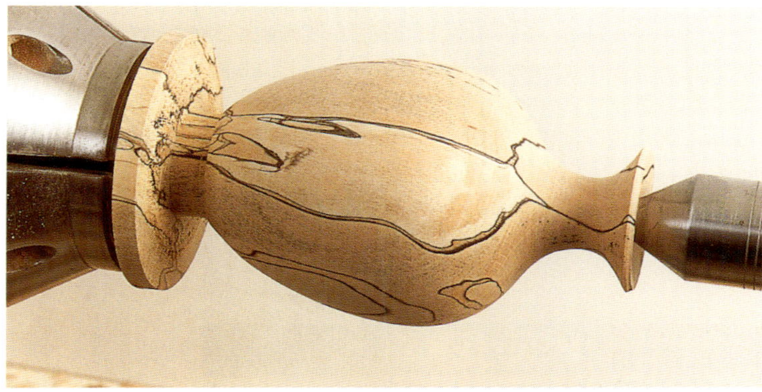

Bild 10.27 Profilformung beendet, Zustand vor dem Schleifen und Polieren

Bild 10.28 Fertig gearbeitete und polierte Vase aus versporter Rotbuche

mig eintiefen und die Fase formen, an der die Querschnittfläche und das Außenprofil zusammentreffen. Jetzt können Sie die Länge der Vase mit Bleistift anreißen und links von diesem Riss im Abfallholz einige Einstechschnitte bis hinunter zum Durchmesser der Vasengrundfläche von 32 mm ausführen. Dadurch kann die Röhre unbehindert in einem Zuge bis zum Ende des Profils geführt werden. Bild 10.26 zeigt den erreichten Stand der Bearbeitung; beachten Sie, dass der Reitstock zur zusätzlichen Stützung herangefahren worden ist. Mit der 10-mm-Röhre formen Sie das Profil fertig; achten Sie dabei auf angenehm fließende Rundungen. In Bild 10.27 ist die Vase nach dem Abschluss der Drechselarbeiten zu sehen.

Jetzt bleiben noch Schleifen, Polieren und Abstechen mit einem frisch geschärften Abstechstahl. Idealerweise erhält die Grundfläche leicht konkave Form und eine glatt geschliffene Oberfläche. Die Vase (ein ebenfalls aus versporter Rotbuche hergestelltes, unserem Übungsbeispiel ganz ähnliches Exemplar) ist in Bild 10.28 endgültig fertig bearbeitet und poliert.

PROJEKT

Pfeffermühle

Gestaltung

Dieses Projekt baut auf einem 178 mm langen Mahlwerk auf (vertrieben von Craft Supplies Ltd); Bild 10.29, auf dem die Teile des Mahlwerks zu sehen sind, ist mit freundlicher Genehmigung dieser Firma wiedergegeben worden.

Die Formen können nach Belieben variiert werden; ich habe das Profil bewusst einfach gehalten und zu viel Verzierung vermieden. Auf jeden Fall muss den größten Durchmesser die Aufstandfläche haben, damit die Mühle nicht kopflastig und unproportioniert wirkt.

Wahl der Holzart

Geeignet sind Teak, Eiche, Walnuss oder Bergahorn.

Arbeitsablauf

Zeichnen Sie die Mühle im Maßstab 1:1 auf (Bild 10.30). Befestigen Sie das Holz auf dem Schraubenfutter und drechseln Sie es rund (Bild 10.31).

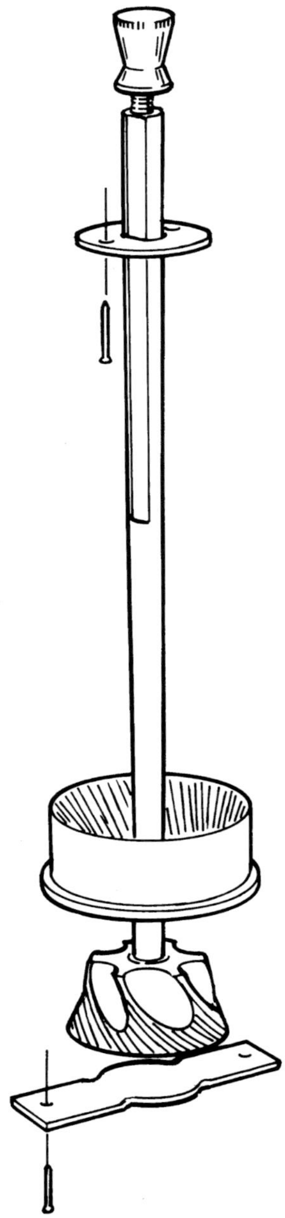

Bild 10.29 Pfeffermühlen-Mahlwerk (ohne die obere Deckplatte, die bei unserer Konstruktion nicht benötigt wird)

Spannen Sie das Backenfutter, in das Sie einen Bohreinsatz (Durchmesser 22 mm) befestigt haben, im Reitstock und verringern Sie die Drehzahl der Drechselbank zwischen 500 U/min und 1000 U/min. Bohren Sie durch Vorschieben der Pinole ein Loch auf eine Tiefe etwas tiefer als die halbe Stücklänge. Damit der Bohrer nicht klemmt, sollte er hin und wieder zurückgezogen werden, um die Späne zu entfernen. Meist reicht der mögliche Vorschub der Pinole nicht aus, um die volle Tiefe zu bohren. Es muss also die Bank angehalten und der Reitstock vorgerückt werden (Bild 10.32).

Die Aussenkung für die untere Befestigungsplatte des Mahlwerks wird entweder mit dem Abstechstahl oder mit der Spitze des Schrägmeißels (13 mm), schabend angesetzt, ausgedrechselt. Denken Sie daran, dass das Stück lediglich

Bild 10.30 Maße einer üblichen Pfeffermühle

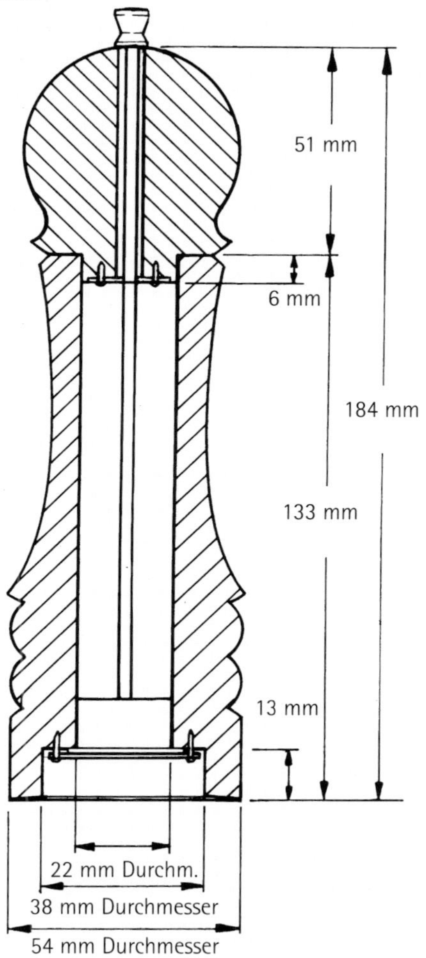

Bild 10.31 Befestigen Sie das Holz auf dem Schraubenfutter, schieben Sie den Reitstock heran und drechseln Sie es rund.

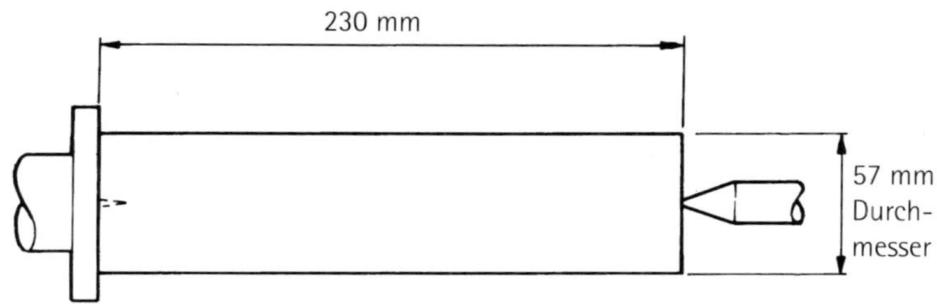

Bild 10.32 Spannen Sie das Bohrfutter im Reitstock und bohren Sie das Loch (Durchmesser 22 mm) etwas tiefer als die halbe Stücklänge.

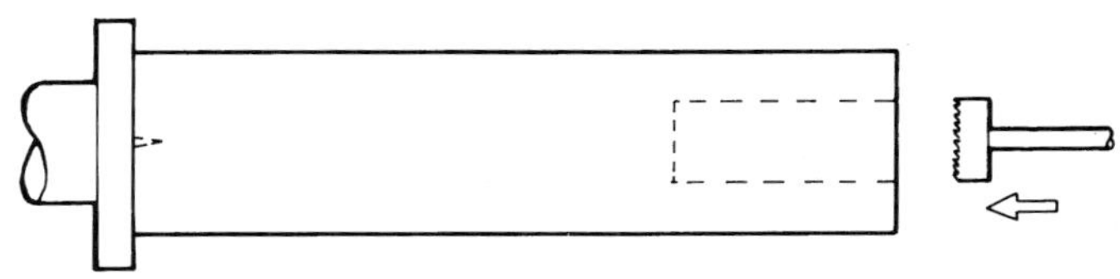

Bild 10.33
1. Mit dem Abstechstahl oder mit der Spitze des Schrägmeißels (13 mm) drechseln Sie die Vertiefung für die untere Befestigungsplatte des Mahlwerks. Weiten Sie die 22-mm-Bohrung ganz wenig zur Aufnahme des Mahlwerks.
2. Setzen Sie den Abstechschnitt und den Spund an (der strammen Sitz in der 22 mm weiten Hauptbohrung haben muss) und stechen Sie dann ab.

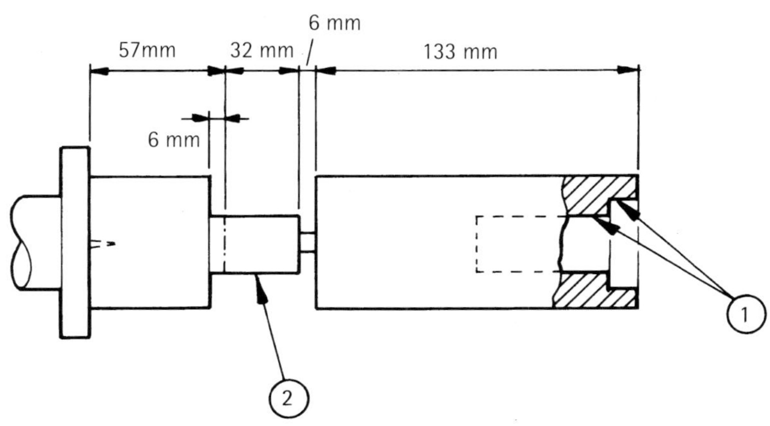

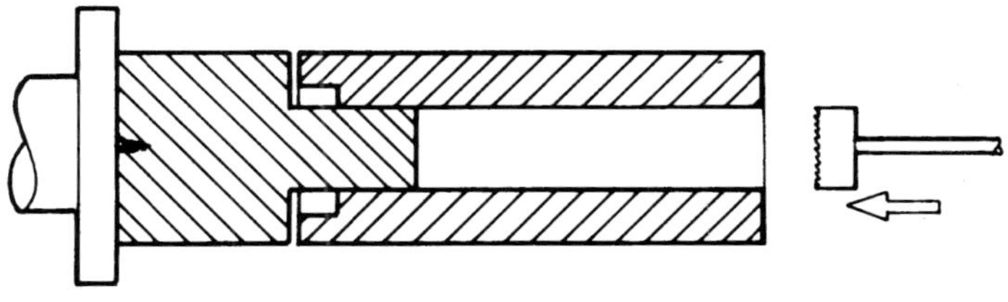

Bild 10.34 Spannen Sie den Mühlenkörper um auf den Spund und vollenden Sie die Bohrung.

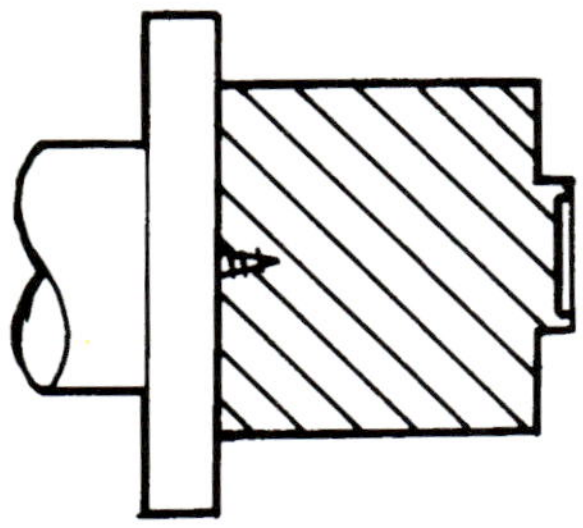

Bild 10.35 Nehmen Sie den Mühlenkörper vom Spund und stechen Sie den Spund auf eine Länge von etwa 6 mm ab. Stechen Sie in die Unterseite der Glocke eine flache Vertiefung für die Mitnehmerplatte des Mahlwerks. Nehmen Sie das Stück vom Futter.

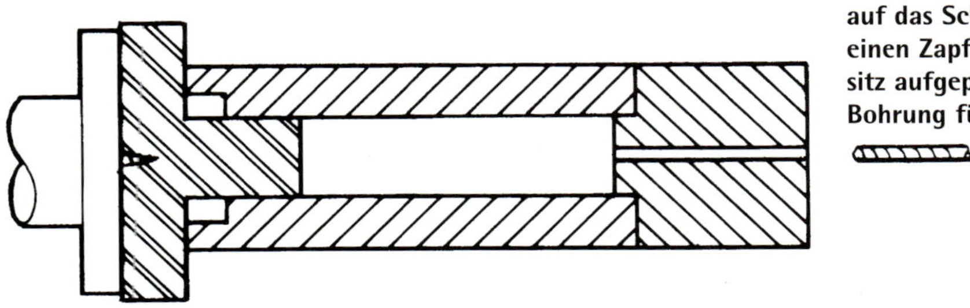

Bild 10.36 Montieren Sie ein Stück Abfallholz auf das Schraubenfutter und drechseln Sie einen Zapfen an, auf den der Körper mit Festsitz aufgepresst wird. Jetzt kann die 6-mm-Bohrung für die Spindel gebohrt werden.

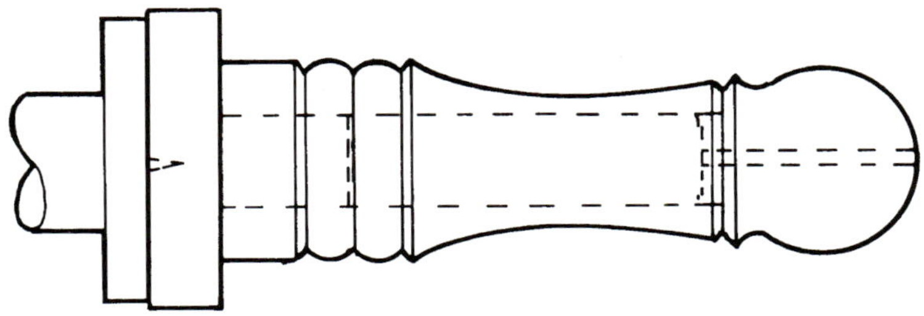

Bild 10.37 Schieben Sie den Reitstock mit der mitlaufenden Spitze ans Stück und drechseln Sie das Profil mit Röhren und Meißeln fertig.

Bild 10.38 Die fertige Pfeffermühle

von einer Holzschraube gehalten wird; heben Sie also nicht zu viel Holz auf einmal ab. Die „Losung des Tages" lautet: leichte Schnitte und Geduld. Sie werden merken, dass eine Bohrung mit dem Durchmesser 22 mm für die Aufnahme des Mahlwerks ein wenig zu eng ist; sie muss also mit dem Meißel leicht aufgeweitet werden (Bild 10.33).

Die Drehglocke und der Spund für das umgekehrte Einspannen des Mühlenkörpers werden an der Spindelstockseite ausgeformt. Danach wird der Mühlenkörper abgestochen. Der Durchmesser des Spunds muss ein Maß erhalten, das einen strammen Sitz des Mühlenkörpers gewährleistet. Spannen Sie jetzt den Körper um, indem Sie ihn auf den Spund treiben, und vollenden Sie die Bohrung (Bild 10.34)

Nehmen Sie den Körper vom Spund und stechen Sie den Spund auf eine Länge von etwa 6 mm ab. In die Stirnfläche sollte (am besten mit dem Abstechstahl) eine flache Vertiefung für die Mitnehmerplatte des Mahlwerks eingedrechselt werden, denn es wirkt entschieden professioneller, wenn die Platte mit dem Holz bündig ist, als wenn sie einfach auf die Stirnfläche aufgeschraubt oder gar genagelt wird (Bild 10.35).

Nehmen Sie die Glocke vom Futter und schrauben Sie dafür ein Stück Abfallholz (ein Vierkant mit etwa 64 mm Seitenlänge) mit ungefähr der gleichen Höhe wie die der Glocke auf. An dieses Stück wird ein Zapfen gedrechselt, auf dem der Mühlenkörper stramm sitzt. Jetzt kann die 6-mm-Bohrung für die Spindel in die Glocke gebohrt werden (Backenfutter mit Bohrer im Reitstock) (Bild 10.36).

Der Reitstock, jetzt mit einer mitlaufenden Spitze ausgestattet, wird zur Stützung an das Stück herangeschoben und das Profil wird mit Röhren und Meißeln fertig ausgeformt, dann geschliffen und poliert (Bild 10.37).

Der letzte Akt ist ein ganz leichtes Schleifen des Anfangsabschnitts der Mühlenkörperbohrung, damit sich der Zapfen der Glocke leichtgängig dreht. Weil wir den Zapfen an der Glocke haben, brauchen wir keine Verschlussplatte. Bild 10.38 präsentiert die fertige Mühle.

Es gibt andere und viel schnellere Verfahren zur Herstellung von Pfeffermühlen, für die zum Teil mehrere Größen teurer Bohrwerkzeuge und Futter benötigt werden. Unser Verfahren hat den Vorzug, dass es mit einem Minimum an Ausstattung auskommt.

PROJEKT

Tischlampe

Bei diesem Projekt üben Sie sowohl das Lang- als auch das Querholzdrechseln. Außerdem bietet es Gelegenheit, das Bohren tiefer Löcher und die dafür erforderliche Ausrüstung zu erläutern.

Gestaltung

Ich habe die Lampe mit traditionellen Profilen gestaltet, damit Sie wiederum die Gelegenheit haben, das Formen fließender Kurven mit Röhren und Meißeln zu üben. Bild 10.39 zeigt das Profil und die Maße.

Wahl der Holzart

Die Wahl des Holzes ist Ihrem persönlichen Geschmack überlassen, wobei Sie natürlich auf Harmonie mit den vorhandenen Möbeln und Einrichtungsgegenständen achten sollten. Verwendet werden kann jedes geeignete Hartholz. Für die Fotos im Buch wurde Kiefer gewählt.

Bild 10.39 Profil und maßliche Einzelheiten des Tischlampenständers

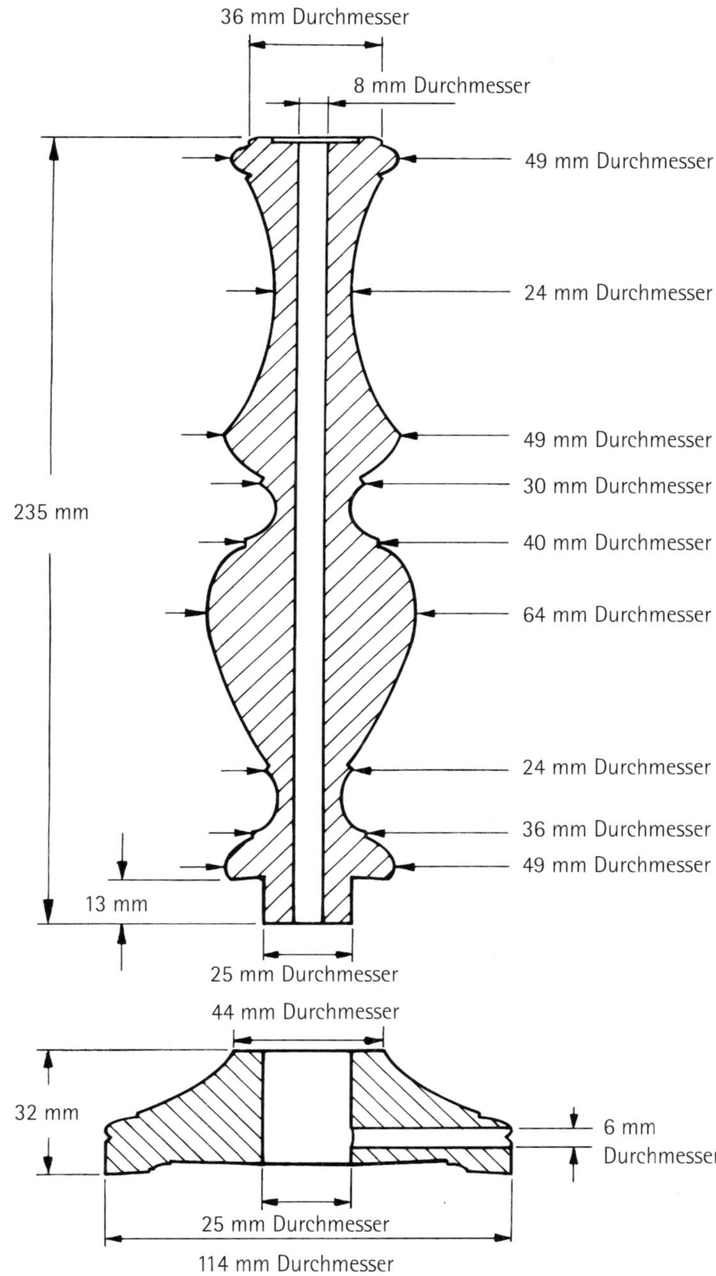

Arbeitsablauf

Anfertigung des Ständers

Das Holz für den Ständer kann nach der Zeichnung vorbereitet und zwischen Spitzen rund gedrechselt werden.

Dann folgt das Tieflochbohren. Es kann auf zweierlei Weise erfolgen:

1. Wenn die Reitstockspindel hohl ist, kann dort ein Ringfutter eingespannt werden, durch das der Tieflochbohrer hindurchgeführt wird.
2. Wenn die Reitstockspindel nicht hohl ist, kann vom Hersteller der Drechselbank eine Vorrichtung bezogen werden, die in der Aufnahme für die Werkzeugauflage befestigt wird.

Wir wenden Verfahren 1 an.

Bild 10.40 zeigt einen üblichen Tieflochbohrer, eine Zentrierstange, einen Senker und die Messingplatte, mit der der Lampenhalter befestigt

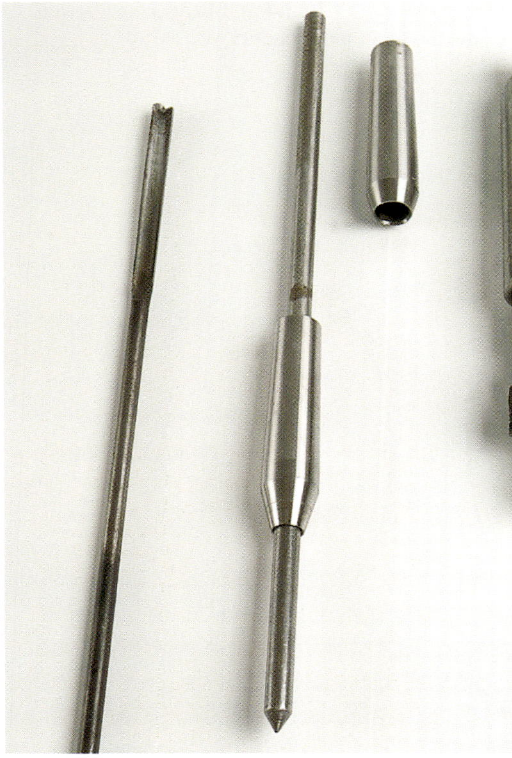

Bild 10.40 *Von links nach rechts:* **Tieflochbohrer, Zentrierstab (in einem Ringfutter befestigt), hohles Ringfutter, Senkwerkzeug, Lampenhalterplatte aus Messing**

wird. Bei im Reitstock befestigtem Ringfutter wird die Zentrierstange durch den Reitstock hindurchgesteckt und auf die am Werkstück befindliche Mittenmarke aufgesetzt. Jetzt wird der Reitstock festgeklemmt, damit er ausreichend Widerstand bietet. Es ist günstig, das Ringfutter mit etwas Wachs zu schmieren, um Brennen zu vermeiden.

Ziehen Sie die Zentrierstange heraus und bohren Sie mit dem Tieflochbohrer bis zur Hälfte, wobei Sie den Bohrer nach jeweils etwa 50 mm Bohrtiefe zum Ausspänen aus der Bohrung ziehen; sonst verklemmt er und verläuft. Die Bohrungswand wird glatter, wenn Sie die Spitze des Bohrers gelegentlich in Wachs tauchen. Bild 10.41 zeigt, wie mit dem Tieflochbohrer gearbeitet wird.

Bild 10.41 Benutzung des Tieflochbohrers

Bild 10.42 Längs aufgeschnittenes Drechselteil, das das Bohren von beiden Seiten aus veranschaulicht

Tauschen Sie jetzt die Mitnehmerspitze gegen das Bohrwerkzeug aus. Diese Einrichtung erfüllt drei Aufgaben: (1) Der Stift passt gleitend in die eingebrachte Bohrung, sodass die Mittigkeit erhalten wird. (2) Die Schneiden des Senkers halten das Werkstück nach Anpressen des Reitstocks fest, sodass die Bohroperation vom anderen Ende aus fortgesetzt werden kann. (3) Wie seine Bezeichnung besagt, kann mit dem Senker eine Vertiefung mit dem Durchmesser der Schneiden (in diesem Falle 25 mm) eingesenkt werden, die z. B. beim Zusammenfügen von mehreren langen Stücken sehr zweckdienlich ist.

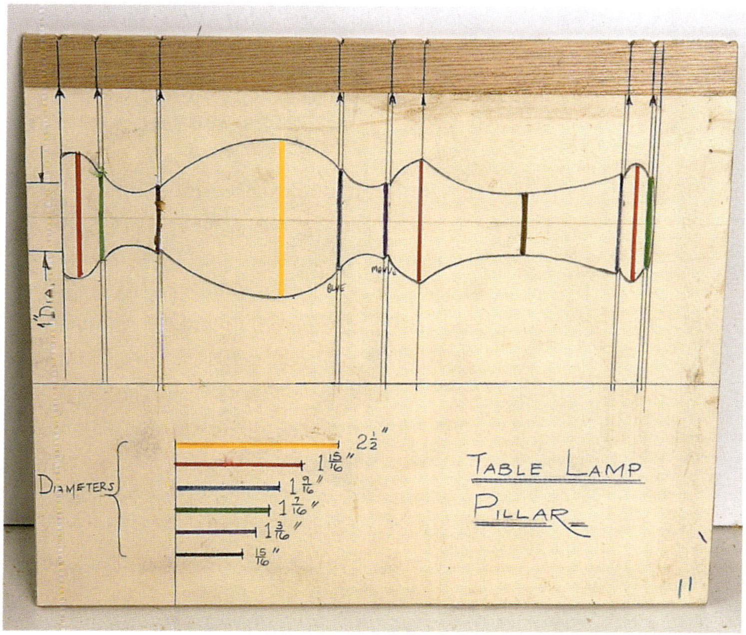

Bild 10.43 Die Maßleiste mit den farbig gekennzeichneten Durchmessern

Bild 10.44 Anreißen der Konstruktionspunkte auf dem rotierenden Holz mithilfe der Maßleiste

Das Stück in Bild 10.42 wurde zunächst von beiden Seiten aus gebohrt (jedoch nicht vollständig) und dann längs geschnitten, um den Bohrvorgang zu veranschaulichen.

Tauschen Sie jetzt das Ringfutter gegen eine mitlaufende Körnerspitze aus und überdrechseln Sie das Stück. Wie für das Hockerbein und die Geländersprosse in Kapitel 8 kann zur Erleichterung des Anreißens auch für den Lampenständer eine Maßleiste angefertigt werden. Wieder sind die Hauptdurchmesser farbig markiert und Tastzirkel entsprechend eingestellt worden. Die Maßleiste mit den farbigen Markierungen ist in Bild 10.43 abgebildet.

Nach dem Abdrechseln des Stücks auf den größten Durchmesser (hier gelb markiert) wird die Maßleiste sorgfältig auf die Werkzeugauflage aufgelegt und die Konstruktionsmaße werden mit Bleistift auf das rotierende Werkstück übertragen (Bild 10.44). Jetzt kann das Drechseln auf Maß beginnen, und zwar mit dem Zapfen (Durchmesser 25 mm) am unteren Ende des Ständers. Er bildet die Verbindung mit dem Fuß und muss deshalb sehr genau auf Maß gedrechselt werden, damit er sauber in das in das Loch im Fuß passt. Beachten Sie, dass er gekürzt werden muss, damit die Querbohrung (6 mm) für die Elektroleitung im Fuß frei liegt. Es können nun auch die anderen fünf Durchmesser auf Maß gedrechselt werden; achten Sie darauf, dass die Tastzirkel korrekt eingestellt sind und dass Sie immer den richtigen Tastzirkel verwenden. Bild 10.45 zeigt

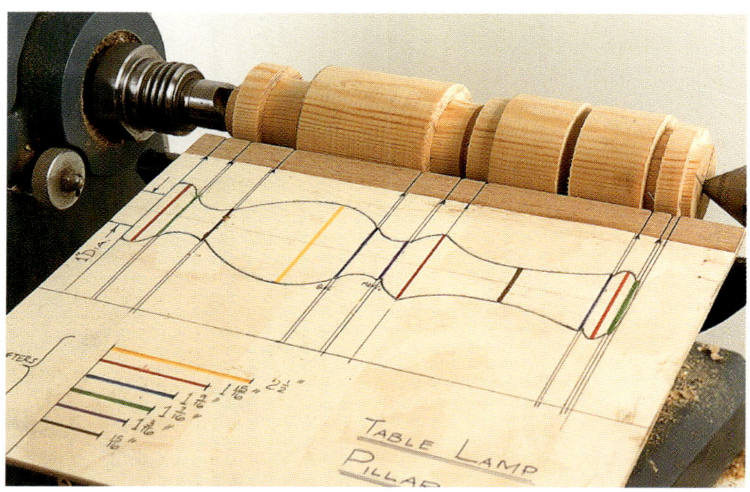

Bild 10.45 Maßdrechseln abgeschlossen. Maßleiste zur Erläuterung angelegt

Bild 10.46 Glätten mit der Formröhre

das Stück nach dem Maßdrechseln; die Maßleiste ist zur Erläuterung angelegt.

Jetzt beginnt das Profilieren. Es kann größtenteils mit der 10 mm breiten Langholz-Formröhre erledigt werden. Für die V-Kerben wird die Spitze eines Meißels genommen, zum Schlichten der Platten ein Abstechstahl. Bemühen Sie sich um gefällige Krümmungen und scharfkantige Übergänge. In Bild 10.46 wird der Ständer mit der Röhre fertig geschlichtet.

Mit dem Senkwerkzeug wird nun am oberen Ständerende die flache Vertiefung für die Messingplatte eingesenkt, an der der Lampenhalter angeschraubt wird. Ein sicheres Verfahren für das Senken ist das folgende: Stellen Sie eine Drechselbankdrehzahl von etwa 500 U/min ein. Bei stillstehender Drechselspindel erfassen Sie das Werkstück mit der einen Hand und schalten mit der anderen Hand die Drechselbank ein. Jetzt drücken Sie die Reitstockspindel langsam an, bis die gewünschte Tiefe der Einsenkung erreicht ist. Aus Sicherheitsgründen *bauen Sie dafür stets die Werkzeugauflage ab* und versuchen Sie *niemals*, diese Operation an einem vierkantigen Werkstück auszuführen. Bild 10.47 zeigt das Senke.

Der Ständer wird mit den Körnungen 180, 220 und 320 vorsichtig geschliffen und die Oberflächenbehandlung Ihrer Wahl aufgetragen.

Bild 10.47 Einsenken der Vertiefung für die Lampenhalterplatte

Anfertigung des Lampenfußes

Das Holz für den Fuß wird nach der Zeichnung vorbereitet und zu einer Scheibe geschnitten. Dann wird in der Mitte ein Durchgangsloch (25 mm Durchmesser) gebohrt. Jetzt fertigen

Bild 10.48 Zapfen (Durchmesser 25 mm) zur Aufnahme des Lampenfußes

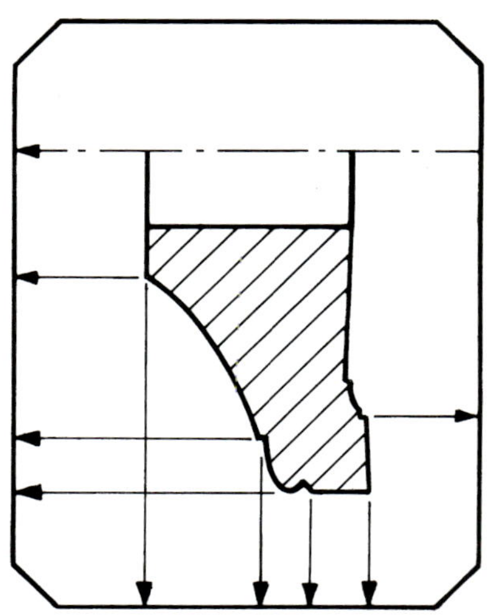

Bild 10.49 Die Schablone für das Anreißen des Lampenfußes

Bild 10.50 Benutzen der Schablone

Bild 10.51 Bohren des Lochs (Durchmesser 6 mm) für die elektrische Zuleitung mit einer Bohrleier

Sie sich ein Spundfutter an, indem Sie ein Stück Weichholz auf dem Schraubenfutter befestigen, es rund drechseln und einen Zapfen mit dem Durchmesser 25 mm zur Aufnahme des Fußes mit gutem Passsitz andrechseln (Bild 10.48).

Wie beim Ständerfuß-Projekt (S. 122–125) kann nach Bild 10.39 eine Halbschablone im Maßstab 1:1 angefertigt werden, mit der Sie sich das Arbeiten der korrekten Durchmesser, Dicken und konstruktiven Einzelheiten erleichtern können (Bild 10.49).

Zuerst wird die Scheibe mit der Querholz-Formröhre (10 mm) bei einer Drehzahl von etwa 1000 U/min rund gedrechselt. Zeichnen Sie mit dem Bleistift die endgültige Dicke an und drechseln Sie bis auf den Riss, nachdem Sie die Werkzeugauflage quer vors Holz gespannt haben.

Halten Sie jetzt die Schablone an das rotierende Stück und reißen Sie die Konstruktionsmerkmale und die Durchmesser an. Weil sich in der Mitte des Fußes eine Bohrung mit dem Durchmesser 25 mm befindet, ist auf der Schablone eine Linie im Abstand von 12,5 mm rechts von der Mittelachse gezeichnet worden, um das genaue Anlegen der Schablone zu erleichtern (Bild 10.50).

Mit Röhren und Schabern wird jetzt fertig geformt, wie für das Projekt in Kapitel 8 (S. 122 –125) beschrieben. Vor dem Schleifen muss noch eine 6 mm weite Bohrung für die elektrische Zuleitung in die Schmalfläche des Fußes gebohrt werden, die bis in die 25 mm weite Bohrung der Fußmitte reicht. Dafür können Sie die elektrische Handbohrmaschine oder eine Bohrleierwinde verwenden (Bild 10.51). Wenn die Spindel Ihrer Drechselbank nicht mit einer Blockiereinrichtung ausgestattet ist, muss jemand die Scheibe während des Bohrens festhalten. Benutzen Sie eine Vorrichtung wie in Bild 10.10 (S. 144)/10.19 (S. 149).

Schleifen und polieren Sie den Ständer und drechseln Sie die Unterseite des Stücks entsprechend Bild 10.39 (S. 155), nachdem Sie es auf den 25 mm dicken Zapfen umgespannt haben.

Bild 10.52 Fertig gedrechselte und polierte Tischlampe in Nussbaum

Bild 10.53 Drei fertige Kugelschreiber mit einem im Handel erhältlichen Geschenketui

Zusammenbau

Nachdem Sie geprüft haben, dass der Falz am unteren Ständerende gut im Fuß sitzt, kann die Verbindung verleimt werden, wobei Sie zum Pressen der Verleimung das Ganze in die Drechselbank spannen können.

Als Letztes wird die Messingplatte zur Befestigung des Lampenhalters mit kleinen Messingschrauben angeschraubt. Bild 10.52 zeigt einen fertig bearbeiteten und polierten Lampenständer in Nussbaum.

PROJEKT

Ein Dreh-Kugelschreiber aus Holz

Als letztes Projekt dieses Buches möchte ich die Anfertigung eines hölzernen Dreh-Kugelschreibers beschreiben. Derartige Kugelschreiber sind in den letzten Jahren sowohl bei den Hobby- als auch bei den Berufsdrechslern recht populär geworden. Um die daraus entstandenen Wünsche zu befriedigen, haben viele der führenden Händler von Drechslerbedarf Artikel in ihre Kataloge aufgenommen, die man für einen hochwertigen Kugelschreiber braucht.

Vor einem kürzlich von mir gehaltenen Kurs samt Vorführung in Utah/USA hatte ich nur einmal versucht, einen Kugelschreiber zu verfertigen, was mir aber misslang, weil mir bestimmte Ausstattungsteile fehlten. Ich konnte mir eigentlich auch die Kugelschreiber-Begeisterung nicht recht erklären, die viele Drechsler besonders in Amerika erfasst hatte. Das allerdings änderte sich, als mir Dale Nish, mein Gastgeber in Utah (der international bekannte Drechsler und Autor, außerdem Eigentümer der Fa. Craft Supplies USA), vorschlug, einen Teil meiner Freizeit dranzusetzen und es einmal in seiner häuslichen Werkstatt, die er mir gern überließ, mit einem Kugelschreiber zu versuchen.

Mit der mir samt den nötigen Teilen zur Verfügung gestellten Ausrüstung und dazu von Dale angeleitet und mit seinen Ratschlägen versehen, gelang es mir, einige erstklassige Kugelschreiber herzustellen. Jetzt verstand ich auch die Begeisterung meiner Kollegen. Welch Unterschied zu den billigen und hässlichen Massenprodukten, die man überall herumliegen sieht! Ein qualitätsvoller, von Hand gefertigter Stift strahlt Individualität aus und es beschleicht einen ein gewisser Stolz, wenn man einen solchen Stift benutzt. Was aber viel mehr bedeutet – diese Kugelschreiber herzustellen, macht Spaß; sie verkaufen sich prächtig und sie haben sich zu einem begehrten Gegenstand persönlichen Besitzes entwickelt. Das lässt ein solches Schreibwerkzeug zu einem vorzüglichen Geschenk für alle möglichen Gelegenheiten werden und ich brauche wohl nicht hinzuzufügen, dass ich seit meiner Rückkehr aus Amerika eine Menge davon produziert habe.

Gestaltung

Die Gestaltung wird sehr stark von den mechanischen Bestandteilen beeinflusst, die Sie gekauft haben. Ich habe mich für eine gestreckte Form entschieden, weil sie dem Anfänger Gelegenheit gibt, sich mit der Spezialausrüstung und der kniffligen Bohroperation vertraut zu machen, ohne dass er zu viele Gedanken auf das Formen gestalterischer Besonderheiten verwenden muss. Die Kugelschreiber-Sätze der renommierten Hersteller enthalten zudem eine Bauanleitung, die Sie allerdings auch gründlich lesen sollten.

Bild 10.53 zeigt drei Stifte der Ausführung meiner Wahl aus verschiedenen Hölzern; ein Stift befindet sich in einem Geschenketui, das ebenfalls käuflich erworben werden kann.

Wahl der Holzart

Ich schlage vor, exotische Hölzer mit auffälliger Farbe und Maserung zu verwenden. Teure Arten wie Kokobolo, Urunday (Kingwood), Palisander, Bocote, gestreiftes Ebenholz usw. – vor deren Verarbeitung wir alle aus Preisgründen gewöhnlich zurückschrecken – können als vorgearbeitete Kugelschreiber-Rohlinge zu einem sehr vernünftigen Preis erworben werden. Je auffälliger das Holz, desto größer das Interesse an Ihrem Produkt!

Erfahrene Drechsler verwenden gern stark gezeichnete Maserknollen und versportes Holz; ihre Stifte können exquisit wirken und starken Anklang finden. Mein Rat an den weniger Erfahrenen ist allerdings, von solchen Holzspezialitäten zunächst die Finger zu lassen, bis er seiner Sache ausreichend sicher geworden ist und effektiv zu arbeiten vermag. Denn je unregelmäßiger und wirrer der Faserverlauf ist, desto schwieriger ist es, die Wanddicke erfolgreich auf das Sollmaß von 1 mm hinunter zu drechseln. Zusätzlich sind diese Hölzer dafür berüchtigt, dass sie sich nur schwer genau bohren lassen.

Arbeitsablauf

Bei der Stiftherstellung ist es sehr wichtig, in systematischer, gut organisierter Weise vorzugehen. Viele der Einzelteile sind klein und rund und haben die vertrackte Eigenschaft, von der Bank zu rollen und in den Spänen am Fußboden zu verschwinden. Ich habe mir angewöhnt, die Werkzeuge, Kleber und Zubehörteile auf einem Workmate von Black & Decker, den ich mit einer zusätzlichen Tischplatte versehen habe, ordentlich abzulegen. Die Kugelschreiberinnenteile lege ich in eine Plastikschachtel mit Fächern, wie sie in den meisten Baumärkten zu erhalten ist.

Als eine Möglichkeit zur Aufbewahrung der hölzernen Rohlingspaare nach dem Bohren habe ich ein Stapelbrett angefertigt. Das ist nichts weiter als ein Stück MDF-Platte (10 mm dick), auf ein Nadelholzbrett genagelt. In die MDF-Platte habe ich Löcher zur Aufnahme von 3 mm dicken Messingstäben gebohrt (Holzstäbe eignen sich ebenso gut).

Auf diesem Stapelbrett können die Rohlingpaare waagerecht gelagert werden. Das ist besonders nach dem Einsetzen der Messingröhrchen wichtig. Eine Lücke zwischen den beiden Teilen eines Paars verhindert ihr Zusammenhaften. Bild 10.54 zeigt den Hilfstisch mit den für die Kugelschreiberproduktion benötigten Teilen und Werkzeugen.

Wenn Sie keine vorbereiteten Rohlinge gekauft haben, können Sie sie aus mit der Bandsäge zugeschnittenen Abschnitten vorbereiten. Obwohl der fertige Kugelschreiberrohling einen Durchmesser von 10 mm hat, sollten die Kanteln mit einer Seitenlänge von mindestens 16 mm zugeschnitten werden, weil das Holz leicht platzt und der Bohrer in Querholz gern verläuft. Die Zugabe ermöglicht dann doch noch, beim Abdrechseln eine konzentrische Lage von Bohrung und Außenwand zu erreichen.

Für mein Bohrverfahren ist es wichtig, dass die Rohlinge hinsichtlich der vorgesehenen Dicke genau dimensioniert und an jedem Ende genau rechtwinklig auf eine Mindestlänge von 111 mm geschnitten sind.

Der nächste Schritt ist das Trennen der Rohlinge in zwei gleiche Hälften. Weil es wünschenswert ist, den Verlauf der Maserung beizubehalten, sollten Sie *vor* dem Trennen eine dicke Linie in der Mitte aufzeichnen, mit deren Hilfe Sie die Maserung wieder zusammenfügen können. Jede Hälfte ist jetzt ein klein wenig länger als 54 mm und Sie sind gut beraten, wenn Sie die zusammengehörigen Hälften mittels Klebe- oder Gummiband vereinen, bevor Sie sie aufbohren. Bild 10.55 zeigt Rohlinge auf verschiedenen Stufen der Vorbereitung.

Bild 10.54 Hilfstisch, auf dem alle für die Kugelschreiberfertigung benötigten Einzelteile gut erreichbar bereit liegen

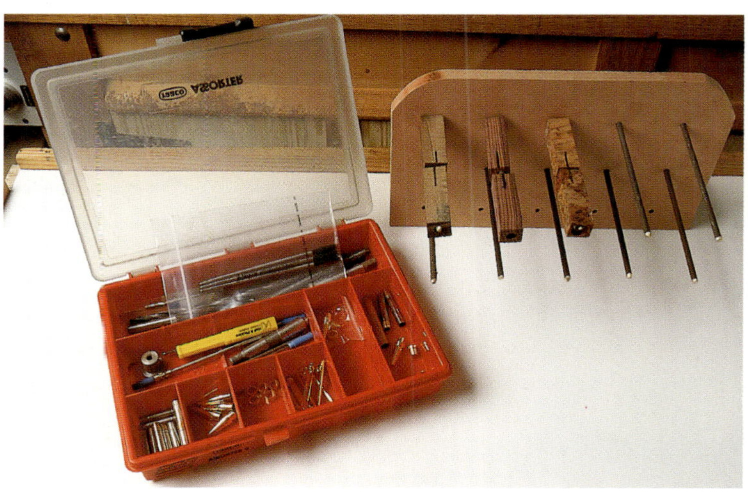

Bild 10.55 Kugelschreiberrohling auf verschiedenen Vorbereitungsstufen

Bohren der Rohlinge

Bild 10.56 Bohren eines Hülsenteils mit der Drechselbank

Jetzt können die Rohlinge zur Aufnahme der Messingröhrchen aufgebohrt werden, wofür ein Holz-Spiralbohrer (Durchmesser 7 mm) benutzt wird. Es gibt mehrere Bohrverfahren. Mit gebührender Vorsicht kann auf der Drechselbank gebohrt werden, indem der Bohrer in einem Backenfutter in der Spindel befestigt und der Rohling mithilfe des Reitstocks gegen den Bohrer gedrückt wird. Beachten Sie aber, dass für dieses Verfahren die Rohlinge etwa 6 mm Überlänge haben müssen, weil der Bohrer kurz vor der mitlaufenden Spitze angehalten werden muss, damit er nicht zerstört wird. Die zulässige Bohrtiefe wird mit Klebeband auf dem Bohrer markiert. Nach dem Bohren wird der Rohling auf Länge geschnitten, wodurch das gebohrte Sackloch zur Durchgangsbohrung wird.

Ungeachtet des angewendeten Verfahrens ist es von Bedeutung, dass an demjenigen Ende eines Rohlings mit dem Bohren begonnen wird, an dem beide Partnerstücke getrennt wurden, damit der Verlauf der Maserung erhalten bleibt. Außerdem muss der Rohling in kurzen Abständen zum Ausspänen vom Bohrer abgezogen werden, damit dieser nicht überhitzt wird und verläuft. Die Drehzahl ist nicht weiter wichtig, ich habe aber festgestellt, dass etwa 1500 U/min für die meisten Holzarten richtig sind. Bild 10.56 veranschaulicht das Bohrverfahren.

Schneller und genauer lässt sich auf der Ständerbohrmaschine bohren, wozu eine einfache Vorrichtung auf dem Tisch der Maschine befestigt wird. Diese Vorrichtung ist weiter nichts als ein Stück MDF-Platte mit zwei schrägen Einschnitten jeweils unter 45°, in denen der Rohling formschlüssig aufgenommen und festgehalten wird, sodass er sich nicht dreht. Nur ein einziger Rohling braucht am Anfang zentriert und angekörnt zu werden; dadurch wird die Vorrichtung exakt ausgerichtet und Sie können sie festspannen.

Gehen wir davon voraus, dass alle Stücke genau auf Maß vorbereitet und die Enden rechtwinklig abgeschnitten worden sind, dann können sie alle mit wenig Mühe in der Vorrichtung gehalten und gebohrt werden. Ein mit Fingerkraft angepresstes zweites Stück MDF-Platte mit einer ähnlichen V-Kerbe genügt völlig, wenn ein so kleiner Durchmesser zu bohren ist. Bei größeren Bohrungen jedoch muss das Werkstück fest eingespannt werden, damit Sie sich nicht gefährden. Beachten Sie bitte, dass eine 100 %ige Erfolgsquote beim Bohren mit keinem der verschiedenen Verfahren zu erzielen ist. Um aber den Ausschuss auf ein Mindestmaß zu vermindern, ist es wichtig, dass ein scharfer Bohrer benutzt wird und er über die volle Länge des Rohlings langsam und gleichmäßig vorwärts gedrückt wird. Nach dem Bohren werden die Paare auf dem Stapelbrett gelagert. Die Bohrvorrichtung ist in Bild 10.57 zu sehen.

Das Kleben

Für das Einkleben des Messingröhrchens eignen sich verschiedene Kleber; ich benutze den füllenden Cyanacrylat-Kleber. Auch bei diesem Kleber empfiehlt es sich, Kleber sowohl auf die Wand des Lochs als auch auf die Außenseite des Röhrchens aufzutragen. Um einen guten Haftgrund für den Kleber zu schaffen, sollte das Messingröhrchen gründlich mit Testbenzin oder Verdünnung gesäubert und

Bild 10.57 Die Bohrvorrichtung im Einsatz

Bild 10.58 (links) Auftragen des Klebers auf die Innenseite der Hülse direkt aus der Tube

Bild 10.59 (oben) Auftragen des Klebers auf die Außenseite des Röhrchens. Um ein Verschmutzen der Finger mit dem Kleber zu vermeiden, wurde das Röhrchen auf einen Senkstift gesteckt.

Bild 10.60 (links) Der Endbesäumer – ein wichtiges Zubehör

anschließend mit Schleifpapier (Körnung 120) leicht angeschliffen werden. Das garantiert eine gute Haftung. In Bild 10.58 wird der Kleber direkt aus der Tube auf die Bohrungswand aufgetragen, in Bild 10.59 in gleicher Weise auf das Röhrchen. Damit meine Finger nicht mit dem Kleber in Berührung kommen, habe ich das Röhrchen auf einen passenden Austreiber gesteckt.

Die Messingröhrchen werden von der Paarungsseite aus in die beiden Rohlinge unter leichtem Drehen eingesteckt, um den Kleber besser zu verteilen, und zwar bis sie mit der Hirnfläche bündig sitzen. Das Einstecken muss rasch geschehen, weil der Kleber sehr schnell abbindet. Nach dem Einkleben der Röhrchen wird wiederum jedes Paar zusammen auf dem Stapelbrett platziert, bis der Kleber endgültig ausgehärtet ist.

Bild 10.61 Der Endbesäumer im Gebrauch

VORSICHT! Dieser Kleber kann nicht zwischen Holz und menschlicher Haut unterscheiden. Vermeiden Sie deshalb mit äußerster Konsequenz, dass Ihre Finger mit unabgebundenem Kleber in Berührung kommen – die Finger könnten nur in der Notfallstation des nächstgelegenen Krankenhauses wieder gelöst werden.

Bild 10.62 Ein hochwertiger doppelter Dorn

Bild 10.63 Die für das Drechseln montierten Hülsenpaare. Beachten Sie, dass die Maserung passend ausgerichtet wurde

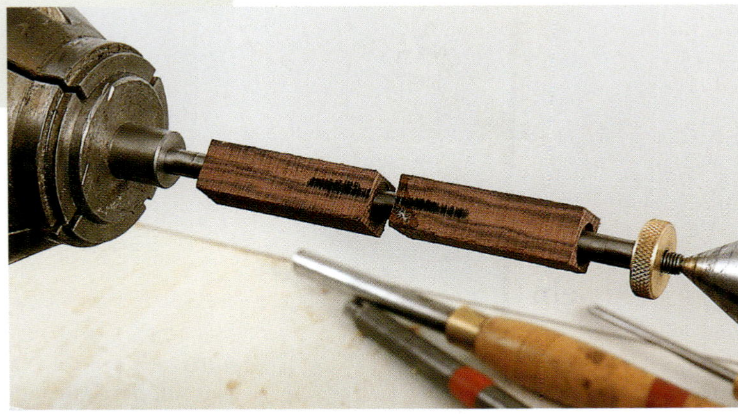

Besäumen der Hülsen

Bevor die Rohlinge zum Drechseln auf einem Dorn befestigt werden können, müssen die beiden Enden absolut rechtwinklig und mit dem Messingröhrchen bündig besäumt werden. Außerdem müssen unbedingt in das Innere des Röhrchens gelangte Kleberreste entfernt werden. Glücklicherweise steht ein Spezialwerkzeug zur Verfügung, das beide Arbeitsgänge gleichzeitig erledigt, der so genannte Endbesäumer (Bild 10.60). Dieses Werkzeug wird im Futter einer elektrischen Handbohrmaschine (oder einer Bohrwinde) befestigt, in das Röhrchen eingeführt und die Endfläche bearbeitet, bis das Werkzeug auf das Röhrchen auftrifft. Das wird an beiden Enden ausgeführt. Der Rohling muss für diese Prozedur fest in einem Schraubstock geklemmt sein. In Bild 10.61 sehen Sie das Werkzeug in Benutzung. Achten Sie sehr sorgfältig darauf, dass Sie von dem Messingröhrchen allerhöchstens eine winzige Spur abheben, weil die Längenmaße für die Funktion des Kugelschreibermechanismus kritisch sind.

Bild 10.64 Schruppen mit einer schmalen Röhre

Der letzte Akt vor dem Einspannen der Rohlinge in der Drechselbank ist das Anbringen einer neuen „Paarungsmarke" diesmal an der Innenseite der Röhrchen, weil ja die außen angezeichnete Marke binnen kurzem weggedrechselt sein wird. Sie können dazu einen Feinschreiber nehmen; ich kratze mit einem Vorstecher eine Marke an die Innenwandungen.

Einspannen in der Drechselbank

Für die Kugelschreiberherstellung stehen verschiedene Dorne zur Verfügung, die entweder im Backenfutter befestigt werden oder einen Morsekegel zur Aufnahme in der Spindel haben. In Bild 10.62 ist der Dorn abgebildet, den ich bevorzuge. Es ist ein doppelter Dorn, auf dem beide Hälften der Kugelschreiberhülse gleichzeitig gedrechselt werden können. Buchsen und die Rändelmutter aus Messing werden mitgeliefert. Die Buchsen dienen als genaue Maßvorgabe für die Durchmesser, auf die das Holz hinunterzudrechseln ist; sie werden an den beiden Enden und in der Mitte angeordnet.

Es muss betont werden, dass der Außendurchmesser des Dorns exakt gleich dem Innendurchmesser der Messingröhrchen sein muss. Hier führt die geringste Nachlässigkeit zum Verhängnis. Meist haben die Dorne an einem Ende eine zentrische Bohrung, sodass die mitlaufende Spitze – für die Kugelschreiberherstellung unentbehrlich – genau angesetzt werden kann und das Ganze rundläuft.

Bild 10.65 Schlichten mit dem Meißel

Bild 10.66 Glattschleifen

Das Drechseln

Spannen Sie den Dorn in dem Spindelkonus ein und stecken Sie die einzelnen Teile in folgender Reihenfolge auf: Buchse, Holzrohling, mittlere Buchse, zweiter Rohling, Buchse. Prüfen Sie die Reihenfolge noch einmal nach, insbesondere auch den Verlauf der Maserung an der Paarungsstelle, und spannen Sie mit mäßiger Kraft die Teile mit der Rändelmutter und den Dorn mit dem Reitstock. In Bild 10.63 sind die Teile für das Drechseln montiert worden.

Viele Maschinen haben eine Höchstdrehzahl von 2000 U/min, die für unsere Aufgabe ausreicht, wenn auch eine höhere Drehzahl für derart kleine Durchmesser günstiger wäre. Für den gesamten Drechselvorgang benutze ich ein einziges Werkzeug, und zwar den 13 mm breiten Meißel. Solange Sie den Meißel noch nicht einigermaßen sicher beherrschen, schlage ich Ihnen jedoch vor, die Hauptmenge des Holzes lieber mit einer schmalen Formröhre abzuheben. Die Gesetze der Holzzerspanung müssen genau eingehalten werden und die Werkzeuge sehr scharf sein.

Schabendes Arbeiten vertragen solche kleinen Querschnitte besonders bei exotischen Harthölzern nicht. Setzen Sie die Arbeit mit der Formröhre vorsichtig fort, bis die größte Menge des Holzes abgedrechselt ist, und drechseln Sie dann mit dem Meißel (13 mm) fast auf das Endmaß, d. h. um einen Hauch dicker als die Buchsen. Es ist kein schlechter Einfall, jetzt mit einem Lineal die Ebenheit der Oberfläche zu prüfen; ich benutze dafür ein gekürztes Stahllineal, aber ein kurzes Stück Hartholz wie Rotbuche erfüllt denselben Zweck. In Bild 10.64 wird mit der Formröhre vorgedrechselt; Bild 10.65 zeigt das Schlichten (oder Glätten) mit dem Meißel.

Schleifen

Hohe Schleifdrehzahlen erzeugen zu viel Wärme und die jetzt furnierdünne Hülse kann splittern. Stellen Sie eine Bankdrehzahl von etwa 750 U/min ein und schleifen Sie mit mäßigem Druck die Körnungsfolge durch (180 bis 600, wenn Sie eine absolut glatte Oberfläche haben wollen), wobei Sie jetzt auch das Endmaß erreichen, nämlich den Durchmesser der drei Buchsen. Mit den letzten beiden Feinheitsgraden erzielen Sie das gewünschte „Superfinish", wenn Sie bei stillgesetzter Drechselbank in Längsrichtung schleifen (Bild 10.66).

Polieren

Kugelschreiber werden naturgemäß häufig in die Hand genommen und der unvermeidliche Handschweiß kann bei ungeeigneter Oberflächenbehandlung dazu führen, dass Ihr

Bild 10.67 Polieren mit einem weichen Tuch

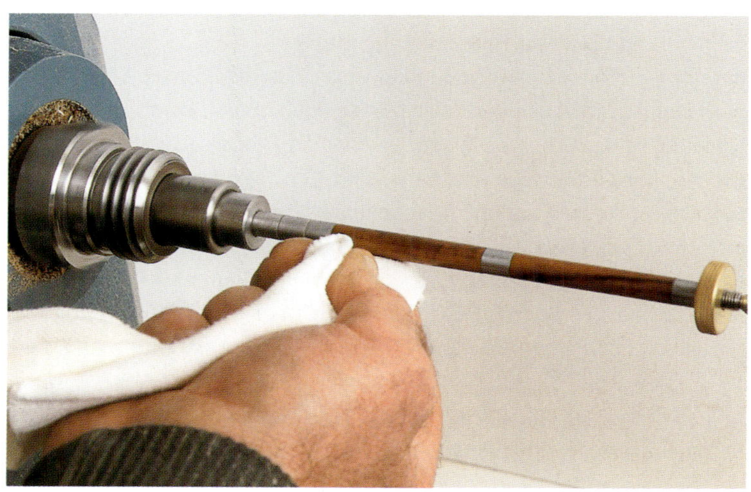

Bild 10.68 Einfache Einrichtung zum Auflegen der Einzelteile in der richtigen Reihenfolge

Bild 10.69 Eindrücken der Schreibspitze in ein der Verbindungsstelle entgegengesetztes Ende mit einem normalen Schraubstock

Bild 10.70 Eindrücken des Kugelschreiber-Mechanismus, Messingende zuerst

Produkt rasch sein wunderschönes Aussehen verliert. Ich spritze auf meine Kugelschreiber einen zähen Melaminharz-Glanzlack auf, aber nur wenigen Drechslern steht eine Spritzeinrichtung zur Verfügung.

Einen akzeptablen und ziemlich dauerhaften Oberflächenschutz erreichen Sie auch durch Polieren auf der Drechselbank, wenn Sie mit Sorgfalt wie folgt vorgehen: Als erste Schicht tragen Sie mit einem Ballen oder einem kleinen Pinsel einen Nitroschleifgrund auf. Damit der Schleifgrund besser ins Holz eindringt, muss er mit der gleichen Menge Verdünnung versetzt werden. Lassen Sie ihn ein paar Minuten trocknen und schleifen Sie ihn dann mit dem feinsten Schleifpapier zurück, das Sie haben – *längs zur Faser, bei stillstehender Drechselbank.* Tragen Sie jetzt eine Schicht hochwertige Politur auf und polieren Sie sie bei laufender Drechselbank. Zum Abschluss drücken Sie ein Stück Carnaubawachs auf das rotierende Holz, polieren wieder mit einem sauberen Tuch und sollten eigentlich einen durchaus dauerhaften und ansehnlichen Oberflächenzustand erzielt haben. Bild 10.67 zeigt, wie Sie zuletzt mit einem Tuch nachpolieren.

Bild 10.71 Eindrücken der Kappe und der Spange in das der Verbindungsstelle entgegengesetzte Ende

Bild 10.72 Der fertige Kugelschreiber

Der endgültige Zusammenbau

Die ganze Arbeit, die Sie bisher vollbracht haben, kann vergeblich gewesen sein, wenn Sie den Kugelschreiber nicht mit einer geeigneten Vorrichtung zusammenbauen. Benötigt wird ein Schraubstock, dessen Backen mit einem einigermaßen weichen Material, wie etwa Kupfer, MDF oder Ähnlichem, verkleidet sind, damit die Teile nicht beschädigt werden. Ich selbst verwende einen normalen Schraubstock für Holzarbeiten, auf dessen Backen MDF-Leisten angebracht sind.

Die Einzelteile legen Sie auf einem einfach anzufertigenden Prisma (Bild 10.68) in ihrer späteren Anordnung auf. Das Prisma besteht aus zwei miteinander verleimten Nadelholzleisten (Querschnitt 38 mm × 16 mm), die beide zuvor leicht angefast worden sind. Passen Sie beim Auflegen auf, dass die Maserung stimmt.

Bauen Sie den Kugelschreiber wie folgt zusammen: Drücken Sie die Schreibspitze in das Ende eines der Röhrchen (Bild 10.69).

Setzen Sie den Drehmechanismus mit dem Messingteil voran ein. Er muss eingedrückt werden, bis er die ringförmige Markierung auf dem verchromten Teil des Mechanismus erreicht. Sie nehmen jetzt den Kugelschreiber aus dem Schraubstock, setzen die Mine ein und schrauben sie fest. Wenn die Spitze nicht weit genug herausragt, nehmen Sie die Mine nochmals heraus und pressen den Mechanismus ein Stück weiter in das Röhrchen (Bild 10.70). Setzen Sie den Mittelring auf.

Führen Sie die Kappe und die Spange ein kleines Stück in das der Paarungsstelle entgegengesetzte Ende des anderen Hülsenteils ein und drücken Sie die Teile zusammen (Bild 10.71).

Drücken Sie jetzt mit Handkraft die beiden Hülsenteile zusammen und richten Sie bei vollständig eingezogener Schreibspitze die Maserung aus. Bild 10.72 zeigt den vollendeten Kugelschreiber.

Wenn Sie Ihr Kugelschreiber zufrieden stellt, werden Sie vermutlich weitere herstellen wollen, um sie Ihren Freunden und Geschäftspartnern zu schenken. Vergessen Sie Ihren Hausarzt nicht; vielleicht bringen Sie ihn dazu, in Zukunft leserlicher zu schreiben.

ZUSAMMENFASSUNG

1. Wie alle Holzbearbeitungswerkzeuge müssen auch Bohrer in gutem Zustand gehalten werden. Um Beschädigungen der Schneiden zu vermeiden, ist für die Aufbewahrung eine spezielle Halterung günstig.
2. Beim Schärfen muss das ursprüngliche Profil unter allen Umständen erhalten bleiben und es müssen die Schneiden auf die gleiche Höhe gefeilt werden.
3. Achten Sie darauf, dass vor dem Einschalten der Drechselbank eine Drehzahl eingestellt worden ist, die zur Art und Größe des Bohrers passt.
4. Sie sollten sich Bohrvorrichtungen bauen; mit ein wenig Nachdenken und Geschicklichkeit sind die meisten Bohrprobleme zu meistern.
5. Beim Bohren tiefer Löcher muss der Bohrer von Zeit zu Zeit zurückgezogen werden, um auszuspänen (Abfall entfernen); sonst verklebt er und wird zu heiß.
6. Für das Kannelieren ist eine Teileinrichtung absolut unentbehrlich. Sie muss sehr genau gefertigt sein.
7. Viele Hohldrechseloperationen können beschleunigt werden, wenn Sie den Großteil des Holzes ausbohren.

Kapitel 11

Sicherheit, Gestaltung, Kurse

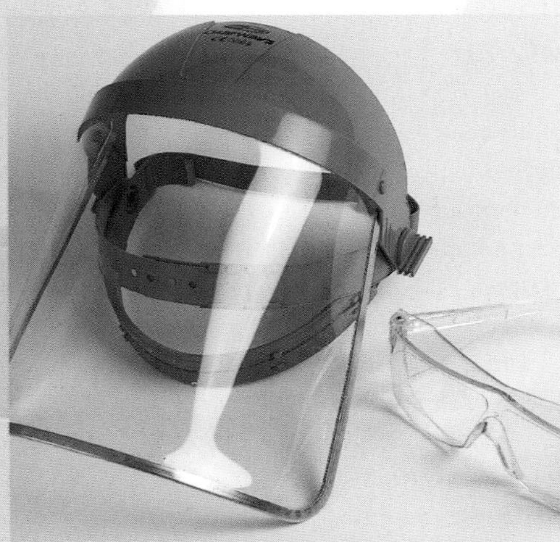

Sicherheit in der Werkstatt

Die Sicherheit ist der wichtigste Aspekt in diesem Buch und ich habe lange überlegt, ob ich das Sicherheitskapitel nicht allen anderen vorangehen lasse. Dass ich mich anders entschieden habe, ist ganz einfach dadurch begründet, dass ein Gutteil der sicheren Arbeitstechniken und der Sicherheitsmaßnahmen dem Anfänger nicht allzu viel bedeutet hätte, wenn ich sie lediglich aufgelistet hätte, ohne dass zugleich die potentiell gefährlichen Verrichtungen, Ausstattungsgegenstände und Werkzeuge erklärt worden wären.

Obwohl die Drechselbank nachgewiesenermaßen die am wenigsten gefährlichste aller Holzbearbeitungsmaschinen ist, gibt es doch einige Beispiele für ernsthafte Verletzungen der Bedienungsperson. Nach meiner Auffassung können diese Unfälle auf (mindestens) eine von drei Ursachen zurückgeführt werden:

1. Fehlende Kenntnis der richtigen Arbeitstechniken – die falsche Technik ist fast immer gefährlich – und der Sicherheitsvorkehrungen.
2. Eingehen unnötigen Risikos selbst von erfahrenen Drechslern. Die meisten Berufsdrechsler gehen nur „akzeptable" oder „berechenbare" Risiken ein, wenn sie die Produktion beschleunigen wollen, aber auch dabei wächst die Unfallgefahr besonders in Verbindung mit Ursache 3.
3. Ermüdung oder Mangel an Konzentration. Das bekannte Wort „Allzu sicher macht unvorsichtig" trifft leider auf die Bediener von Holzbearbeitungsmaschinen ganz besonders zu. Es muss stets bedacht werden, dass alle diese Maschinen einem Verletzungen zufügen können. Die meisten Unfälle geschehen infolge eines Mangels an Konzentration und der gegen Ende des Arbeitstages einsetzenden Ermüdung. Ich rate Ihnen aufzuhören, wenn Sie Müdigkeit verspüren oder wenn Ihre Gedanken so stark abgelenkt werden, dass Sie sich nicht mehr maximal auf Ihre Arbeit konzentrieren können.

Ziel dieses Abschnitts ist es, in Ihr Gedächtnis zurückzurufen, was ich in den voranstehenden Kapiteln bereits zur Sicherheit gesagt habe, aber auch noch ein oder zwei weitere noch nicht berührte Sicherheitsaspekte zur Sprache zu bringen. Die meisten folgenden Hinweise sind nichts weiter als die Anwendung des gesunden Menschenverstands!

Sicherheitsregeln

Achten Sie auf die Sicherheit der gesamten elektrischen Anlage. Die Maschine muss ordnungsgemäß geerdet und entsprechend den Vorschriften des Herstellers installiert sein. Wenn Sie eine gebrauchte Maschine kaufen, lassen Sie sie durch einen ausgebildeten Elektriker überprüfen. Das Geld dafür ist gut angelegt.

- Sämtliche Holzbearbeitungsmaschinen sind über Stecker aus Gummi anzuschließen.
- Überprüfen Sie in regelmäßigen Abständen die elektrische Zuleitung auf einwandfreien Zustand.
- Schalten Sie die Drechselbank stets aus, wenn Sie die Drehzahl ändern oder wenn Sie einen gedrechselten Sitz prüfen.
- Sorgen Sie dafür, dass eine Tisch-Drechselbank auf einem stabilen, ordentlich gearbeiteten Tisch fest montiert wird, und überprüfen Sie gelegentlich, ob die Schrauben fest angezogen sind.
- Tragen Sie vernünftige Kleidung. Lose hängende Ärmel sind unter allen Umständen zu vermeiden. Wichtig ist auch festes Schuhwerk, denn Werkzeuge können fallen gelassen werden oder vom Tisch rollen und Verletzungen hervorrufen, wenn Sie Turnschuhe oder ähnlich leichte Schuhe tragen.
- Verwenden Sie eine zweckentsprechende Schleifscheibe, die ordnungsgemäß verkleidet und für die vorgesehene Drehzahl zugelassen ist. Prüfen Sie hin und wieder die Rissfreiheit der Scheibe, wie in Kapitel 4 „Das Schärfen der Werkzeuge" beschrieben. Beim Schleifen muss grundsätzlich ein Augenschutz getragen werden.
- Befassen Sie sich so oft wie möglich mit den Drechselgesetzen (S. 45 bis 53). Die Nichteinhaltung schon eines dieser Gesetze kann sehr gefahrvoll sein.
- Prüfen Sie stets das Holz auf Fehler wie lose Äste, Spalten, Risse usw. Falls Sie einen

Fehler feststellen, verwerfen Sie das Stück und suchen Sie sich ein fehlerfreies.

- Achten Sie darauf, dass alle Klemmhebel angezogen sind und dass sich das Stück frei drehen kann, bevor Sie die Maschine einschalten.
- Stellen Sie sich, wenn Sie die Maschine einschalten, stets seitlich außerhalb der „Schusslinie" auf.
- Achten Sie darauf, dass die Werkzeugauflage das Werkstückende, an dem Sie arbeiten, um mindestens 20 mm überragt.
- In den ersten Lernphasen ist es ratsam, die Drechselbank anzuhalten, wenn die Werkzeugauflage verstellt werden muss.
- Minimieren Sie die abwärts gerichteten Kräfte an den Werkzeugen dadurch, dass Sie die Werkzeugauflage so nahe wie möglich ans Werkstück rücken.
- Entfernen Sie beim Schleifen immer die Werkzeugauflage. Wenn irgend möglich, soll im sicheren Quadranten geschliffen werden.
- Schützen Sie sich gegen Staub. Tragen Sie einen Mund-Nasen-Schutz oder eine Atemschutzmaske und/oder verwenden Sie eine Staubabsaugung.
- Stellen Sie einen Feuerlöscher in Ihre Werkstatt, rauchen Sie nicht und gestatten Sie auch niemandem, in der Werkstatt zu rauchen.
- Tragen Sie einen Gesichtsschutz, wenn Sie naturkantige Schalen drechseln.

Diese Aufzählung ist bei weitem nicht erschöpfend. Aber Sicherheit besteht nicht nur im Befolgen feststehender Regeln, sondern ergibt sich auch, wenn Sie Ihren gesunden Menschenverstand gebrauchen, Geduld aufbringen und kein Risiko eingehen.

Gestaltung

Mit zunehmenden Fertigkeiten wird sich bei Ihnen ganz von allein ein gutes Auge für die Form und die Proportionen (mit anderen Worten, die Gestaltung) einstellen, und dann ist es an der Zeit, ein Auge auch auf die Arbeiten der Berufskollegen zu werfen.

Es gibt keinen Mangel an Quellen für gestalterische Ideen. Lassen Sie sich bei Besuchen gut ausgestatteter Wohnungen, Museen, Galerien, Antiquitätenhandlungen und Handwerksgeschäften inspirieren. Unzählige Bücher sind der Kunst der Gestaltung, der Architektur, den klassischen griechischen und römischen Profilen, dem Goldenen Schnitt u. a. m. gewidmet. Viele der englischen und amerikanischen Holzbearbeitungszeitschriften publizieren regelmäßig Beiträge mit Gestaltungsvorschlägen für gedrechselte Gegenstände. Die Quellen sprudeln endlos, und wenn Sie nur ausreichend begeistert und motiviert sind, schöne Dinge zu verfertigen, dann wird Ihnen die Erfahrung bald sagen, ob ein Projekt gelungen ist.

Drechselkurse

Seit ihrer Einführung in Deutschland durch den verstorbenen Otto G. Pickhan sind allerorten Drechselkurse installiert worden und gewiss kann ein guter Lehrer einem Neuling in einem 2-Tage-Kurs (das ist die übliche Dauer) so viel beibringen, dass dieser seine Fertigkeiten in ungefährlicher und zuverlässiger Weise selber weiterzuentwickeln vermag.

Diese Kurse sind nicht billig und wenn ich mein gutes Geld für den Besuch eines solchen Kurses auszugeben beabsichtigte, würde ich eine Antwort auf die folgenden Fragen verlangen:

1. Wie viele Teilnehmer wird der Kurs haben? Nach meiner Ansicht ist zwei die optimale Anzahl. Ich habe früher im Auftrag eines Holzbearbeitungsmaschinenhändlers Kurse abgehalten, in denen vier Teilnehmer je Kurs die Norm war. Ich möchte keine Beschwerden provozieren, aber ich hatte immer das Gefühl, dass ich für das Geld mehr bieten könnte, wenn nur zwei Schüler anwesend wären. In meiner Tätigkeit als Lehrer an der örtlichen Weiterbildungseinrichtung hatte ich sogar sechzehn Lernende vor mir, die sich vier Drechselbänke teilen mussten. Fortschritte kann man dabei erzielen, aber nur sehr langsam!
2. Wie viele Drechselbänke welchen Fabrikats stehen zur Verfügung? Es gibt keinen Ersatz für Erfahrung durch „Selbermachen" (natürlich nach vorausgegangener Erklärung und Demonstration), achten Sie also darauf, ob jeder Teilnehmer über eine Drechselbank verfügen wird.
3. Wie viel Zeit wird dem „Selbermachen" gewidmet sein? Obgleich ich überhaupt nicht bestreite, dass theoretischen Erklärungen, der Erläuterung der Verfahren und der praktischen Demonstration ein bestimmter Zeitanteil vorbehalten sein muss, darf dieser nicht unverhältnismäßig viel Zeit auf Kosten der eigenen praktischen Betätigung in Anspruch nehmen. Mindestens 80 % der Kursdauer sollten für das praktische Arbeiten zur Verfügung stehen.
4. Vermag die Lehrkraft sich auszudrücken und die Dinge in einer einfachen und leicht verständlichen Weise zu erklären? (Ein guter Drechsler ist nicht unbedingt auch ein guter Lehrer.) Wenn möglich, besuchen Sie den Drechsler in seiner Werkstatt. So können Sie sich ein Bild von ihm machen und einschätzen, ob Sie „harmonieren". Zwei Tage sind lang, wenn Sie sie mit einem Menschen verbringen müssen, den Sie nicht leiden können.

5. Ist seine Werkstatt übersichtlich eingerichtet und aufgeräumt? Fühlen Sie sich wohl? (Der Zustand seiner Werkstatt sagt eine Menge über die Ansichten, die Berufsbegeisterung und das Unterrichtsgeschick eines Lehrers aus.) Wenn der Kurs in der kalten Jahreszeit stattfindet, sollte die Werkstatt beheizt werden können. Ein Frierender kann sich schwer konzentrieren.
6. Gibt es einen Unterrichtsplan? Stehen Kursunterlagen zur Verfügung? Ich würde genau wissen wollen, was geplant ist. Ich sehe ein, dass sich der Unterrichtsfortschritt in jedem einzelnen Kurs an der Auffassungsgabe und den Fähigkeiten der Lernenden orientieren muss, das ist jedoch keine Entschuldigung für eine Methodik des „wir werden mal sehen, wie wir vorankommen", mit wenig oder gar keiner Planung. Unvermeidlich sind einige langsamer als andere, aber warum sollte deshalb nicht der gesamte vorgesehene Plan abgearbeitet werden? Ich würde auch erwarten, einigermaßen umfassende Unterlagen ausgehändigt zu bekommen. Von niemandem ist zu erwarten, dass er mehr als 25 % des dargebotenen Stoffs behält. Deshalb sind ausgehändigte Unterlagen ein äußerst nützliches Mittel zu wiederholen, was auf dem Kurs geboten worden war.

Aus der Sicht des Lehrers allerdings muss ich feststellen, dass die meisten von einem 2-Tage-Kurs zu viel erwarten. Wenn ein Teilnehmer die Grundlagen erlernt hat, wie sie in diesem Buch umrissen sind, dann bin ich mehr als sicher, dass er oder sie sich eine solide *Basis* erarbeitet hat, auf der mit Selbstvertrauen und Zuversicht aufgebaut werden kann. Bedenken Sie, dass niemand dieses undefinierbare Vermögen zu fühlen in Ihre Hände zaubern kann – das kommt allein durch unaufhörliches, bewusstes Üben zustande.

Fortschritte

Das Erlernen des Drechselhandwerks ist ein allmählich verlaufender Prozess. Wie stets beim Lernen gibt es unvermeidliche Rückschläge und Momente, in denen Sie sich fragen, ob Sie überhaupt irgendwelche Fortschritte machen. Lassen Sie sich nicht entmutigen; jeder durchläuft solche Phasen. Und es kommen Erfolge, aus denen Sie neuen Mut schöpfen und die Sie inspirieren, Ihr Ziel bis zum Ende zu verfolgen. In diesem Zusammenhang unterbreite ich Ihnen die folgenden Vorschläge, die Ihnen Gelegenheit verschaffen sollen, sich für neue Anstrengungen zu motivieren (was wir alle von Zeit zu Zeit brauchen):

Abendkurse

Es gibt lokale Veranstalter von Drechselkursen. Obwohl Sie vermutlich eine Drechselbank mit zwei oder drei Partnern teilen müssen, können Sie durch Zuhören und Zuschauen doch eine Menge lernen. Außerdem ist dabei Gelegenheit, Gedanken mit Gleichgesinnten ohne Geheimniskrämerei auszutauschen, und so manche enge Freundschaft ist auf einem solchen Abendkurs entstanden. Deutsche Veranstalter von Kursen sind im Anhang ab Seite 175 zusammengestellt.

Demonstrationen

Auf allen größeren Holzbearbeitungsmessen wird Drechseln gezeigt und die meisten Vorführer sind nur zu gern bereit, Ratschläge zu erteilen und jedes Problem lösen zu helfen, das Sie ihnen unterbreiten. Scheuen Sie sich nicht zu fragen. Ich zum Beispiel freue mich über jede Frage und es ist mehr als wahrscheinlich, dass das Problem, das Sie zur Sprache gebracht haben, noch viele andere aus dem Zuschauerkreis bewegt. Einige der größeren Lieferanten von Drechselausstattung und Zubehör, wie z. B. Craft Supplies Ltd, veranstalten regelmäßige Demonstrationen, die zu besuchen lohnt.

Über den Autor

Keith Rowley wurde geboren in einer Bergwerksgemeinde im Südosten von Derbyshire und wuchs auch dort auf. Die meisten seiner Freunde nahmen nach der Schule eine Arbeit in den Steinkohlebergwerken auf. Sein Vater, ebenfalls ein Bergmann, hatte allerdings entschieden, dass sein Sohn nicht in seine Fußstapfen treten sollte, und bestand darauf, dass er ein Handwerk erlernte.

Keith arbeitete deshalb zwar wie alle „für das Unternehmen", aber in der Tischlerei, und er nutzte seine Zeit, indem er sich vielfältige Fertigkeiten auf dem Gebiet der Holzbearbeitung aneignete – von groben Zimmermannsarbeiten bis zur Möbeltischlerei. Sein Lehrmeister, den er als den Holzbearbeitungsexperten mit den umfassendsten Kenntnissen bezeichnete, den er je gekannt habe, war auch ein vorzüglicher Drechsler, und er hat den Reichtum seiner Kenntnisse und praktischen Fertigkeiten an Keith weitergegeben.

Mit dem Niedergang der Kohleindustrie in den späten 50er Jahren des vergangenen Jahrhunderts suchte sich Keith Rowley, inzwischen Familienvater geworden, eine sicherere Beschäftigung und wurde Mitglied der Polizei in Nottingham, wo er die meiste Zeit in der Verbrechensaufklärung tätig war.

Er zog sich 1982 vorzeitig aus dem Polizeidienst zurück und machte das Drechseln zum Beruf, indem er die Produktion gedrechselter Gegenstände mit privaten Ausbildungskursen in seiner modernen, gut ausgestatteten Werkstatt verknüpfte.

Als Vorführer von Drechselarbeiten und als Ausbilder ist er im In- und Ausland sehr gefragt und bei Landesmessen ist er regelmäßig auf dem Stand von Myford. Er ist eingetragenes Mitglied der Worshipful Company of Turners und sieht es als ein Zeichen hoher Anerkennung, dass er von dieser renommierten Berufsvereinigung zum Sachverständigen in den Midlands (den zentral gelegenen Grafschaften Mittelenglands) berufen wurde.

Keith Rowley ist stets bereit, seine Kenntnisse und Erfahrungen anderen mitzuteilen, und das hat ihn auch veranlasst, das vorliegende Buch und danach „Keith Rowley's Woodturning Projects" (englischer Titel) zu verfassen. Beide Bücher haben sich als überaus erfolgreich erwiesen.

Nach seiner eigenen Aussage findet Keith Rowley heute noch genau soviel Freude daran, die „Späne fliegen zu lassen", wie all die Jahre seit seiner Lehrzeit.

Register

Anbieter von Kursen, Drechselbänken, Zubehör, Werkzeugen, Schärfgeräten, Holz und anderem Material

Firma	Kurse	Drechselbänke	Zubehör	Werkzeuge	Schärfgerät	Holz	anderes Material
Ashley Deutschland über Johann Tremmel Matzelsdorfer Weg 31 93444 Kötzting Tel./Fax: 09945/2207			●	●			
centauro über Wilhelm Keil OHG Prioreier Str. 11 58091 Hagen Tel.: 02337/122 Fax: 02337/8244		●	●	●			
Drechselzentrum Essen Ruhrbruchshof 5 45276 Essen Tel.: 0201/500099 Fax: 0201/503690		●	●	●	●		
Dick GmbH Feine Werkzeuge Postfach 1127 94523 Metten Tel.: 0991/9109-0 Fax: 0991/910950				●			
Drechselstube Neckarsteinach Postfach 1229 69236 Neckarsteinach Tel.: 06229/2047 Fax: 06229/960241 Internet: www.drechselkurse.de	●	●	●	●	●		●
Emco Holz & Hobby Brown-Boveri-Straße 8/1 A-4351 Wiener Neudorf Tel.: 0043/2236/25223-0 Fax: 0043/2236/25223-477 E-Mail: t.novodny@buellstrunz.at		●	●	●			
Friedr. Aug. Arnz Flott GmbH Vieringhausen 131 Postfach 130120 42857 Remscheid Tel.: 02191/979-0 Fax: 02191/979-222			●	●			
Geisler/Moroder Schulungswerkstätten Elbigenalp 63 A-6652 Lechtal/Tirol Tel.: 0043/5634/62 15	●						

Firma	Kurse	Drechselbänke	Zubehör	Werkzeuge	Schärfgerät	Holz	anderes Material
Hager Josef Mühlbachstraße 5 84547 Emmerting Tel.: 08679/6169 Fax: 08679/5354		●		●			
Helmut Hechinger GmbH & Co. Junkerstraße 4 78056 Villingen-Schwenningen Tel.: 0770/988-0 Fax: 07720/988-188							
Gebr. Hegner KG Werkzeug- u. Maschinenfabrik Lupfenstraße 29 78056 Villingen-Schwenningen Tel.: 07720/61051 Fax: 07720/639-90		●					
Hobbyholz Mark Terhörst Ahauser Straße 6 48739 Legden Tel.: 02566/9055-50 Fax: 02566/9055-51							
„CH WO" Drechslerwerkzeuge Carl Heidtmann GmbH Monschaustraße 59 42353 Wuppertal-Ronsdorf Tel.: 0202/469 86 26 Fax: 0202/604610					●		
Werner Hosp Drechseltechnik, Grießen Auenring 18 79771 Klettgau Tel.: 07742/91130 Fax: 07742/4524	●	●	●	●	●	●	●
Rolf Isernhinke, Der Drechslerhof Walgern 24 48231 Warendorf-Freckenhorst Tel.: 02581/46206 Fax: 02581/4015	●	●	●				
Killinger GmbH Landsberger Str. 25 82110 Germering/München Tel.: 089/89424310 Fax: 089/89424350		●		●			
Kirschen Werkzeug Wilh. Schmitt & Co. Königstraße 59 42853 Remscheid Tel.: 02191/7820410 Fax: 02191/790933				●			

Firma	Kurse	Drechselbänke	Zubehör	Werkzeuge	Schärfgerät	Holz	anderes Material
Kity-Electroli 14, Rue des Casernes Postfach 39 F-67240 Bischwiller Tel.: 0033/388/630666 Fax: 0033/388/539192			●				
Kurt Koch GmbH 67685 Eulenbis Tel.: 06374/1638 + 2666 Fax: 06374/4686				●	●		
Friedrich Kolletzky KG, Drechslermaterial Werner-v.-Siemens-Str. 14 64711 Erbach/Odenwald Tel.: 06062/9436-0 Fax: 06062/61454							Elfenbein Bernstein
C.W. Kreher Söhne KG Rungstockstraße 7 09526 Olbernhau Tel.: 037360/7430 Fax: 037360/74324		●					
Gerhard Kutz KG Großmoorring 10 21070 Hamburg-Harburg Tel.: 040/76623530 Fax: 040/775840						●	
Ligno über Maderas Drechseltechnik Zum Kleverberg 5 23898 Klinkrade Tel.: 04536/1409 Fax: 04536/43		●		●			
Luna über Lindahl & Nermark Marketing GmbH Dreherstraße 6 42899 Remscheid Tel.: 02191/5751 Fax: 02191/50330 oder 590711		●		●			
MAGMA GmbH Fine Woodworking Schloßstraße 35 A-4971 Aurolzmünster Tel.: 0043/7752/88060-0 Fax: 0043/7752/88062	●	●		●			
MADERAS Drechseltechnik Zum Kleverberg 5 23898 Klinkrade Tel.: 04536/1409 oder 0171/7426777 Fax: 04536/433 E-Mail: info@maderas.de Internet: www.maderas.de							

Firma	Kurse	Drechselbänke	Zubehör	Werkzeuge	Schärfgerät	Holz	anderes Material
E. Mitsch Spechtweg 3 63814 Mainaschaff Tel.: 06021/73598 Fax: 06021/73244		●	●				
Nagel Theodor GmbH Billstraße 28 20539 Hamburg Tel.: 040/ 7811000 Fax: 040/781100-24						●	
Drechselbänke Edgar Paul Kilianstraße 31 36129 Gersfeld Ortsteil Hettenhausen Tel.: 06656/1497 Fax: 06656/7978		●					
Pfeil Werkzeugfabrikation Dennliweg 29 CH-4900 Langenthal Tel.: 0041/62/9224565 Fax: 0041/62/9220114				●			
HAPFO Hans Pfohl Drechselmaschinen, Werkzeuge Postfach 100 83085 Kiefersfelden Tel.: 08033/7029 Fax: 08033/7787		●	●	●			
Scheppach, Josef Maschinenfabrik GmbH Günzburger Str. 69 89335 Ichenhausen Tel.: 08223/4002-0 Fax: 08223/4002-20		●		●			
Drechselbedarf K. Schulte Landwehr 64 49716 Meppen Tel.: 05931/912719 oder 05937/1752		●	●	●			●
Samco Woodworking Machines I-47040 Villa Verucchio Tel.: 0039/678333 Bartholomäusstr. 66 42277 Wuppertal Tel.: 0202/500501 Fax: 0202/2501534		●	●	●			
SELVA TECHNIK K. Christian Schlenker KG Christian-Messner-Str. 29 78647 Trossingen Tel.: 07425/2260 Fax: 07425/930-400							Uhren

Firma	Kurse	Drechselbänke	Zubehör	Werkzeuge	Schärfgerät	Holz	anderes Material
Haus Steinert, Drechselzentrum Erzgebirge Heuweg 3 09526 Olbernhau Tel.: 037360/72456 Fax: 037360/71919		●	●	●			
Tormadex-Torreda, D. Awater Drechselbänke und Zubehör		●		●			
Franz Uppenkamp Drechslerholz und Werkzeuge Holtkamp 10 48739 Legden Tel.: 02566/3999 Fax: 02566/96989				●		●	
vamac machines à bois avenue de la république F-59700 Marcq-en-Baroeul Tel.: 0033/20555608		●	●	●			
WEMA GmbH Werkzeug- und Maschinenbau Gerbergasse 4 und 5 09526 Olbernhaus/Erzgebirge Tel.: 037360/2657 Fax: 037360/5056 xxx xxx		●		●			

Bandsägen, Rollen ∅ < 500 mm

Centauro S.p.A.
Via Carpi Ravarino 87
I-41010 Limidi (MO)
Tel.: 0039/059/855411
Fax: 0039/059/561109
E-Mail: centauro@centaurospa.it
Internet: www.centaurospa.it

DEWALT = Elu international
Alleinvertrieb über Black & Decker GmbH
Black-&-Decker-Str. 40
65510 Idstein
Tel.: 06126/216
Fax: 06126/212440

Elektra-Beckum AG/Metabo
Daimlerstraße 1
49716 Meppen
Tel.: 05931/802-0
Fax: 05931/802-284

Emco Holz & Hobby
Brown-Boveri-Straße 8/1
A-4351 Wiener Neudorf
Tel.: 0043/2236/25223-0
Fax: 0043/2236/25223-477
E-Mail: t.novodny@buellstrunz.at

HEMA Heermann Maschinenbau GmbH
Steinbeisstraße 8
91710 Gunzenhausen
Tel.: 07022/94310-0
Fax: 07022/94310-5
E-Mail: info@hema-saegen.de
Internet: www.hema-saegen.de

Holzprofi Pidlmann GmbH
Watzing 2
A-4661 Roitham
Tel.: 0043/7613/5600
Fax: 0043/7613/5614
E-Mail: pidlmann@holzprofi.com

Kity-bela Holzbearbeitungsmaschinen
Tixit Bernd Lauffer
Lupfenstraße 52
78056 Villingen-Schwenningen
Tel.: 07720/972050
Fax: 07720/63219
E-Mail: kity@bluewin.de
Internet: www.kity.maschinen.de

SAC Sueri Alfredo SpA
Via Carpi Ravarino, 115
I-41010 Limidi di Soliera (MO)
Tel.: 0039/059/855711
Fax: 0039/059/855757
E-Mail: sac@sacsueri.com
Internet: www.saccueri.com

Scheppach Maschinenfabrik GmbH & Co. KG
Günzburger Straße 69
89335 Ichenhausen
Tel.: 08223/4002-0
Fax: 08223/4002-20
E-Mail: info@scheppach.com
Internet: www.scheppach.com

JET
WMH Tool Group
Industriestr. 1
CH-8157 Diesdorf
Tel.: 0041/1/8855070
Fax: 0041/1/8855072
E-Mail: info@jeteurope.ch

Ständer-Bohrmaschinen

Flott, Friedr. Aug. Arnz GmbH & Co. KG
Vieringhausen 131
42857 Remscheid
Tel.: 02191/979-0
Fax: 02191/979-222
E-Mail: info@flott.de
Internet: www.flott.de

JET
WMH Tool Group
Industriestr. 1
CH-8157 Diesdorf
Tel.: 0041/1/8855070
Fax: 0041/1/8855072
E-Mail: info@jeteurope.ch

Baumärkte/Eisenwarenhandel: osteuropäische Produkte

Hersteller von Korkenzieherklingen, Kapselhebern, Nussknackern, Mahlwerken für Drechselobjekte

Gustav Thun GmbH
Heidestraße 39
58285 Gevelsberg
Tel.: 02332/2007
Fax: 02332/82880
(Korkenzieher, Kapselheber)

„Credo" Stahlwarenfabrik Gustav Kracht
Schlagbaumer Str. 35
42653 Solingen
Tel.: 0212/52025
Fax: 0212/51515
(Korkenzieher, Kapselheber)

Monopol Usbek & Söhne
Frauenbergstraße 33
35039 Marburg
Tel.: 06421/9466-0
Fax: 06421/946649
(Korkenzieher, Kapselheber, Nussknacker)

Sieger GmbH & Co.
Obere Dammstraße 18
42653 Solingen
Tel.: 0212/50081
Fax: 0212/50071
(Korkenzieher, Kapselheber)

Gebrüder Spieckenheuer
Honberger Str. 30
42477 Radevormwald
Tel.: 02195/1082
Fax: 02195/8190
(Mahlwerke)

Fackelmann GmbH & Co.
Werner-von-Siemens-Str. 6
91217 Hersbruck
Tel.: 09151/811-0
Fax: 09151/811-294
(Mahlwerke)

Schmidt & Sohn, Maschinen und Geräte
Richtweg 14
29195 Bremen
Tel.: 0421/321343
Fax: 0421/327598
(Mahlwerke)

Sonderegger Mechanik
Eugst 1002
CH-9413 Oberegg
Tel.: 0041/71891/3872
Fax: 0041/71891/3725

Zassenhaus
Dömighauser Str. 35
58332 Schwelm
Tel.: 02336/13084-87
Fax: 02336/5542
(Mahlwerke)

Glaserei Dragowski
Remeswiese
59955 Winterberg
Tel.: 02981/2127
Fax: 02981/3525
(Spiegel, geschliffen)

EVG Bau- und Glastechnik
August-Borsig-Str. 4
Tel.: 09721/7690
Fax: 09721/769159
(Spiegel, geschliffen)

Ing. Rolf Steinert, Inhaber
Drechselzentrum Erzgebirge
Heuweg 3
09526 Olbernhau
Tel.: 037360/72456
Fax: 037360/71919
(Leuchtertüllen, Kerzendorne)

Ritzenhof Kristall AG
Sametwiesen 2
34431 Marsberg
Tel.: 02992/9810
Fax: 02992/246 oder 247
(Lampen-Gläser, Glasschalen)

Hesse
Warendorfer Str. 21
59075 Hamm
Tel.: 02381/963-01
Fax: 02381/963849
(Schwabbelwachs)

Menzerna-Werk
Schwindstr. 2-10
76470 Ötigheim
Tel.: 07222/91570
Fax: 07222/915710
(Schleif- und Polierwachs, -pasten)